刺葡萄
优质高效栽培

石雪晖　杨国顺　刘昆玉　钟晓红◎主编

CIPUTAO
YOUZHI GAOXIAO ZAIPEI

中国农业出版社
北京

内容简介

　　本书共分 12 章，介绍了我国南方特有的刺葡萄的新品种选育、生物学特性、苗木繁殖、刺葡萄园建立、土肥水管理、整形修剪、花果管理、主要病虫害防治、主要自然灾害与防御、采收与贮藏、质量安全控制等优质高效栽培新技术；书末附有刺葡萄生产中有关药剂配制、育种、管理等辅助文件。本书可供刺葡萄科技工作者和种植者阅读与参考。

编者名单

主　　编　石雪晖　杨国顺　刘昆玉　钟晓红
副 主 编　罗赛男　王美军
编写人员　（以姓氏笔画为序）

王先荣　王美军　石雪晖　白　描

冯　利　刘永波　刘昆玉　许延帅

杨国顺　杨春华　张强鑫　陈文婷

陈湘云　罗飞雄　罗赛男　钟晓红

姚　磊　徐　丰　蒋家稳　蒲莉芳

支持单位项目：

国家葡萄产业技术体系熟期调控岗位

国家重点研发计划项目资助（项目号2021YFD1200200）

湖南省葡萄工程技术研究中心

湖南省葡萄协会

湖南省现代农业产业技术体系葡萄育种与栽培岗位

湖南省现代农业产业技术体系水果质量安全控制岗位

前　言

　　刺葡萄（*Vitis davidii* Foëx）又名千斤藤、雪峰刺葡萄，为葡萄科葡萄属植物，属东亚种野生多年生落叶藤本种质，原产于我国，主要分布在湖南、江西、福建、安徽、贵州、浙江、云南、广东等省份，其中以湖南、江西、福建三省分布最为集中。刺葡萄在湖南有着悠久的栽培历史，2012 年，在怀化市中方县桐木镇大松坡村泥水溪水库周边发现了一株清光绪年间种植的树龄百余年的刺葡萄，占地面积超过 400 米^2，单株产量达 1 500 千克以上，世界著名水稻专家袁隆平院士曾为其提名为"百年老藤"。怀化市中方县、芷江侗族自治县的刺葡萄已经分别获批国家地理标志产品，且中方县、芷江侗族自治县刺葡萄的科技创新均已获得湖南省科学技术进步奖和中国中部（湖南）农业博览会金奖，怀化市中方县荣获中国农学会葡萄分会授予的"中国刺葡萄之乡"美誉。

　　刺葡萄耐高温、高湿和低光照，具高抗病性，是我国南方地区葡萄酒、葡萄汁、深加工产品等的主要生产原料，也是葡萄抗湿热与抗病育种的宝贵种质资源。基于湖南丰富的刺葡萄种质资源，20 世纪 80 年代以来，湖南农业大学葡萄团队在刺葡萄资源收集、鉴定、利用与新品种选育、深加工、抗病性等方面开展了一系列的相关研究。20 世纪以来，全国各地已选育出一批刺葡萄新品种，如：湖南的紫秋、湘酿 1 号、湘刺 1 号、湘刺 2 号、湘刺 3 号、湘刺 4 号等新品种，江西的塘尾刺葡萄，福建的惠良刺葡萄，安徽的南抗刺葡萄，等等；这些品种均适宜在南方丘岗山地种植。2023 年，仅湖南省刺葡萄栽培面积已超过 12 万亩，产量已经达到 15 万余吨。这将对我国南方乃至全国刺葡萄鲜食与加工业的发展起到积极的推动作用。

改革开放以来，刺葡萄的优质高效栽培已取得了有目共睹的成就，但随着产业的快速发展和人们生活水平的提高，对刺葡萄新品种选育、栽培技术和果实品质等也提出了更高的要求。例如，可利用优良刺葡萄的经济性状和两性花单株亲本材料进行杂交培育新品种，以提高刺葡萄的栽培效益，但还缺乏相应技术；随着刺葡萄种植的发展，栽培方式已由林地散生到庭院种植、由露地栽培逐步转向设施栽培，刺葡萄种植者对如何利用好设施中的土、肥、水、气、热等生长要素，尚无足够的认知，更缺乏全方位的管理能力，相关技术水平仍限于庭院种植与露地栽培层面。故编写《刺葡萄优质高效栽培》一书已迫在眉睫。为了满足刺葡萄科学研究与生产的需求，湖南农业大学葡萄团队总结了多年来对刺葡萄新品种的选育和人工栽培的技术成果，特编此书，希望能对我国刺葡萄产业的稳步发展有所助益。

本书分析了目前刺葡萄生产现状和市场需求，在简要描述以刺葡萄为亲本培育新品种的方法与刺葡萄杂种新类型的生物学特性的基础上，全面介绍了刺葡萄的生物学特性，苗木繁殖与高接换种技术，刺葡萄园的建立及土、肥、水管理，整形修剪，花、果管理，主要病虫害防治，自然灾害的防御，刺葡萄采收与产后处理，刺葡萄质量安全控制等内容，有望为南方丘岗山地的农业产业结构调整、地尽其利发挥积极作用。

由于我国长江以南地域辽阔、生态环境各异，刺葡萄主栽品种不尽相同，物候期也有较大差异，本书中所介绍的优质高效栽培技术，需生产者结合当地实际酌情采用。

　　本书借鉴了国内外同行专家的研究成果，参考并引用了有关论著。在此对各位专家及提供照片的同行朋友表示最崇高的敬意与衷心的感谢！

　　由于作者编写经验不足，加之知识有限，疏漏之处在所难免，敬请各位专家、学者、读者不吝赐教。

编　者

2023 年 6 月

目 录

第一章

刺葡萄概述

一、刺葡萄的栽培历史与现状

刺葡萄（*Vitis davidii* Foëx.）是中国南方地区的特色野生葡萄种质之一，属于葡萄科葡萄属东亚种群，沿罗霄山脉、武夷山脉、雪峰山脉和武陵山脉等山脉分布，主要分布在湖南、江西、福建、浙江、安徽、云南、广东等省份，长期处于野生状态，目前在湖南、江西、福建等省份有一定的人工栽培面积。刺葡萄因新梢、叶柄、叶脉、枝条等部位上着生皮刺得名，野生的刺葡萄资源常生长在海拔 1 500 米以下的山地、山沟、山谷灌木丛或树林中，能适应南方山地高温高湿等恶劣环境。在中国野生葡萄中，刺葡萄的果穗及果粒最大，色泽艳丽，汁多味美，产量高，鲜食及加工兼用，具有一定的商品价值。此外，刺葡萄对黑痘病、炭疽病等具有较强的抗性，耐高温、高湿、弱光照。

湖南刺葡萄主要分布在湘西北地区的山地，目前已在怀化市芷江侗族自治县和中方县、常德市澧县广泛栽培，长沙县周边及株洲市炎陵县、茶陵县、攸县和岳阳市平江县等地区也先后引进刺葡萄，引种后均表现稳定。在湖南省雪峰山一带，以怀化市的中方县、芷江侗族自治县及湘西土家族苗族自治州部分县、市为主进行大面积栽培，栽培面积达 10 万亩*，产量超过 12 万吨，已形成全

---

* 亩为非法定计量单位，1 亩＝1/15 公顷。后同。——编者注

国最大的刺葡萄产区，享有"中国南方葡萄沟"和"中国刺葡萄之乡"的美誉。芷江侗族自治县的紫秋刺葡萄、中方县的湘珍珠刺葡萄均被认定为国家地理标志产品。刺葡萄已在全国有一定的品牌影响力和知名度。中方县桐木镇已有 400 多年的刺葡萄庭院种植历史，在大松坡村泥水溪水库有一株光绪年间种植的百年老藤刺葡萄，是我国现存最古老的刺葡萄树藤群落。在芷江侗族自治县境内，百年刺葡萄老树亦不罕见。福建刺葡萄栽种面积超 10 万亩，福安刺葡萄为当地特色农产品，主要分布在福安西部的溪塔刺葡萄沟，主要为穆云、穆阳等地区。江西刺葡萄主要分布在崇义县的君子谷野生水果世界、玉山县。安徽黄山地区也有大面积的刺葡萄资源分布，且刺葡萄类型较多。因刺葡萄能适应山地环境生长，且抗性较强，经济效益好，目前大部分省份结合乡村振兴项目发展刺葡萄产业，积极推广刺葡萄栽培与资源的开发利用，促进了当地刺葡萄种植业与特色酿酒产业的发展。

二、刺葡萄的利用价值

（一）刺葡萄品种选育研究

目前，刺葡萄品种多为农户经过长期的栽培驯化选择完全花并通过营养繁殖的本土品种。江西省玉山县横街乡塘尾村栽培的 200 余株两性花塘尾刺葡萄是较早通过审定的地方品种。该品种果粒大，较丰产，果实抗病性较强，酿酒品质良好（张浦亭等，1985）。张浦亭等（1989）在湖南省怀化市溆浦县和邵阳市隆回县境内雪峰山上，发现一个刺葡萄的半栽培种，庭院内栽培有 100 余年的历史，命名为雪峰刺葡萄，是当地居民由野生品种驯化成半栽培品种的无性后代，目前在雪峰山脉附近有一定的栽培面积。

湖南农业大学系统地对湖南省境内本土栽培的刺葡萄类型进行了收集与评价，在 10 余年时间内，分别审定了紫秋、湘酿 1 号、湘刺 1 号、湘刺 2 号、湘刺 3 号和湘刺 4 号等品种。熊兴耀等（2006）在怀化筛选并培育出的刺葡萄新品种紫秋，其生长势旺盛，抗病性强，抗旱，耐涝，能适应我国南方地区高温高湿的环境。湘刺1号，当地称甜刺葡萄，果穗相对紫秋较松散，产量高，糖度高于紫秋。湘刺2号，当地称白刺葡萄或水晶刺葡萄，果实为白色或粉色，果皮表面被白色果粉，糖度较高，抗逆性与抗病性较强（石雪晖等，2008）。湘刺3号，当地称米刺葡萄，果粒较小，适于酿酒。湘刺4号，当地称涩刺葡萄，果穗极松散，多酚类物质含量较高，酸度较低。湘酿1号刺葡萄是以萌发的刺葡萄种子为试材，采用秋水仙素化学诱导选育出的刺葡萄四倍体新品种。该品种综合性状优良，适合酿制干红、甜红等葡萄酒（徐小万，2005）。湖南农业大学还用刺葡萄品种紫秋和玫瑰香、京艳、香妃、京香玉等鲜食葡萄品种进行杂交，群体经鉴定表型丰富多样，杂交后代在果实品质性状等方面表现更优。

湖南娄底特色植物研究课题组自1990年冬开始，采集原始刺葡萄株系115个，历经15年选育出表现较好的野生观赏葡萄品系金枝刺葡萄。该品系嫩叶呈美丽的紫红色，成熟枝条呈金黄色，其上密生金黄皮刺，故名为金枝刺葡萄。张颖等报道了湖南怀化地区野生刺葡萄高抗白腐病类型高山2号，目前在怀化地区栽种面积较大。

覃民扬等（2009）报道了江西君子谷刺葡萄资源圃选育的莲山、君子、莲塘、龙峰4个刺葡萄类型，且在酿酒品质方面进行对比，莲山和莲塘略次于君子和龙峰两个类型。江西崇义县通过多年研究培育出君子1号、君子2号和白玉等高产优质酿酒良种，并成功酿造出符合国家葡萄酒标准的干红刺葡萄酒。

安徽省六安市横塘农业科学研究所也对雪峰山区的刺葡萄农家品种进行了评价，选育出南抗葡萄。该品系具有抗病性强、抗逆性强、高产、品质优等诸多优点。其综合性状表现良好而且稳定，于2002年春开始向广西、广东等地推广，品质上等，生食、加工均宜（吴伟等，2005）。

王道平等（2013）从福安刺葡萄栽培群体中选育出惠良刺葡萄，其果粒大、产量高、品质好、抗性强，是耐湿热的鲜食加工兼用品种。

仲伟敏等（2015）报道了河北的天柱 1 号和天柱 2 号刺葡萄适合加工，引种到贵州省表现良好。

（二）刺葡萄抗性研究

刺葡萄能适应南方高温高湿的气候环境，并对环境表现有一定的适应性。刺葡萄对葡萄常见真菌性病害白腐病、黑痘病、灰霉病、炭疽病等均有较强抗性，但对霜霉病抗性较弱。

张颖等（2013）研究发现 35 份中国野生葡萄资源中刺葡萄雄株、刺葡萄雌株、燕山葡萄、塘尾葡萄等均为抗病株系，其中刺葡萄雄株为相对最抗病的株系，是中国野生葡萄中研究抗白腐病资源的理想材料。张颖等（2013）在刺葡萄上成功获得了抗病基因同源序列，通过荧光定量 PCR 分析发现，$NB7$ 基因与 $NBS6$ 基因都受到白腐菌的诱导表达，为最终克隆得到葡萄抗白腐病基因奠定了基础。

王跃进等（2013）利用 RAPD 分子标记技术标记包括刺葡萄在内的 13 个中国野生葡萄株系的抗黑痘病基因，发现刺葡萄对黑痘病的抗性较强，并发现了中国野生葡萄连锁的抗黑痘病基因 $OPV02-600$。张剑侠等（2001）利用 RAPD 分子标记技术分别标记雪峰刺葡萄和福建-4 刺葡萄，发现抗黑痘病相关基因 $OPS03-1300$，认为刺葡萄对真菌性病害黑痘病表现出高度的抗性，且抗病能力的遗传系数较高，杂交后代对黑痘病的抗性也强，可作为抗黑痘病的品种研究与育种工作的重要种质资源。

王跃进等（2002）发现塘尾、福建-4、洛阳-4 等 5 个株系的刺葡萄均表现出对炭疽病极强的抗性，发现了中国野生葡萄特有的抗炭疽病基因的分子标记 $OPC15-1300$，刺葡萄果实的表皮细胞层和角质层明显厚于其他欧洲葡萄品种，且刺葡萄的表皮细胞排列较紧密，通常可以保护刺葡萄免受各种病菌的侵染。

万然（2016）通过对 30 份中国野生葡萄资源抗灰霉菌水平的调查和鉴定，证明了包括刺葡萄在内都存在对灰霉菌具有抗性的葡萄基因型。段慧等（2013）通过对部分刺葡萄资源对灰霉病的抗性研究，发现试验使用的刺葡萄株系材料均对灰霉病的抗病性较强。

段慧等（2013）发现刺葡萄感染霜霉病菌后，叶片内多酚氧化酶活性降低。李宁枫等（2016）对 26 个不同葡萄品种及部分刺葡萄杂交实生苗通过离体接种和田间接种两种方法进行了霜霉病的抗性鉴定，发现了其中 2 个刺葡萄类型均感病。

（三）刺葡萄遗传多样性研究

刺葡萄在我国具有广泛适应性，其分布较为广泛，加上不同地区的长期驯化栽培，其遗传多样性丰富，引起了一些学者的关注。

湖南农业大学葡萄团队收集了不同地区的刺葡萄类型，通过分子标记及聚类分析，将湖南省分布的刺葡萄分为 6～7 个不同类型（徐丰等，2010；王美军等，2017）。

张萌（2012）利用 SSR 分子标记技术分析安徽黄山地区 40 份野生刺葡萄资源，结果表明安徽黄山地区的野生刺葡萄与湖南、福建刺葡萄的亲缘关系远，黄山地区刺葡萄聚为一类，而湖南与福建刺葡萄的亲缘关系近，聚为一类，遗传多样性明显。

潘永杰通过对 28 个刺葡萄单株进行 SSR 分子标记聚类分析、叶片性状聚类分析和果实性状聚类分析，并对 3 种聚类分析结果进行比较。结果显示：这 3 种聚类分析结果都将湘刺 2 号和湘刺 3 号聚在了一起，说明这 2 个刺葡萄品种亲缘关系较近；但是叶片性状和果实性状的聚类分析与 SSR 分子标记聚类分析相比，还是具有一定的差异性，例如在叶片性状聚类分析中将湘刺 1 号和湘刺 4 号聚在了一起，在果实性状聚类分析中将湘刺 1 号、湘刺 2 号和湘刺 3 号聚在了一起，而在 SSR 分子标记聚类分析中则将湘刺 1 号单独聚为一类。这说明通过 SSR 分子标记进行聚类分析受外部环境的影响较小，能够更精准地将刺葡萄单株进行分类（潘永杰，2020）。

目前，关于驯化栽培的完全花刺葡萄的来源还并不是特别清楚。野生状态下刺葡萄多表现出单性花特征，至今未见有雌能花植株结果特性的报道。广泛栽培的完全花类型来源有 3 个假设，可能是经历了与欧亚种或欧美杂交种的杂交，也有可能通过突变形成完全花类型。

通过细胞器 DNA 序列可以判断母本来源。研究者分别将 2 个刺葡萄类型叶绿体 DNA 进行了测序，通过比较构建系统发育树发现刺葡萄独成一支，与欧亚种 *Vitis vinifera*、*Vitis aestivalis*、*Vitis amurensis*、*Vitis rotundifolia* 独立分化。而 Tian 等（2019）通过比较构建系统发育树发现刺葡萄相对于其他葡萄种类，与 *Vitis flexuosa* 和 *Vitis amurensis* 较近。上述结果表明刺葡萄具有较独立的进化进程，而现有证据还不足以确定栽培种的真正来源。

（四）刺葡萄的加工与代谢产物评价

刺葡萄果粒小，果皮厚，种子多，作为鲜食有不足，但适合于加工。根据相关研究表明利用刺葡萄酿酒、制汁，或利用刺葡萄籽提取物和刺葡萄皮色素等开发特色葡萄产品有较好的前景。

1. 刺葡萄加工产品

（1）刺葡萄酒。 由于刺葡萄品种独特，刺葡萄酒也具有独特的风味，色泽亮丽纯正，呈现深紫红或紫红，随着陈年时间的不同，酒体颜色逐渐向宝石红、深宝石红、棕红色变化；果香浓郁、突出，酒精度在 11.3%～13.0%，单宁含量适中，酒体饱满丰润，口感柔和，回味感较强。刺葡萄酒富含活性物质白藜芦醇、总酚和花色苷等，具有营养保健功效。刺葡萄酒类型包括白刺葡萄酒、红刺葡萄酒、桃红刺葡萄酒、刺葡萄白兰地等，其中以干红刺葡萄酒和甜红刺葡萄酒为主。刺葡萄酒的出现增加了世界葡萄酒的种类，同时丰富了酒类的结构，彰显了中国本土的酒文化。

经检测，刺葡萄酒挥发性香气成分包括醇类、酯类和酸类等化合物，其中醇类为主要成分。醇类化合物中己醇会给葡萄酒带来青草味，2-甲基丁醇具有酒精味、花香味、糖果味、木味和麝香等丰富的风味，戊醇具有香蕉味，苯乙醇具有玫瑰香、紫罗兰香多种风味（鲍瑞峰等，2010）。

周俊等（2009）选用含糖量高、品质好的刺葡萄酿酒，其干浸出物含量高，果香明显，口感细腻，具有独特的香味和口感。

罗彬彬（2011）探讨了刺葡萄酒的多种发酵降酸技术对刺葡萄酒品质的影响，结果认为选育刺葡萄新品种或筛选最适合其发酵的酵母，对提升刺葡萄酒品质有较强的必要性。

王瑞琛等（2013）为筛选出合适酵母菌株用于酿造刺葡萄酒，在新鲜刺葡萄、酿造的刺葡萄原酒以及经过初始发酵后通过过滤获得的刺葡萄皮渣中分离提取出酿酒酵母 90 株，通过对经过初步发酵试验选出的 5 株酵母进行耐酸、耐糖以及耐酒精和耐 SO_2 的性能比较，最后为刺葡萄酿酒选出 1 株具有优良的发酵性能的专用菌株 B54。

在刺葡萄酒酿制工艺方面，为改良刺葡萄酒的品质，陈文婷等（2018）将本土酵母和商业酵母进行对比，发现 HXD21 和 HME11 所酿制的酒样中具有更多的果香和花香，对刺葡萄酒的香气品质有明显改善。在工业生产中，可以选择 HXD21 和 HME11 进行刺葡萄酒工业发酵，以获得具有本土特色的优质刺葡萄酒。

陈环等（2019）用不同产地及类型的橡木制品陈酿 6 个月，检测刺葡萄酒的总糖、总酸、挥发酸等理化性质的差异，得出法国中度烘烤的橡木片陈酿的刺葡萄酒品质较优。在生产中，可以通过添加法国中度烘烤橡木片陈酿增加刺葡萄酒的香气强度和复杂性。

（2）刺葡萄汁（彩图 1-1）。刺葡萄汁味甜、风味浓郁、原花青素含量高、营养丰富，具有多种保健作用。

湖南农业大学葡萄团队研究了刺葡萄浊汁的加工工艺，主要工艺流程为：选取原料→粒选、清洗→脱粒、除梗→胶体磨→离心过膜→澄清→灭菌→成品。经检测，刺葡萄浊汁基本成分为：总糖 15.72%，总酸 0.35%，维生素 C 2.37 克/千克，蛋白质 0.53%，富含 11 种氨基酸；而通过对浊汁进行超过滤制取的清汁，结果显示各项指标含量都要低于浊汁。

秦丹等（2008）研究表明，为保持刺葡萄果汁特有的鲜艳玫瑰红，在果汁打浆后应采用短时热处理，以破坏氧化酶活性，防止果汁发生酶促褐变，制作刺葡萄饮料的最佳护色工艺为 70℃保温 5 分钟后立即冷却；为保持果汁饮料的稳定性，应对粗滤后的刺葡萄汁进行澄清处理，最佳的方案是采用高速离心机在 6 000 转/分钟的转速下离心 10 分钟。

蒋辉等（2007）采用铁盐催化比色法，对刺葡萄汁、巨峰葡萄汁以及几种商品葡萄汁和两种葡萄酒中的原花青素含量进行了对比测定，结果表明刺葡萄汁中原花青素含量显著高于其他葡萄汁和葡萄酒中的含量。

黄能凤等（2015）研究冷冻预处理对提高刺葡萄出汁率有显著效果，为刺葡萄汁工艺提供了一定技术参考。在温度为 80℃的水浴条件下对刺葡萄汁进行热处理 10 分钟，其澄清度可达 62.4%，可获得理想的澄清效果，且花色苷含量可达 0.267 毫克/毫升，有利于保存花色苷成分。

王紫梦等（2020）研究，葡萄汁在 4℃条件下贮藏 30 天后，对照组与试验组中的花色苷含量、色差、总糖含量、总酸含量差异均不显著。研究表明冷冻预处理不但能提高葡萄榨汁出汁率，而且对刺葡萄汁品质不会产生不良影响。

彭勃等（2020）研究刺葡萄汁对动物血脂代谢的影响，研究结果表明低中剂量的刺葡萄汁具有一定的调节血脂功能。

（3）刺葡萄籽油。刺葡萄籽油是刺葡萄籽开发的主要产品。刺葡萄籽油的营养成分丰富，具有很高的营养保健功效，其主要成分是不饱和脂肪酸。葡萄籽中富含的原花青素是一种良好的抗氧化剂，具有抗氧化和清除自由基的功能，对人体微循环具有改善作用，并可调节机体免疫。

熊兴耀等（2006a）通过采用气相色谱质谱联用仪的方法分析出刺葡萄籽油的主要成分是脂肪酸，其中不饱和脂肪酸含量占 87%，不饱和脂肪酸以亚油酸为主，亚油酸含量为 82.32%。另外，刺葡萄籽中还含有多种脂溶性维生素和矿物质元素。熊兴耀等（2006a）以紫秋刺葡萄种子为材料，系统地研究了刺葡萄籽油超临界 CO_2 萃取工艺技术。研究认为种子粉碎粒径、萃取压力、时间和萃取温度是影响萃取效果的主要因素。当物料粉碎越细，萃取率越高；并且随着萃取压力的升高，萃取时间延长，萃取率不断提高，但是过高的萃取压力不利于设备的操作和维护，萃取压力以30兆帕为宜。在萃取温度方面，研究认为最适宜的萃取温度为35～45℃，并得出了最适宜的分离温度为50～55℃（熊兴耀等，2006a）。

胡楠等（2009）利用喷雾干燥法制备出刺葡萄籽油微胶囊（彩图1-2），而且还对其进行抗氧化试验。试验结果发现，刺葡萄籽油微胶囊壁材配方对微胶囊化效率的影响从大到小依次为阿拉伯胶与变性淀粉质量比、乳化剂用量、芯材与壁材质量比、可溶性固形物含量，刺葡萄籽油微胶囊化工艺参数对微胶囊化效率的影响从大到小依次为出风温度、进风温度、乳化时间、乳化液温度，并且制备出刺葡萄籽油微胶囊化效率在90%以上，让微胶囊产品拥有良好的抗氧化功效和微观结构。

王辉宪等（2010）利用大孔吸附树脂溶剂法将从刺葡萄籽中得到的低聚原花青素粗产品进行纯化，选择出了YWD-06C树脂为最佳吸附剂，并得到了最佳的吸附条件。采用其方法纯化刺葡萄籽低聚原花青素，不仅可以去除提取物中大部分杂质，提高原花青素的含量，而且可以富集原花青素纯化物中的二聚体B2。

李丽军等（2006）研究表明，利用刺葡萄籽油开发的刺葡萄籽油软胶囊有较强的抗氧化作用，其抗氧化疗效明确。

肖洁等（2006）研究认为刺葡萄籽油软胶囊治疗高胆固醇血症有一定疗效，并能进一步提高高密度脂蛋白胆固醇水平。

(4) 刺葡萄果粉。 湖南农业大学葡萄团队开发了刺葡萄果粉和糖片产品。刺葡萄果粉以整粒刺葡萄果实为原料加工而成，口感甜酸适度。经检测，刺葡萄果粉富含花色素、白藜芦醇、原花青素等，可作为日常膳食补充（彩图1-3）。该产品极大地拓宽了刺葡萄的利用潜力。

2. 刺葡萄代谢产物分析

湖南农业大学葡萄团队基于代谢组学技术，开展刺葡萄次生代谢产物的高通量筛查，明确刺葡萄的特征次生代谢产物主要为芍药花素-葡萄糖苷、$2'$-羟基-5-甲氧基-染料木素-O-鼠李糖苷-葡萄糖苷、芦丁和咖啡酰五肽等。利用高效液相色谱靶向分析技术，开展刺葡萄中花青素的精准定性与定量分析，发现刺葡萄果皮中含有丰富的矢车菊素（72.32毫克/千克）和锦葵色素（51.32毫克/千克），为刺葡萄深加工功能性产品的研究与开发提供了重要的科学支撑。

潘小红等（2006）研究表明，刺葡萄色素和过氧化氢可以发生剧烈的氧化作用，使得色素溶液立刻褪色，所以在生产工艺中一旦有花色苷的参与，应当避免用过氧化氢作为防腐剂或消毒剂；维生素C、亚硫酸钠会加快色素溶液褪色，而且色素溶液褪色速度会随着浓度的升高而加快；在山梨酸钾和苯甲酸钠低浓度溶液中的花色苷较稳定，然而较高的浓度会促使花色苷加快褪色。

谢聘等（2007）研究了刺葡萄果皮中色素的提取工艺，通过这种工艺提高了色价，使得色素具有稳定的性质，且拥有较高的耐光性和耐酸性，在常温下也不容易发生变质。由于色素稳定性受到维生素C和蔗糖的影响较小，因而在食品及化妆品中可以加工利用，并且可以作为一种天然色素使用。

邓洁红等（2007）在刺葡萄果皮的色素提取工艺的基础上，利用正交旋转组合设计试验，研究了湘西刺葡萄皮色素的提取量受到时间、温度和料液比的影响，优化了工艺参数。此外，根据邓洁红等的研究，HP-20树脂纯化刺葡萄皮色素是适宜的吸附剂，其饱和吸附量在pH为3的条件下可以达到32.08毫克/克，用60%乙醇解吸的效果最好。

西北农林科技大学房玉林和张振文团队对刺葡萄酚类和挥发性成分做了较全面的研究。他们分别对来自湖南省怀化市中方县和江西省赣州市崇义县的各个刺葡萄类型或品种进行了酚类物质分析。对中方县不同的刺葡萄类型的香气成分进行检测，分离出新的化合物丁香酚，在其他葡萄品种中未见报道（Meng et al.，2013）。

三、刺葡萄发展趋势

刺葡萄是葡萄属中极其珍贵的资源，虽有一定的研究，但研究尚有不足之处，为充分挖掘和利用刺葡萄的优良特性、推动刺葡萄种质资源的开发利用，应进一步从刺葡萄生根机理、扩繁关键技术、抗性形成机理、活性物质代谢过程、遗传背景探究、特异基因发掘与利用等方面展开研究。同时，随着人们生活水平的提高，刺葡萄加工产品深受消费者的喜爱，因此，需要进一步开发刺葡萄的特色加工产品，延伸刺葡萄产业链。需要将刺葡萄的全产业链过程与乡村旅游充分结合，充分挖掘民俗文化旅游资源，开发出更加丰富多彩的乡村旅游产品，例如科普教育、农耕体验、民俗文化，以及乡村美食、酒吧、酒坊、集市、客栈等，实现乡村旅游从观光采摘型向整合度假型升级。加强品牌开发，推动产业发展，要把品牌建设放在刺葡萄产业发展的突出位置，创造多元化和系统化的品牌价值。

（编者：杨国顺）

第二章
刺葡萄新品种培育

一、刺葡萄的育种目标

刺葡萄原产于湖南、江西、福建、云南、广东、浙江等省份，多年生落叶藤本植物，在产地一般4月底至5月上旬开花，8月底至9月中旬浆果成熟。产量高，一般株产30～80千克，浆果营养丰富，色艳、味甜、多汁，可溶性固形物含量一般为14％～16％，总酸含量为0.4％～0.5％，风味独特，营养及保健成分丰富，是优良的加工原料。对黑痘病等具有很强的抗性，因此，已成为抗病与加工品种选育的宝贵资源。刺葡萄虽具备较强的抗性和广泛的适应性，但也存在果粒小、香气少、种子多不便鲜食，以及不抗霜霉病、不耐热等不足，因此有必要进行改良。

（一）选育优良的酿酒品种

世界各国的葡萄酒酿酒经验都证明，只有优良的品种原料才能酿出优质的葡萄酒。尽管我国从国外引入了赤霞珠等著名品种，但不能适应南方复杂的气候、土壤条件。目前，刺葡萄的部分用途由鲜食转向酿酒等。因此，选育高糖、优质、丰产、抗逆性强的刺葡萄酿酒品种，对发展南方葡萄酒工业尤为重要。

（二）选育早熟、丰产、优质的鲜食品种

目前，90％以上的刺葡萄仍用于鲜食，依然存在浆果成熟期

晚、果粒小、种子多、甜度低、缺乏玫瑰香味或香味不浓等问题。随着人们生活水平的提高，对葡萄品质的要求也越来越高，无核葡萄在鲜食葡萄中的比重也急速增加。为满足市场的需求，需要培育早熟、丰产、大粒、红色、有香味、无核的鲜食品种。

（三）选育耐高温高湿、抗病性强的栽培品种

刺葡萄在生长期间不耐高温，气温超过 35℃时则生长不良，然而湖南省及相邻省份的 7—8 月时常有 40～41℃的高温，经常有日灼病发生，严重影响生长。4—6 月正是长江流域的梅雨期，降水量占全年的 50%～60%。一些真菌性病害如霜霉病、炭疽病、黑痘病、灰霉病和白腐病等，在我国高温多雨的长江流域以南的大部分地区普遍发生，给葡萄生产造成很大的损失。因此，选育耐高温高湿、抗病的葡萄新品种已迫在眉睫。

（四）选育抗逆性强的砧木品种

嫁接育苗已是目前葡萄苗木繁育的主要方法之一。刺葡萄易感根瘤蚜等病虫害。当务之急是通过杂交种为中国南方盐渍化土壤选育抗盐碱、容易扦插繁殖，且与栽培品种嫁接亲和力强的，耐高温高湿，以及抗根癌病、根腐病、病毒病、根结线虫、根瘤蚜等的砧木品种，这是刺葡萄安全生产的根本措施。

二、刺葡萄新品种的培育方法

目前在全世界所应用的培育葡萄新品种的方法大体归纳为：实生选种、营养系选种、杂交、利用人工诱变培育多倍体等 4 种方法。其中以杂交法应用最广，所获得的成效也最大。现将刺葡萄新品种的培育方法分述如下：

（一）实生选种法

迄今，我国葡萄育种途径主要是实生选种、杂交育种、芽变选

种、人工诱变育种等。其中，实生选种是最古老的育种方法，许多国内古老的葡萄品种及地方品种都是通过实生选种获得的。

1. 实生选种历史

用天然授粉种子进行繁殖的果树称为实生果树，以实生果树群体为选种对象的选育途径和方法称为实生选种（seedling selection），葡萄品种的选育史就是从实生选种开始的。

在数千年的漫长岁月里，人类无意识或有意识地运用实生选种法对果树进化产生了巨大影响。当前，世界各国栽培的一些著名的葡萄品种都是很久以前从实生苗中选育出来的。据说，葡萄品种瑞必尔来自一位法国苗圃工人于1860年播种的实生苗。世界著名的早熟鲜食葡萄品种莎巴珍珠是匈牙利人A. Stark于1904年用来源不详的种子获得的。此外，更多不知其亲本的葡萄古老品种和地方品种，如牛奶、无核白、龙眼、白诗南、琼瑶浆等，几乎全是来自天然授粉的种子。只是到了19世纪后期，特别是20世纪初以来，果树育种家才广泛采用人工控制下的杂交育种法。自此以后，实生选种在果树品种改良中的主导地位才被有性杂交所代替，但这并不是说实生选种就再也没有意义了。现阶段，它在创造果树品种工作中仍占有一定的位置。

2. 实生变异的原因

播种任何葡萄品种的天然授粉种子得到的实生苗，与母本品种比较，不论是群体还是个别单株，都会产生程度不同的变异，很难找到完全相同的2株。有了变异的群体，才有选育出新品种的可能性。葡萄实生后代发生变异的首要原因是基因重组。葡萄两性花品种既能自花授粉，又能异花授粉，雌能花由于雄蕊退化，需要通过授粉，才能获得较高产量。因而所有栽培品种在遗传上都是程度不同的杂合体。在自由授粉情况下，基因的分离和重组是产生变异的最主要原因。基因和染色体突变也是造成后代遗传分离的一个原因，但不是主要的。选择是生物界普遍存在的一种特性。一些实验证明，植物花粉与柱头、雌雄配子的结合也同样存在着选择的问题。如果把自由授粉和人工控制杂交做一比较，那就不难看出人工控制杂交一般仅向母本提供一种特定的父本品种基因型花粉。而在自由授粉情况下，向母本提供的不只是一种，而可能是多个不同品种、类型的基因型花粉，为柱头、卵细胞的授粉与受精提供了较充足的选择条件。因而自由授粉实生苗一般比人工杂交实生苗的变异范围广，往往也会出现少数突出的优良性状。这是实生选种的一个优点，但难以控制变异的方向。

3. 实生选种具体方法及优缺点

（1）根据育种目标，正确选择母本。

①确定母本品种。母本品种应在品种较少的葡萄园内选择，而不宜在品种过杂的园内，因为园内品种过杂，实生后代的分离过大，符合选种目标的后代极少。另外，选自花结实率高或雌能花的品种作为母本所产生的后代，遗传上不易出现丰富的新类型，因此这类品种不是理想的实生选种母本。母本应当是当地优良的栽培品种，在综合性状上应具有较多的优点和较少的缺点，特别是选种目标所要求的主要性状要突出。

②母本品种植株的选择。应该选健壮、无病虫害、丰产、品质优良及综合性状表现好的植株。如中国和日本消费者都喜爱大粒、红色、优质、丰产、适应性强的鲜食葡萄品种，其中最重要的性状是大粒、优质和适应性，因此，从巨峰实生苗中选育出了新品种高尾、京超、甜峰。如果要实生选育优质的酿酒葡萄新品种，就应当按照育种目标选择符合要求的酿酒品种的自由授粉种子播种。

（2）实生选种的方法。在确定了母本品种之后，无须进行人工控制授粉，只在果实成熟时选择果穗采种即可。为了提高实生选种工作效果，应注意做好以下几项工作：

①确定的母本品种植株，应加强全面管理，促使植株生长健壮，保证果实、种子发育正常，后期能获得充实饱满的种子。

②母本品种的果实，应选择充分成熟、果穗和果粒发育正常、充分表现品种特征的果实。采种后对种子也要选择充实饱满的进行

沙藏，翌年春季播种。

③为了保证授粉质量，母株周围不应有近缘野生种或不符合选种目标的栽培品种。

④留种的果穗要发育正常；果粒大小、着色符合品种要求；种子饱满、充分成熟，特别大粒的有可能是多倍体，应予以注意。

⑤实生苗应给予良好的肥水条件，以促进苗木健壮。

⑥根据实生选种目标的要求，对实生苗应根据性状的表现及时进行选择。

⑦种子的层积处理、催芽播种、幼苗管理、性状鉴定和选种程序与杂交种子相同。

(3) 实生选种的优缺点。实生选种具有操作简单易懂，选育面广（绝大部分品种都可以进行实生选种），选育条件不高（不需要特殊的育种技术或昂贵的实验仪器和试验环境）等优点。缺点主要是选育目标不明确、选育周期长、选育比例较低。

(4) 目前实生选种取得的成绩。国内古老葡萄品种和地方品种，如无核白、牛奶、龙眼、和田红、木拉格等都是来自天然授粉的种子。在我国育成的品种中，实生选育的品种占10%（沈德绪，1998）。20世纪利用实生选种在巨峰的后代中选出甜峰、峰后、京超和申秀，在黑奥林实生苗中选育出京优和京亚，近些年选出紫金早和中秋等新品种。广泛栽培的葡萄品种中，有较多是巨峰系实生选育的品种，他们既保持了巨峰品种的优良特性，又变异产生了不同成熟期、不同果皮颜色的性状（李怀福，2003）。

刺葡萄属东亚种群的葡萄种类，具备优良的抗性和广泛的适应性，营养价值高，是东亚种群中最好的酿酒品种（石雪晖，2014）。目前，我国酿造葡萄酒的葡萄品种多为外国品种，缺少国内品种，优秀的刺葡萄酿酒品种的发现填补了这一空白。湘刺1号、湘刺2号、湘刺3号、湘刺4号、湘酿1号都是湖南农业大学2020年实生选育并登记的刺葡萄品种，抗旱和抗高温高湿能力强，不仅可以用于酿酒，还可以用于提取功能成分。

（二）营养系选种法

营养系选种法（无性系选种法）是将栽培植物因外界环境条件的影响而引起的某些优良特性的局部变异，用无性繁殖的方法巩固下来，并将栽培植物培育成为具有某些优良特性的新类型或新品种所采用的一种方法。现在许多有价值的葡萄品种，都是运用这个方法逐渐选择培育出来的。营养系选种法是基于外界环境条件对植物个体各部分的影响而产生的异质性，如果粒大、外形美观、风味可口、含糖量高、丰产、抗病、抗寒、抗旱、耐高温、早熟，以及其他许多特性，而这些异质性可引起植物有机体营养细胞的变异。同一品种的不同植株或同一植株的不同部位，都具有各种各样的异质性。

一直以来，刺葡萄在进行繁殖时均采用扦插与嫁接，无论其繁殖的后代群体数量及繁殖世代，均起源于同一个"祖株"，如在湖南怀化市芷江侗族自治县种植的紫秋葡萄应该均由 2 株"祖株"（种植在湖南省怀化市芷江侗族自治县大树坳乡大树坳村，现由湖南唯楚果汁酒业有限公司加以保护）通过扦插繁育而来。一般来讲，通过扦插和嫁接的刺葡萄均应具有相同的遗传基础，在相对一致的条件下表现出相对的一致性。但是，在芷江及引种了紫秋葡萄的地区均出现良莠不齐的植株，如在芷江就有当地人称高山 1 号、高山 2 号、高山 3 号的情况，其差异主要表现在果穗、果粒含糖量和产量上，更有种植户发现存在品种退化现象。原因是在刺葡萄多个世代的长期生命活动过程中生长点细胞的遗传物质发生了突变。这种突变有的表现异常明显，通称为芽变，或大突变；有的突变表现不够明显，统称为无性系变异，或微突变。芽变主要是体细胞染色体突变或决定质量性状基因的突变，无性系变异则主要是决定数量性状多基因中的各部或少数基因的突变。由此可见，芽变选种是以枝条或单株为选种对象，其方法、程序相对简便；营养系选种是以单株为选择对象，方法、程序较为复杂。

1. 刺葡萄营养系选种的意义与重要性

刺葡萄是起源于我国的重要原生种，经历的无性繁殖世代数量庞大，这一过程中引起无性系变异的数量众多，为无性系选种提供了重要的基础和有利条件。葡萄的营养系选种有 100 多年的历史，其中德国的雷司令通过长期的无性系选种，产量提高了 35%～40%，俄罗斯选出的红托普品种的营养系比原品种产量提高 40%以上。因此，开展刺葡萄的营养系选种，筛选出更抗霜霉病、更高花青素含量等优良性状的营养系对产业的发展将起到非常重要的促进作用。

2. 刺葡萄营养系选种的主要方法

目前通用的营养系选种法主要是单系选种法和混合选种法。单系选种法是从设计和开展选种工作时，一直按单系采条、分别繁殖。混合选种法则是从入选的单系上采集枝条、混合繁殖，其又可分为正选法和负选法。一般从少数优系上采集枝条、混合繁殖的称为正选法；淘汰少数劣系，从其余多数株系上采集枝条、混合繁殖的则称为负选法。无论是正选法还是负选法，其最开始的工作思路均是以在当代选择较为优良的株系再采集枝条，然后进行混合繁殖下一代。在开展刺葡萄营养系选种时需要明确的目标是在原有品种性状的基础上提高产量、改进品质、增强抗性，且开展选种时需要结合当地的主栽刺葡萄品种来进行。

3. 营养系选种的程序和执行内容

刺葡萄营养系选种一般需要经过预选、初选、复选、决选 4 个阶段。按照目前从营养繁殖到能够大面积结果的时间来说，刺葡萄从繁殖到结果需要 2～3 年，每个阶段需要连续跟踪 3 年进行鉴定，因此，一般来说从刺葡萄营养系选种开始至决选出最后的优良营养系预计需要 15～20 年。具体程序和内容如下：

（1）预选。在管理良好的若干刺葡萄园进行，通过观测法选择生长健壮、果穗果粒整齐、丰产、无病毒表现、具有该品种特性的100 多个单株作为预选单系，编号挂牌，并登记造册，建立预选亲本档案。连续 3 年对档案内的单株开展预选工作，根据选育目标可一年多次进行。第一次在刺葡萄果实成熟采收前进行，根据树势、叶片和果穗、果粒选择；第二次在果实采收时进行，根据产量、果实病害、糖酸含量选择；第三次在初霜或落叶前进行，根据预选株系的叶片是否卷缩、是否变红，作为进一步取舍的参考。凡无明显病毒病，产量和含糖量超过预选株系平均值的，可确定为下一步的初选株系。初选株系占预选株系总数的 10%～20%。

(2) 初选。用初选系分别繁殖的自根苗（第一代营养系苗）栽植在初选试验区，每系 5 株，顺序排列，不设重复。在初选阶段，要制订详细的观察记录与统计分析项目计划，其中重要的项目有物候期观察、产量统计、果实糖酸含量测定、主要病虫害鉴定、光合能力测定等；要特别重视有无病毒的侵染，并开展品评鉴定；如果需要酿制刺葡萄酒还需要进行酿酒试验以及酒品质分析和酒成品品鉴。从第三年起，当初选试验区的无性系已全面进入结果时，要根据规定内容进行连续 3 年研究，凡产量和质量超过全部无性系平均值的可以入选复选无性系。

(3) 复选。用初选无性系繁殖的苗木（第二代营养系苗）在复选区进行第三阶段选择，其主要任务是在较大面积和用较多株数，对初选系的主要经济生物学性状和是否有病毒侵染作出进一步鉴定。每个初选系为一小区，每小区 5～10 株，3～5 次重复，栽植密度和整形修剪与当地生产园相同。根据 3 年试验资料，凡无病毒侵染，产量、品质、抗性优于全部供试无性系平均值的，均可入选，但优良品系不宜过多，以 2～3 个为好。

(4) 决选。相当于育种程序中的区域试验，主要任务是在不同生态条件下对优良无性系（以复选出的优良无性系繁育第三代营养系）的适应性和生产性进行最后的鉴定与筛选。为此，选种单位根据复选资料，将入选无性系上报新品种登记部门申请进行区域试验，或通过审批，由选种单位自行安排试验。根据品种的不同用途，试验应安排在湖南省内 2～3 个生态条件不同的刺葡萄栽培重点地区。每个品系可栽植 200～400 株，栽培方式和管理与生产园完全相同。决选的研究内容以产量、品质、抗逆性为主。根据当地新品种登记管理部门的要求，进行专家评议或考查，根据 3 年的试验资料和试验地的情况，对供试品系进行审定并作出最后的决定，筛选出其中表现最好的 1～2 个确定为优良无性系。由于无性系选种是在原品种性状基本不变的情况下进行的，因此，新选出的无性系一般仍沿用原品种名称，仅在其后写上初选系的代号，如紫秋111。然后将相关资料整理，上报国家品种注册系统进行登记。

4. 营养系选种的新方向

传统营养系选种以形态学方法为主，简单、直观，但受环境影响较大，受观察者的实践经验及主观因素影响较大，操作速度慢，鉴定精度相对较低；而现代生物技术鉴定法虽然准确性高，但实验周期长、过程繁复、实验设备和成本高。而应用生物数学、计算机技术成果融入测量和统计鉴别比传统形态鉴别法更精确和便于量化，有利于筛选。如对叶形进行数据化转换后，便于判定是否发生了营养系的变异，利用叶绿素仪可帮助鉴定出光合效率更高的单株等，而这些变化需要根据选种的目标进行优化和调整。

营养系选种是一个周期长，且需要耗费大量精力、财力来完成，同样还需要有更加科学的设计和持续性的工作才能实现的育种方法。但营养系选种对进一步改良品种，增强品种适应性、产量、品质具有重大意义。

5. 营养系选种的主要鉴定内容与分析方法

营养系选种的植物学性状、果实特征、农业生物学特性的观察记载标准参考国家农作物种质资源平台、国家作物科学数据中心发布的《葡萄种质资源描述规范和数据标准》。其中，用于刺葡萄营养系选种的关键内容主要包括：

（1）**植物学性状**。嫩梢、幼叶、新梢、成熟叶片。

（2）**果实特征特性**。果穗、果粒、种子和果实理化性状。

（3）**物候期**。萌芽期、开花期、转色期、浆果成熟期、落叶期。

（4）**栽培学性状**。植株生长势、结果习性（萌芽率、结果枝百分率、结果枝平均穗数、坐果率等）、抗病性。

（5）**刺葡萄干型葡萄酒酿造试验**。

（6）**葡萄酒成分分析及葡萄酒品评**。

（7）其他与育种目标相关的内容。

（三）杂交法

葡萄杂交育种是在人工控制下通过两种不同类型葡萄的配子结合而获得新品种的方法。葡萄杂交法是从根本上动摇亲本遗传特性，引起变异，以便在新的环境条件和高效农业技术措施调控下，定向培育杂种实生苗，选育出符合人们需求的优良新品种的方法。杂交法在某种程度上能够使两个或两个以上亲本的优良特性集中地表现于其后代，因而也较容易获得生长势强、适应性广、品质优良且具有亲本的某些优良特性的杂种后代，这就给所选育出的新品种提供了很好的有利条件。杂交的成功率高，而且它是最符合育种工作者愿望的一种方法，因而它也是世界各国育种工作中应用最多和收获最大的一种方法。20世纪以来，葡萄育种工作者们通过长期的努力，已经逐步认识并掌握了葡萄有关性状的遗传变异规律，能够在一定程度上根据葡萄的育种目标有目的地选配杂交亲本。据此，常规的杂交育种方法，从过去至现在都是培育葡萄良种的最主要方法。21世纪以来，我国如北京植物园、北京市农林科学院林业果树研究所、中国农业科学院郑州果树研究所、上海市农业科学院园艺研究所、河北省农林科学院昌黎果树研究所、河北科技师范学院、辽宁省农业科学院园艺研究所、沈阳市林业果树科学研究所、山西省农业科学院园艺研究所、山东省果树研究所、浙江省农业科学院园艺研究所、西北农林科技大学等众多单位选育的葡萄新品种，绝大多数是通过杂交育种培育而成的。

1. 杂交育种的分类

杂交育种可分为有性杂交和无性杂交两大类：

（1）有性杂交。 葡萄有性杂交是最主要的杂交方法。根据所用亲本材料的不同，有性杂交又可分为种内杂交（即同一物种内不同品种个体间杂交）、种间杂交、属间杂交3种。

种内杂交多应用于利用杂种优势，改善浆果品质，培育大果穗、大果粒、丰产、无核和具玫瑰香气的品种等方面。为了获得良好的结果，最好选择地理远隔的品种作为亲本。这种方法较简单且收效快。

种间杂交多应用于培育抗寒、抗旱、抗根瘤蚜、抗病、品质优良的品种。为此，需要进行若干种葡萄的种间杂交。这种方法需要进行多次重复杂交，才能获得真正理想的品种，所需时间长。

属间杂交的目的也是培育更能抵抗不良外界环境条件的优良品种，但这个方法在世界各国培育葡萄新品种的工作中应用较少，有待进一步研究。

(2) 无性杂交。葡萄无性杂交也称为营养杂交，是通过营养器官结合产生杂种的方法。嫁接就是无性杂交的常用方法，即将植株上的枝或芽嫁接于另一植株上，使之形成新的个体。

2. 杂交亲本的选择原则

确定杂交组合是杂交成功的关键之一，必须正确地选择杂交亲本。以刺葡萄育种目标的综合要求为前提，就某些突出性状来正确地选择杂交亲本，亲本特性的遗传规律是培育新品种中选择杂交亲本的科学依据。

(1) 选择野生种葡萄与合适的栽培品种。根据前人的试验结论，野生种葡萄与栽培品种杂交时，首先是野生葡萄亲本的特性传递给杂种后代，如老栽培品种与新培育出的栽培品种杂交时，则老栽培品种的特性较多地传递给杂种后代。湖南农业大学为了培育抗病、耐高温高湿、品质优良的葡萄品种，选用了优良的栽培品种玫瑰香等为父本，与野生刺葡萄杂交，在良好的栽培条件下，给予充足的肥水和科学的管理，完全有可能获得有价值的新品种。在这种情况下所获得的杂种，不但都具有刺葡萄的高度抗病性，而且在整个植株形态和某些浆果特点上多倾向于栽培品种。

(2) 选择年龄相同且均已进入盛果期、雌蕊和花粉的成熟程度相同、生命力旺盛的植株。由于亲本所具有的遗传保守性不同，即第一次开花的幼年植株的遗传能力较弱；同样地，生长弱的植株比生长强的植株遗传能力弱；过分成熟的即将进入衰老状态的雌蕊或花粉，比刚成熟的雌蕊或花粉的遗传能力弱。依据以上的规律，在选择亲本植株时，必须考虑到其年龄、生长势，并且正确地选择亲本植株上的花朵，方可获得优良的新品种。

（3）选择自根母本植株为亲本。因为自根母本植株比嫁接在野生砧木上的植株能更好地把自己的特征特性遗传给后代，所以杂交用的母本植株不能采用嫁接在野生砧木上的植株，以免野生砧木影响其遗传特性。

（4）选择能在杂种后代中表现特性的植株作为母本。一般亲本中的母本植株最能充分地将自己的特性传给后代。

（5）选择地理远隔和亲缘关系较远的种或品种。这种地理远隔和亲缘关系较远的种或品种与当地品种杂交所获得的杂种不但具有较强的生活力，而且具有较大的遗传动摇性，能较好和较快地适应新的外界环境条件。同时，当地品种对该地环境条件的适应性也较易传给杂种后代。

3. 杂交育种步骤

（1）杂交前的准备。

①制订杂交计划。杂交计划一般包括育种目标、杂交组合、亲本选配、杂交方式、杂交数量等内容。根据育种目标、可用于杂交育种的土地面积和劳动力来确定杂交组合数，以获得预期的杂交效果。

②杂交亲本植株的培育。因为杂交亲本植株对杂交成功与否有着很大的影响。杂交前亲本植株的生长状况及其外界环境条件，与将来杂种种子和杂种实生苗优良特性的发育有着很密切的关系。无论是性的遗传，还是其他优良特性的遗传，都取决于母本植株在杂交前的生长状况。所以，杂交用的亲本植株必须是在良好的栽培管理条件下生长健壮、发育良好、丰产稳产、品质优良的植株，特别是在优良的栽培品种与野生种进行杂交的时候，尤其要注意到这一点。同时在杂交以后，还要对亲本植株进行良好的管理，使杂交所获得的种子在其发育的过程中能充分获得其亲本所遗传的优良特性的适宜条件。

③杂交用具与材料。镊子（去雄用），扩大镜（用于观察柱头的成熟度及检查授粉质量），毛笔（父本花粉少时用于授粉），隔离用的透明纸袋（用硫酸纸袋，大小视需要而定，一般长 26 厘米、宽 14 厘米即可），金属扎丝（用于扎隔离袋口），标签牌（记录植株编号、杂交组合、去雄与授粉日期等用），杂交登记表（附表 1-1），75%的酒精（消毒杂交用具），盛花粉的玻璃皿，指形管，干燥器（亲本开花期不一致，贮藏花粉备用，大小视贮藏花粉量而定），氯化钙，药棉，凡士林等。

④人员的组织。在进行大量杂交时，还必须考虑到人员的安排。人员多时，分组分区进行，以免工作混乱。

⑤杂交亲本开花期的调节。杂交最好使用新鲜花粉，但是在葡萄种间杂交时，常会遇到杂交亲本开花期不一致的现象，有的甚至相差两周以上。例如，根据 2012 年观察：在长沙的气候条件下，刺葡萄一般在 5 月 1 日前后开花，而玫瑰香 5 月 1—4 日开花，腺枝葡萄 6 月上中旬开花。为了解决这一矛盾，必须采用人工调节杂交亲本开花期，使其开花期接近一致，以便获得良好的效果，一般采用促成法。促成法即将晚开花的亲本植株安置在人工加温或人工保温的条件下，根据父本与母本开花期差异的长短，将盆栽的晚开花品种在适宜时期移入温室，使它们提早开花。在没有温室设备的条件下，或亲本植株很大，不便搬运，则可于早春在葡萄园，给晚开花亲本植株建一中型简易塑料棚，创造人工加温和保温条件，促其早日开花，可提早 10～14 天。

（2）花粉的收集和贮藏。若亲本植株之间的开花期相差较大，在用人工调节开花期的办法未能完全解决，且无温室设备按需要提早开花期，或需要去其他地区收集花粉进行杂交的情况下，则须贮藏花粉，以达到培育新品种的目的。

①葡萄花粉的收集。一般是在晴天的早上，采摘刚开而未经昆虫采集花粉的父本花序，在室内用镊子取下花药、花粉备用。当父本植株不多时也可用透明纸袋直接套在将开放的父本花序上，待花盛开时，用手多次震动花序，花药、花粉即落到透明纸袋内，但此

法不宜收集较多花粉。

②花粉的贮藏。花粉收集以后，必须将它们放在吸水力大的纸上，清除其中的花丝，待花药稍干后，再将其倒入指形管中，用棉花塞好瓶口，贴上已注明品种和花粉采集日期的标签，以免混乱；或直接把收集花粉的透明纸袋，放入盛有氯化钙的干燥器内，并在干燥器的边缘涂以凡士林，盖好密封，防止潮湿空气侵入，然后将干燥器置于0～10℃的低温条件下保存。据试验，花粉贮藏一个月之后仍可保持50％以上的发芽率。

（3）去雄和隔离。去雄的目的是防止母本植株自花授粉，迫使它与其他种和品种的花粉杂交，以顺利地培育出所需要的新品种。

①去雄时期。根据每天观察到母本植株花的发育状况，并用镊子经常进行试验。绝大多数葡萄品种，最适宜的去雄日期是开花前2～3天。因为这时候花蕾已互相分离而肥大，颜色为黄绿色，花瓣和花盘已完全分离。如果开花前6～7天去雄，会给花带来很大的损伤，造成子房大量脱落。去雄越早，则子房脱落越多，良好的杂交种子越少；但也不能去雄过晚，应防止母本植株在去雄以前自花授粉，以影响杂交的效果。

②去雄方法。应选择发育良好、着生位置适中的花序，最好选用结果蔓下部发育良好的花序，除去上部的花序。在去雄时，也可将花序尖端（整个花序约1/4的部分）及副穗全部除去，每个花序保留100～150个花蕾即可，这样可使授粉果穗集中营养，浆果得以良好地发育。去雄最好在无风的早上或上午进行，去雄的动作要求迅速而仔细。去雄时，左手握住花序，右手拿着镊子，小心翼翼地将花冠、花药一起除去，镊子应夹在花蕾的顶端，切记夹的位置不要过于靠下，因为过低易使柱头受伤。如母本植株是雌能花品种，则不需要去雄，只要在开花前2～3天选择好花序，套以透明纸袋进行隔离，防止自然授粉即可。

③隔离。去雄后，尽量减少已去雄的花序暴露在外的时间，防止其他葡萄花粉落到它们的柱头上，检查有无遗漏的花蕾或残存的花药，及时套上准备好的透明纸袋，扎紧，捆在老枝条上，并用标

签注明亲本名称、去雄日期，等待授粉，同时须在杂交登记本上登记。

（4）授粉。

①授粉时间。在去雄后的第二至三天，母本花序的柱头上分泌有大量的黏液，柱头上出现黏液，预示着子房已有接受花粉的准备，为花粉发芽创造了良好的条件，这是授粉的最佳时期。为了避免其他花粉影响杂交效果，宜选择晴朗无风的早上或上午进行授粉；同时，要求速度快，尽可能减少去雄花序暴露在外的时间。

②授粉方法。方法有多种：一是在亲本开花期相同，或人为地调节使其开花期相同时，可直接采下父本花序进行授粉。二是用已收集好花粉的透明纸袋，直接套在已去雄的花序上，用手指从透明纸袋外面向花粉集中处弹 2～3 下，花粉便在纸袋中扬起，约经 30 秒，花粉均匀地落到每朵花的柱头上以后，即可取出透明纸袋；如果花粉的数量不多，则宜先取下花粉，用干净而柔软的毛笔（须经酒精消毒）蘸上花粉授粉。上述方法简便、效果良好。

为了保证授粉的成功，在第一次授粉后的 1～2 天，最好重复授粉一次，或在去雄的花序上放 1～2 个盛开的父本花序，然后套上透明纸袋。

如果需要使用经过贮藏后的花粉授粉，为了确保授粉的效果，则需要事先对经过贮藏后的花粉做发芽试验，掌握贮藏后花粉的发芽情况，以便妥善安排花粉的用量。花粉贮藏条件对花粉发芽率的影响较大，特别是温度和湿度。试验结果表明：花粉经贮藏后，其发芽率显著降低。如保存在 1～4℃低温、干燥、黑暗的条件下，一个月之后约有 50% 的花粉发芽率，40 天之后花粉发芽率降至 30% 左右，60 天以后花粉发芽率仅有 1%～3%。又据试验结果表明：一般新鲜花粉在室温的条件下，经过 20～30 分钟，能在培养液上发芽，2～3 小时便可形成花粉管；而贮藏后的花粉，一般发芽较慢，约经 1 小时才能发芽，8～10 小时能形成较长的花粉管。由于贮藏花粉发芽率低，则在授粉时应适当地增加授粉的花粉量和增加授粉次数。

在授粉时，由于花粉和柱头的成熟度不一致，对杂种后代中亲本的遗传特性有着很大的影响，因此，应该利用这种特性，来控制和培育所需要的目标优良品种。例如，为了使刺葡萄具有玫瑰香味的优良特性，则须在刺葡萄母本植株开花末期，授以新鲜的具有玫瑰香味的父本花粉，由此可获得具有玫瑰香味的新品种。

在葡萄育种工作中，为了克服远缘杂交不孕性，米丘林创造了混合花粉授粉法，打破了植物受精的选择作用，刺激雌蕊受精活动，促进它们接受异种花粉的授粉。如果将不同种或品种的花粉授到同一个柱头上，那么柱头就会最先选择与自己本身生理特性相近的花粉受精。然而，这些花粉的数量很少，满足不了受精的需要，异种花粉刺激了母本植株受精作用的同时，又在某种程度上引入异种花粉进行授粉，这样便克服了远缘杂交中受精的困难。

混合花粉授粉法也可用来改善种间杂交所获得的杂种后代的葡萄品质。例如，在培育具有玫瑰香味的品种时，可以用具有玫瑰香味的不同品种的花粉混在一起，与所拟定的亲本杂交，能获得很好的效果。

授粉完毕后，应立即在标签上写上父本、母本名称和授粉或重复授粉日期，并在登记本上予以登记。

(5) 换袋。在授粉后 15～20 天，即可进行杂交后结实状况的检查。为了保障杂种浆果正常生长发育的条件，在检查时，须将透明纸袋换成防鸟袋，袋的大小依果穗的大小而定，以保护成熟后的浆果不遭受意外损失。

4. 杂种种子的采收、保存和播种

(1) 果穗采收。杂交果穗必须在种子充分成熟时采收，一般经过 90～120 天便可成熟，为保证早熟品种的种胚完全成熟，可延期采收。浆果充分成熟以后，最好连同枝条一起采下，保存在比较阴凉干燥的地方，一直保存到浆果不能再继续保存时为止。采种时可用手搓，有些品种的种子有肉囊，不易与果肉分开，可将带果肉的种子加水放置 6～7 天，待发酵后再用手搓揉，使种子与果肉分离，即可取出干净的种子。

（2）种子保存。杂种种子阴干后，放入小纱布袋中，为防止混乱，在纱布袋上挂好标签，注明杂交组合亲本名称和杂种种子粒数，置于室内。为提高其萌芽率和萌芽势，在 11—12 月须层积处理。备以干净细河沙，加水调至适宜湿度，河沙中水分不宜过多，湿度以手紧握湿沙而不滴水为度，种子连同布袋与湿沙放入瓦钵等容器中混合保存。保存于 2～6℃的低温条件下，一般经 2～3 个月，春季可播种。

（3）播种。为使葡萄杂交种子在播种以后发芽迅速、出苗整齐、发芽率高、生长发育健壮，春季播种前取出沙藏种子作催芽处理，用 25℃左右的清水浸种。因为葡萄是亚热带植物，所以其种子若未经层积处理仍可发芽，但萌芽势或萌芽率明显低于经过层积处理的种子。为提高未经层积处理种子的发芽率和发芽整齐度，可在播种前，在室温的条件下浸种 4～6 天，或用洁净的湿沙与之混合，置于 25℃处催芽。经浸种催芽后，发现有 10％～15％的种子已萌动、种皮裂开、露出白色胚根时播种。

采用穴盘播种，具有节省种子和劳力、管理方便及幼苗整齐、健壮、无病虫害、根系发达、移植容易、定植后成活率高等优点。

选择穴盘外形尺寸为 54.9 厘米×27.8 厘米，穴盘规格以72孔和108孔的较适宜。播种前，将穴盘放进稀释 100 倍的漂白粉溶液（即 99 千克水加 1 千克漂白粉配制而成）中浸泡 8～10 小时消毒，取出洗净晾干备用；如果是用新穴盘，可以不消毒。采用草炭：蛭石：珍珠岩＝2：1：1 的基质混合均匀并消毒，基质 pH 为 5.8～7.0。将配好的基质装在穴盘中，用刮板将穴盘刮平，使每个穴盘都装满基质，但要防止基质装得过满，装满后各个格室清晰可见，不能用力压紧。将装好基质的穴盘用专门制作的压穴器压穴，压至要求的深度即可，以利播种。将已浸种催芽的种子点播在压好的穴盘中，已见白色胚根的种子每穴播 1 粒，其余种子每穴播 2 粒，避免漏播，给每个穴盘贴上标签，标明组合亲本名称、播种粒数与日期。播种后用蛭石覆盖穴盘，用刮板将穴盘刮平，覆盖蛭石约 2 厘米厚与格室相平。将已播种的穴盘摆放在苗床，及时轻而匀地用清水浇透穴盘，防止水冲出穴盘内的基质和种子；在穴盘上放置一些小竹竿，再覆盖一层地膜，以保持穴盘湿润，待小苗长出子叶时揭膜。此外，播种后在苗床四周围上丝网以防止鼠害等。

5. 杂种实生苗的培育

(1) 移栽杂种实生苗。待杂种实生苗在穴盘内生长至 4～5 片真叶时须移栽于杂种实生苗圃。首先要选择好苗圃地，将苗圃地翻耕 40～50 厘米，清除杂树苑等杂物，将土块打碎、耙平，在整地时喷施杀虫剂，以防止蝼蛄、地老虎等害虫危害幼苗。然后做成宽×长为 1 米×5 米的畦，在 1 米宽的畦面上，分别距每条畦边约 20 厘米处挖深、宽各 15 厘米的浅沟，在沟内撒入草炭∶蛭石∶珍珠岩＝2∶1∶1 混合好的基质，用以栽植小苗。在移苗前 1 天，对每个苗床立好标牌，注明杂交组合的亲本名称；对苗床充分灌水。将穴盘搬入苗圃地，按安排好的栽植位置，株距 40 厘米，先从穴盘中小心取出苗球，栽植于已挖好的栽植沟中，小苗根颈与地面相平，不能栽植过深或过浅；栽植的第二行与第一行呈"品"字形，以利受光；栽植结束后随即绘制杂种实生苗的田间位置图，并浇足定根水。3～4 天后，对畦面浇一次透水或在遇雨后，趁地面湿润时于行间覆以黑色地膜，以保湿润、升地温、防杂草，用土块压实膜边以防风害。

(2) 杂种实生苗圃管理。苗圃应经常保持畦面平整，畦沟深、宽各 40 厘米，排水通畅。土壤湿润，一般每隔 3～4 天浇 1 次水，以利幼苗生长；在干旱较严重的地区，如未覆以黑色地膜，应在畦面上覆盖稻草或其他秸秆，以减少土壤水分的蒸发。当苗高 15～20 厘米时，于每株苗的侧旁立一支柱，以防倒伏并方便引蔓。每株苗留 1 个主梢，当主梢生长到 1.5 米高时摘心，主梢上的副梢留 1 片叶反复摘心，促使主梢增粗。当幼苗长到 8 片叶时，用稀薄的 N、P、K 复合水溶肥浇施，每周施 1 次，视生长状况，肥料浓度可少许增加；也可辅以叶面喷施，用肥量少，且易被植株吸收，喷肥时间应在早上或傍晚，以便充分吸收，一般以尿素加上磷酸二氢钾，总浓度控制在 0.2% 以内，每隔 7～10 天喷 1 次，连喷

3～5次。苗期注意防治蚜虫、透翅蛾、天蛾等害虫以及霜霉病等病害。

6. 选种园的建立与杂种实生苗的管理

（1）建立选种园。选择地势平坦、土层深厚、水源充足、排水良好、交通便利的地段建立选种园，视杂种实生苗的多少确定选种园面积的大小，全园的道路、水利系统、避雨设施等与葡萄生产园相同。整地时清除园内杂树、杂物，均匀撒上石灰、谷壳、肥料等，机械翻耕60厘米深，葡萄行向为南北走向，按2.5米宽做畦，畦沟面宽40厘米、底宽20厘米、深40厘米。株行距为1.5米×2.5米，每亩园地按70%栽植苗木，可以栽苗125株。

（2）杂种实生苗编号挂牌。杂种实生苗在定植前要编排代号，按杂交年份、组合号和杂种实生苗在本组合中的顺序编排。例如，2013年湖南农业大学以刺葡萄为母本做7个组合，以刺葡萄为父本做4个组合，共有11个杂交组合；其中，刺葡萄×醉金香是第一个组合，它的第一号植株编号为13-1-1，其他以此类推；又如玫瑰香×刺葡萄是第九个组合，它的第五号植株编号为13-9-5，其他以此类推。每株杂种实生苗均有一个编号，做好标牌，挂在每株植株上，千万不能弄错。

（3）定植。整畦、立水泥柱、固定绑缚枝蔓的钢线等均已完工，按照预定的株行距挖定植穴，穴的大小为深、宽各35～40厘米。

在苗圃地取苗之前灌水，保持苗圃地湿润，方便取苗。取苗前，以苗的主干为中心，做直径30厘米的圆，用石灰画好边线，在边线外缘取土挖沟，深至30厘米后铲子往苗中心位置使力，铲断苗球下的根系，两人用铲子将苗球移出，定植于已准备好的穴内。定植时，将穴底的土挖松之后填入挖穴时取出的土壤约10厘米厚，再将苗球定植于穴中，苗球稍高出畦面，待土壤下沉后根颈与畦面相平，浇水保湿。如果栽植未带土球的杂种实生苗，栽植时根系必须舒展，不能栽植过深也不能过浅，根颈部位稍高于畦面、待土壤下沉后与畦面相平，填土压实后浇足定根水。在一周之内，浇透水后给畦面覆以黑色地膜并压实膜边防风。随即绘制田间定植图，每株苗上的标牌须系牢，避免弄错。

(4) 杂种实生苗的管理。为了使杂种实生苗的遗传特性朝着育种工作者所预定的方向改变，除正确地选择杂交亲本以外，对杂种实生苗进行定向培育也是一个很重要的环节。杂种实生苗的定向培育不但涉及每一项农业技术措施，而且应包括杂种实生苗在整个生长发育过程中所有外界环境的改变和控制，从最幼龄的发育阶段开始一直到其完全定型前的一段时期内，只有育种工作者为杂种实生苗提供必要的生长发育条件，才能获得所期望的特性，特别是在杂种实生苗开花以前的幼龄阶段尤为重要。由于杂交的目的和要求不同，因而培育的方法也有差异，在此仅就其共同之处予以分述。

①土、肥、水管理。培育杂种实生苗虽并不需要很肥沃的土壤和充足的肥料，但一般都要求有良好的土壤条件和土壤管理，只有这样杂种实生苗的生长才有可能朝着好的方向进行。良好的土壤管理是培育杂种实生苗优质浆果品质的重要条件之一。栽培杂种实生苗的土壤，最好为排水良好、土层深厚、富含有机质的沙质壤土或沙砾质壤土。种植前应深耕 60 厘米左右，施适量基肥；定植以后则须经常中耕除草（每年至少 4 次），以改善土壤水分及孔隙度。

施肥是改良土壤、提高产量和增进浆果品质的重要措施。为了提高施肥的效果，控制杂种实生苗的发育，必须根据杂种实生苗个体发育的不同发育阶段，施以不同的肥料。例如，在春季开花以前，为了加强植株营养器官的生长，应多施速效氮肥；在开花期以后，应增施磷肥，以提高结实率和浆果的含糖量；在花芽分化和营养物质积累时期，应增施钾肥。磷、钾肥不仅能加速浆果和枝条的成熟，还可以提高植株的抗逆性，且能增进浆果品质。为了提高肥效，在每次施肥的同时进行灌溉，且土壤能保湿 7～10 天。

叶面喷施也是改善杂种实生苗浆果品质、增加产量、促进枝条成熟和提高抗逆性的有力措施，同样应根据植株个体发育的不同阶段喷施，一般需要哪种肥料时及时予以补充。氮肥可用 0.2% 的尿素，磷肥用 2%～3% 的过磷酸钙或钙镁磷肥浸出液（浸泡 12～24 小时或更久，取上清液）或 0.2% 的磷酸二氢钾，钾肥用

0.2%～0.3%的氯化钾或硫酸钾，以喷3～5次为宜，于早晚喷施效果更佳。据试验，在浆果发育过程中，用2%的过磷酸钙浸出液，加入0.02%的硼酸，喷2～3次可提高浆果品质。

针对地下水位高的选种园，在雨季须疏通排水沟，及时排除多余的雨水；在浆果转色、增糖期宜在沟面覆盖地膜，防止雨水进入畦内，以免裂果和降低含糖量。在8—10月干旱时期，根据园地的旱情，及时灌溉，最好在傍晚7时至清晨6时进行，这段时间抗旱的效果更好。

②整形与修剪。杂种实生苗的整形，为了保证杂种实生苗的正常生长发育和快速进入结果期，须对其整形，以V形和T形较为适宜，因为这两种整形可以充分利用空间，能有计划地进行枝蔓的轮流更新，并顺利进入结果期。

V形和T形整形常采取株行距（1.0～1.5）米×（2.5～2.8）米栽植葡萄苗木。此株行距使田间管理方便，枝蔓与果穗生长规范，增加了光合面积，提高了萌芽率、萌芽整齐度和新梢生长均衡度，有效削弱顶端优势；提高了通风透光度，可避免日灼，减轻病害和大风危害，能计划定梢、定穗、控产，实行规范化栽培，从而提高浆果品质。

杂种实生苗的修剪合理与否对实生苗加速或延迟进入结果期有着很大的影响，与生产园所采用的修剪方法有所不同。为了使幼龄杂种实生苗植株加速进入结果期，不宜采用短梢修剪，因为实生苗的各发育阶段是随着新梢的生长而通过的。因此，轻剪是幼龄实生苗的修剪原则。通过轻剪要尽可能地培育生长旺盛的2个枝条，其他多余的枝条应在开始生长的时候除去。副梢一般留2～3片叶摘心，控制养分的消耗，同时还可以利用副梢制造的养分供给主蔓发育，促使其快速进入结果期。

③促进杂种实生苗提早进入结果期。葡萄的童期一般是指从播种出苗到第一次开花结果之前的时期。葡萄育种如何使杂种实生苗的童期缩短提早进入结果期，即在较短的时期内培育出更多的优良新品种，这是育种工作者所期盼的。因此，须采取相应的农业技术

措施以促其实现。前人为了使杂种实生苗提早结果，做了大量的研究，如在温室培育旺苗、在温室提早育苗、控制实生苗的发育节律、采用胚芽嫁接、用细胞分裂素等生长调节剂处理等，均收到了良好的效果。

本团队经多年实践，促进杂种实生苗提早进入结果期的方法主要是葡萄杂种实生苗用容器育苗、定植时不伤根、合理的土肥水等各项管理，基本上在第一年就可完全通过其在结实前所必须通过的发育阶段而进入结果阶段。

具体的方法：采用穴盘播种，待其长出4～5片真叶以后于苗圃地育苗，带30厘米直径的土球移苗定植，在苗木生长的全程进行合理土肥水管理、精细整形修剪、及时防治病虫害等。特别要强调的是：在杂种实生苗的培育过程中，原则上不进行修剪，但应及时进行副梢摘心，主梢基部的副梢留2～3片叶摘心，上部的副梢留1～2片叶摘心，基部萌蘖一律除去，仅留一条强健的主梢。主梢一般不摘心，任其自由生长，为了保证枝蔓充分成熟，可在植株停止生长前2周摘心。如此，一年之内可培育出1条发育良好、充分成熟的长达1.0～1.5米的枝蔓。

利用副梢整形提早进入结果期的方法是在杂种实生苗定植后的第一年，利用夏芽抽生的优良副梢培养4～6条结果母蔓，第二年便可进入结果期，获得良好的效果。

因此，在良好的栽培管理条件下，使杂种实生苗提早在定植后的第二年开花结果，完全可以实现。

(5) 杂种实生苗的选择。杂种实生苗的选择是定向培养杂种实生苗的一项重要内容。它不但可以定向地选育出所需的优良品种，而且可以通过淘汰不良植株，大幅减少时间和劳力，以便更好地集中精力培养有希望的杂种实生苗，提高育种的工作质量和效率。要做好选择淘汰这项工作，必须注意以下几点：第一，从实生苗培育的第一年起，要进行仔细的观察和记载，以便全面了解和分析杂种实生苗，为选择和淘汰提供依据；第二，根据浆果品质进行淘汰时，应考虑到杂种实生苗在浆果定型过程中的变异；第三，在选择过程中必须注意到品种特性的多样性，以便满足鲜食、酿造、加工等的各种不同要求。

杂种实生苗的选择和淘汰工作最好逐年进行。除每年必须注意淘汰不抗病的植株以外，选择淘汰工作必须根据以下的原则进行：

第一年：只能根据其生长情况、外部形态特征来进行，除生长极弱、受病虫危害重的植株易于淘汰以外，其他淘汰一般都有很大的难度，特别是对种间或属间杂种实生苗的选择，由于它们在第一代大都倾向于野生性状因而难度更大。应淘汰生长过旺、完全偏向于野生性状的植株和生长过弱、发育不良的植株；同时，注意选择子叶肥厚、幼茎短而粗及具有其他优良栽培品种特性的植株。为了避免选择淘汰中有错误，最好把这些指标记载下来，暂不进行淘汰，继续观察其以后的情况再作决定。

第二年：仍继续根据生长情况和外部形态特征进行选择淘汰，未进行移植与修剪的杂种实生苗，在第二年即将开始开花，根据前人的经验，凡是以野生种为父本的种间杂交后代，都将出现大量的雄株或部分雌株，而且通常雄株进入开花期较早，根本不能结实，应一律淘汰；雌株由于不能保证稳定的产量，也应淘汰。

第三年：实生苗一般均能进入开花期，因此，仍须继续根据花的类型来进行选择淘汰；同时，根据经过几年对植株的物候期等生物学特性的观察结果予以选择和淘汰。例如，在以培育耐湿热性强的品种为目的时，应特别注意叶片和浆果是否生长正常，是否有日灼、气灼危害，因为这些表现都直接关系到植株的耐湿热性。

第四年以后：除继续根据上述特性进行选择淘汰以外，还可根据果穗大小、浆果品质等方面对杂种实生苗进行选择，但不宜立即淘汰；同时，从第四年起，育种工作者可以根据几年来所积累的资料，开始对每株杂种实生苗进行全面评估，凡是缺点严重、根本没有发展希望的植株，应立即淘汰；凡是具有某些不良的特性，而又具有某些较好特性的植株，则仍须保留，再继续对其进行观察，直到可以肯定这些植株完全没有利用价值时，再予以淘汰。

杂种实生苗的选择和淘汰，是一项非常细致而必要的工作，绝不可以忽略这项工作，必须经过慎重的分析考虑，方可作出正确的选择。

7. 杂种实生苗的观察记载

该项工作是育种工作中一件重要而经常性的工作，它不但可以帮助育种工作者系统而全面地了解每株杂种实生苗，作为选择淘汰和定向培育的根据，而且可以了解和掌握亲本特性在杂种实生苗中的遗传变异规律。同时，通过对杂种实生苗生物学特性的观察记载，可以了解其对外界环境条件的要求，为培育的新品种制订切实可行的栽培技术措施提供科学依据。

根据几年来的实践，在优良杂种植株没有选定以前，杂种实生苗的观察记载项目主要是农业生物学特性（附表1-2），以及某些重要的、与经济特性密切相关的植物学特征。

在有希望的优良杂种植株选定以后，则须对选出的植株进行详细观察记载，其项目除农业生物学特性以外，还应加上植物学特征（附表1-3）、枝条结实性（附表1-4）、果穗的理化分析（附表1-5），由此可以达到观察记载的最佳效果。

8. 无性杂交

无性杂交也称为营养杂交，是通过营养器官结合产生杂种的方法。嫁接就是无性杂交的常用方法，即将植株上的枝或芽嫁接于另一植株上，使之形成新的个体。实际上，无性杂交方法早在西汉时期就被我国劳动人民应用过，如农民培育新品种时应用过穗选和嫁接。另一种方法是体细胞融合，指使两个亲本的原生质体融合成为一个具双亲遗传物质的杂种细胞，并在人工培养下使之形成杂种个体的杂交方法。用无性杂交方法产生的杂种称为无性杂种。无性杂交不受亲缘关系限制，特别是某些不能进行有性杂交的作物，可以采用无性杂交方法育种，培育新的个体。其选择杂交亲本的范围比有性杂交更广泛，然而遗传基础更复杂。由于是一种通过嫁接使两个亲本的优良特性集中表现于后代的方法，不但完全不通过性的作用，而且亲本的优良特性完全可以不断地遗传给后代。

为了达到控制有机体定向变异的目的，只有将具有遗传动摇性的年轻杂种实生苗嫁接到老的优良栽培品种上才有可能。如果接穗和砧木都是阶段发育老龄、遗传特性稳定的品种，那么将观察不到它们之间的相互影响，这一点必须注意。因此，正确地选择亲本仍是无性杂交成功的关键。根据蒙导者不同，可分为下列几种方法：

（1）**一般蒙导法**。先将阶段发育幼龄、具遗传动摇性的杂种实生苗枝条嫁接到优良的母本枝条上。嫁接的方法：在早春（葡萄萌芽前），将当年1月已准备好的砧木和接穗从冷藏库中取出，在室内进行嫁接，嫁接时一般可采用劈接法（砧木以3节为宜），并用嫁接膜包扎好。接好后，将其贮藏在经过消毒处理（用0.5％的高锰酸钾溶液消毒）且有一定湿度（不宜过湿）的河沙内，沙藏时不要碰触嫁接口，还必须使沙子与嫁接枝条完全密接，千万不能在嫁接枝条与河沙之间形成空隙，以免被病菌侵染，影响愈合。之后贮藏于5~7℃处，一个月后即可插入苗圃。扦插时，在接口处培土，并经常保持一定的土壤湿度，促其早日全部愈合。接活后，随着接穗的生长，砧木所制造的营养物质不断供给接穗，使之向优良母本的方向改变。

（2）**最有效的蒙导法**。将仅具2片真叶或尚未出现真叶的杂种幼苗，用皮接的方法，嫁接到优良植株的嫩枝上；或者在葡萄开花以前，用嫩枝嫁接法，将杂种嫩枝嫁接到优良植株的嫩枝上，嫁接后到愈合以前，要特别注意保持周围空气湿度。这种方法的优点是方法简单，效果显著，且植株在第二年即可进入结果期；缺点是难以保持周围的空气湿度，因而成活率低。

（3）**根系蒙导法**。根系蒙导法指将幼龄杂种枝条嫁接到优良植株的根上（上部枝条全部剪除）。这种嫁接一般采用劈接法。它的优点是易成活，成活后接穗生长旺盛，第二年能结果。

总之，无性杂交是培育葡萄新品种的一种方法，它有可能获得优良的无性杂种。但是，因为葡萄有性杂交易于进行，又很少产生杂交不孕现象，所以目前的葡萄育种工作中，除试验以外，无性杂交一般较少采用。

（四）其他方法

随着生物技术的发展，新的育种方法在葡萄育种中不断应用，目前应用较为成功的基本上以组织培养为重要途径。主要应用如下：

1. 胚培养

胚培养技术是在人工控制的条件下，选择适宜的培养基及营养条件等，以解决种胚不能正常发育的问题。胚培养是植物及葡萄组织培养中获得成功最早、取得成果最显著的一种生物技术。

2. 倍性培养

倍性培养包括单倍体培养和多倍体培养。其中，单倍体培养主要是通过花药培养，诱导雄配子发育而产生单倍体植株，经加倍处理产生纯合二倍体。而多倍体培养以胚乳培养、试管苗诱导加倍为主。细胞培养把植物组织培养中出现的变异叫作体细胞无性系变异。大量资料表明，体细胞无性系变异是植物组织培养中的普遍现象，远比自然界中自发变异的频率高，现已发展成为一种通过体细胞培养、筛选和培养突变体以获得植物新品种的方法。体细胞无性系突变可与辐射、化学诱变等相结合，又可通过培养基或培养条件进行加倍选择，筛选出具有特殊特性的细胞突变体和植株，扩大变异类型和提高诱变频率。通过离体培养诱导胚胎发生，具有数量多、速度快、结构完整、易成苗等特点，是植物细胞工程育种、突变体选择、人工种子等的基础。现已从葡萄花药、未受精子房、胚珠、茎、叶片、成熟胚等诱导出体细胞胚，并能继代再生，在葡萄上已成为一项成熟的技术。此外，愈伤组织或胚性细胞在离体条件下受到培养基中激素或加入的诱变剂的作用，易发生染色体数目、结构的变异，也会发生核基因与细胞质基因的突变，但此变异的细胞需要解决再生难题才有利用价值。

此外，葡萄是原生质体培养报道最早的果树之一，利用基因工程把目的基因导入从而获得基因工程植株也是应用之一，但至今这些研究只有极少再生植株的报道，尚未见选育出品种的报道。

三、杂交亲本介绍

(一)野生亲本

1. 腺枝葡萄(*Vitis adenoclata* Hand. - Mass.)

腺枝葡萄多生长在水源充足、土壤湿润的地方,较耐阴。其枝叶生长旺盛,嫩梢灰白色带绿,密被蛛丝状白色茸毛,梢尖黄绿,外缘粉红色;当年生枝条上具暗紫色腺毛,卷须发达,最长可达30厘米,二叉分裂,第一卷须多着生在枝条第三节,间隙性着生;一年生枝截面近圆形,有条纹并密生腺毛;成年枝黑褐色,树皮裂开,腺毛脱落。冬芽芽体较大,圆形。幼叶两面粉红色至橙红色,下表面密被白色丝毛。成龄叶卵形或卵状五角形,全缘,中等大,平均长13.7厘米,宽10.4厘米;上表面初被脱落性丝毛,后期脱落,下表面锈色或灰白色,密被丝毛。叶缘锯齿浅,双侧直,齿尖针头状(彩图2-1)。叶柄洼开张拱形或矢形,基部U形或V形。叶柄平均长5.9厘米,有腺毛。

腺枝葡萄按花器官的形态,可分为三个类型,即两性花类型、雄花类型和雌花类型,雌能花中雄蕊5枚,向外卷曲。花穗多分叉,花梗长5~10厘米;花序圆锥形,有一歧肩,长7.0~13.0厘米,总花序长8~15厘米,各分枝小花序长约4厘米,小花序基部带白色茸毛。花序常着生在结果枝第三至九节,以第三四节居多,每个结果枝平均花序数3.6个,结果枝率89.9%。

果穗圆柱形或圆锥形或分歧形3种,平均穗长13.6厘米,最大穗重75.0克。果实圆球形,未成熟时黄绿色,成熟后紫黑色(彩图2-1);果粒小,果粒平均纵径0.993厘米,平均横径0.942厘米;果实大小较整齐,成熟较一致。可溶性固形物含量为16.0%~19.5%,可滴定酸含量为18~20克/升。每粒果实种子2~4粒,以4粒为主,平均3.2粒。

腺枝葡萄的三种不同类型的物候期基本相同,在湖南省长沙市,4月上中旬萌芽,6月上中旬开始开花,9月下旬至10月上中旬果实充分成熟，由萌芽至果实充分成熟需要 140～150 天，为晚熟种。11 月中旬至 12 月上旬植株落叶，进入休眠。

腺枝葡萄抗葡萄黑痘病、霜霉病等病害，果实成熟期晚，花青素含量高，可作酿酒资源，分布于湖南、广西、浙江等省份。

2. 华东葡萄（*Vitis pseudoreticulata* W. T. Wang）

华东葡萄，东亚种，在中国陕西和长江流域及其以南地区，如河南、安徽、江苏、浙江、江西、福建、湖北、湖南、广东、广西等均有分布，生长于海拔 100～300 米的河边、山坡荒地、草丛、灌丛或林中。

植株生长旺盛。一年生枝有明显纵棱纹是本种的主要特征，幼茎棱条凸出，嫩枝疏被蛛丝状茸毛，以后脱落近无毛。枝粗 0.72～0.81 厘米，节间长 5.2～10.7 厘米，截面椭圆形。卷须二叉分枝，每隔 2 节间断与叶对生。

幼叶橙黄色，叶片卵圆形，全缘，较平展，上表面密生小痣状凸起，下表面有中密茸毛；叶柄长 6.8～7.8 厘米，叶柄初时密被蛛丝状茸毛，以后脱落，并有短柔毛；托叶早落。叶中等大，长 11.8～12.0 厘米，宽 10.4～11.1 厘米，叶缘锯齿浅；叶柄洼开张矢形或宽拱形，基部 V 形或 U 形（彩图 2-2）。

雌雄异株，雌能花雄蕊比雌蕊短或等长，向外卷曲。果穗小，圆柱形或单肩圆锥形，长 7.1～9.4 厘米，宽 3.4～4.1 厘米，重 15.4～33.9 克，果粒着生中等紧密或紧密，最大穗长 15.7 厘米、宽 7.0 厘米、重 97.7 克。果粒极小，有少量小青粒，平均 0.4 克，圆形，黑色。果粉薄，果皮薄而韧，无涩味；果肉软，汁多，紫红色，味酸甜，出汁率 60.5%～77.7%，可溶性固形物含量 15.8%～19.3%，可滴定酸含量 1.0%～1.3%。每粒果实有种子 1～3 粒，大多为 2 粒。种子小，卵圆形。喙短。

在长沙地区，华东葡萄多数株系 4 月中旬萌芽，5 月中下旬开花，7 月下旬果实转色，果实充分成熟期在 8 月下旬至 9 月上旬，由萌芽至果实充分成熟共需要 132～142 天。结果枝率 70%～90%，每个结果枝平均 2.5～2.9 穗。其抗黑痘病、炭疽病和霜霉病能力强，但易感白粉病，是抗湿热和抗病育种的重要种质资源。

以上两种野生亲本由于抗病性和抗逆性均强，本可利用其优势改变刺葡萄的劣势，但由于其开花较晚，加上没有做促早栽培，只能用作杂交的母本，而用刺葡萄作为父本。

（二）栽培亲本

1. 紫秋

紫秋别名高山葡萄，刺葡萄，东亚种，原产地中国（彩图 2-3）。是 1988 年由怀化市芷江侗族自治县农业局与湖南农业大学等单位从野生刺葡萄中发现的变异单株。1990 年开始将变异单株进行高位嫁接、筛选和中试，表明该变异植株果实综合性状明显提高，且性状稳定。2004 年 9 月通过湖南省农作物品种审定委员会认定并定名，在湖南、贵州、江西、重庆、湖北等地推广（附图 2-1、附图 2-2、附图 2-3）。

植株生长势强，新梢、叶柄及叶脉上密生直立或先端弯曲的刺，三年生以上枝蔓皮刺随老皮脱落。嫩梢黄绿色，一年生成熟枝条浅褐色，表皮刺长而密，节间长 7～17 厘米。卷须着生不规则，主梢着生卷须少，夏、秋季抽生的副梢着生卷须较多。冬芽为圆形，夏芽尖。

新叶前期为浅紫色，后转绿。成龄叶片近似心脏形，叶缘呈波浪形，叶片较厚而大，叶面有光泽，呈网状皱，叶背叶面茸毛稀，叶面蜡质层厚，叶背主、侧脉突起。多为两性花，少为单性花。果穗圆锥形，平均穗重 227 克，果穗较一般刺葡萄重，有副穗，果粒着生较密。果粒椭圆形，平均粒重约 4.5 克；果皮为紫黑色，果粉厚，果皮厚而韧，果皮与果肉易分离。果肉绿黄色，有肉囊，多汁，味甜，无香气。可溶性固形物含量 14.5%～16.0%，可食率 70.8%左右，出汁率约 61%。每粒果含种子 3～4 粒，果肉与种子不易分离。果实耐贮运。果皮色素浓，果实营养丰富，既可鲜食，又可制汁、酿酒及深加工等，用途广泛。

在湖南怀化市 2 月下旬至 3 月初开始出现伤流，3 月中旬最重。鳞片松动期在 3 月下旬，4 月初发芽，5 月初始花，5 月中旬盛花，开花期 8 天左右。生理落果在花后 20 天左右（5 月下旬）。6 月中旬新梢开始成熟，7 月底果实着色，8 月开始着生果粉，9 月中下旬果实完全成熟，果实发育期 130 天左右。成熟果可留树贮藏 30 天左右。11 月中下旬落叶。全年生长期约 180 天。

该品种生长势较强，适应性广，抗逆性强，较耐旱，耐粗放管理，较抗黑痘病，在我国长江流域年降水量 1 000 毫米以上、海拔 800 米以下的山地、丘陵区均可栽植，采用棚架栽培，栽植密度宜为 4 米×5 米，单干多主蔓棚架整形，结果母蔓冬剪留 2～3 个饱满芽，产量控制在 1 000～1 500 千克/亩。

2. 京蜜

京蜜为欧亚种，二倍体，极早熟（彩图 2-4）。中国科学院植物研究所北京植物园育成，亲本为京秀×香妃。1997 年杂交，2001 年初果，2003 年选出，2004 年进行区试及品种比较试验，2006 年定名，2007 年 12 月通过北京市林木品种审定委员会审定。

植株生长势中等。嫩梢黄绿色，梢尖开张，无茸毛。新梢生长较直立，节间为绿色；成熟枝黄褐色，有条纹，节间短，中等粗。卷须分布不连续，中等长。冬芽暗褐色，着色一致。

幼叶黄绿色，上表面有光泽，下表面无茸毛，成龄叶片心脏形，较小、绿色，上表面无皱褶，下表面无茸毛；叶片 5 裂，上裂刻较深，上裂片闭合，下裂刻浅，开张；锯齿两侧凸；叶柄绿色有红晕，叶柄短于中脉；叶柄洼开张椭圆形，基部 U 形。

果穗圆锥形，平均穗重 373.7 克，最大穗重 617.0 克，果粒着生紧密、果大小整齐。果粒扁圆形或近圆形，大部分果粒有 3 条浅沟，黄绿色，成熟一致，平均粒重 7.0 克左右，最大粒重 11 克左右；果粉薄，皮薄、肉脆、汁中等多、味甜。每粒果含种子 2～4 粒，多为 3 粒。可溶性固形物含量 17.0%～20.2%，可滴定酸含量 0.31%，味甜，有玫瑰香味，肉质细腻，品质上等。成熟后可延迟采收 45 天，可溶性固形物含量可继续积累，风味更加浓郁。

隐芽和副芽萌发力均为中等。芽眼萌发率 66.6%，枝条成熟度良好。早果性好，极丰产，正常结果树一般产果 1 500 千克/亩为宜（3 米×1 米，篱架）。在长沙地区露地栽培，从萌芽至浆果成熟所需天数为 95～110 天，果实于 7 月初成熟，为极早熟品种。

该品种抗病性较强，早果性好，丰产，品质上等，浆果可延迟采收，不掉粒、不裂果，耐贮运，货架期长。在南方须采用避雨栽培，篱架式或棚架式均可。冬季结果母蔓宜中、短梢修剪，注意控制产量和严格疏花、疏果。加强病虫害防治。

3. 京香玉

京香玉为欧亚种，二倍体，早熟（彩图 2-5）。中国科学院植物研究所北京植物园于 1997 年以京秀×香妃杂交育成，2008 年获得新品种认定。

植株生长势中等。嫩梢黄绿色；成熟枝黄褐色，节间中等长，中等粗。幼叶黄绿色；成龄叶心脏形，较小；叶柄短于中脉。果穗圆锥形，平均穗重 463.2 克，最大穗重 1 000 克；果粒着生中等紧密，椭圆形，平均粒重 8.2 克；果皮黄绿色，皮中等厚；果肉脆，汁中等多，玫瑰香味，可溶性固形物含量 14.5%～15.8%；种子 2～4 粒。萌芽至浆果成熟需要 110～120 天。

该品种抗病性较强，早果性好，极丰产，穗、粒整齐美观，品质上等。成熟后可延迟 2 周采收，可溶性固形物含量继续增加，并且风味更加浓郁。正常结果树产果 1 500 千克/亩为宜。浆果不掉粒、不裂果，耐贮运，货架期长。

4. 京艳

京艳为欧亚种，二倍体，早熟（彩图 2-6）。中国科学院植物研究所北京植物园于 1997 年以京秀×香妃杂交育成，2015 年获得新品种认定。

植株生长势中等。嫩梢黄绿色；成熟枝黄褐色，节间中等长，中等粗。幼叶黄绿色；成龄叶心脏形，中等大小，叶背中等密度茸毛；叶柄短于中脉。果穗圆锥形，平均穗重 420 克；果粒着生中等紧密，椭圆形，平均粒重 7.2 克；果皮玫瑰红或紫红色，果皮中等厚、与果肉不易分离；果肉脆，汁中等多，有玫瑰香味，可溶性固形物含量 15.0%～17.2%；种子 2～4 粒。萌芽至浆果成熟需要 110～120 天。

该品种为优良的早熟、红色品种，抗病性强，早果性好，极丰产，具有玫瑰香味，品质上等。浆果极易着色，艳丽、美观。果穗松紧适度，可节省疏花、疏果用工。生产中应注意控制产量。

5. 香妃

香妃为欧亚种，二倍体，原产地中国（彩图 2-7）。该品种由北京市农林科学院林业果树研究所育成，亲本为 73-7-6（玫瑰香×莎巴珍珠）×绯红。1982 年杂交，1990 年选出，1990—1995 年进行新品种对比试验和中试，1996 年定名，1998 年发表。该品种在北京、辽宁、河北、宁夏、新疆、吉林、江苏、湖南等地有栽培。

植株生长势较强。嫩梢绿黄色，梢尖半开张，密被茸毛。新梢节间背侧和腹侧均绿色具红色条纹，枝条横截面呈椭圆形，表面黄褐色或暗褐色，有细槽状条纹。枝条节间短、中等粗，成熟度良好。结果枝占芽眼总数的 65.55%，每个结果枝平均着生果穗 1.82 穗。冬芽花青素着色中等，芽眼萌发率为 75.4%，隐芽萌发力强，且隐芽萌发的新梢和夏芽副梢结实力均强；有中等密或稀疏茸毛。卷须分布不连续，中等长，3 分叉。

幼叶橙黄色，上表面有光泽，下表面茸毛密。成龄叶片心脏形，中等大，绿色，叶缘上卷；上表面无皱褶，主要叶脉花青素着色极浅；下表面有中等密丝毛或腺毛，主要叶脉无花青素着色。叶片 5 裂，上裂刻深，基部 U 形；下裂刻浅，基部 U 形。锯齿双侧凸形。叶柄洼窄拱形，基部 U 形。叶柄与主脉基本等长，绿色。

两性花。果穗圆锥形带副穗，中等大，穗长 15.1 厘米，穗宽 10.8 厘米，平均穗重 322.5 克，最大穗重 503.4 克，果穗大小整齐。果粒着生中等紧密。果粒近圆形或圆形，绿黄色或金黄色，纵径 2.4 厘米左右，横径 2.4 厘米左右，平均粒重约 7.6 克，最大粒重约 9.7 克。果粉中等厚，果皮薄而脆，有涩味，果肉硬脆，汁中等多，味酸甜，有浓郁玫瑰香味。每粒果含种子 3～4 粒，多为 3 粒，种子卵圆形，中等大，黄褐色，外表无横沟，种子与果肉易分离，有小青粒。可溶性固形物含量为 15.03%，总糖含量为 14.25%，可滴定酸含量为 0.58%。鲜食品质上等。

该品种浆果早熟，粒大，金黄色，外观美丽，果肉脆甜，玫瑰香味浓，品质优。产量一般 1 200～1 500 千克/亩。在长沙地区，3 月下旬萌芽，4 月底至 5 月初开花，7 月下旬浆果成熟。从萌芽至浆果成熟需要 110～115 天。抗逆性、抗病性中等，较抗葡萄灰霉病、穗轴褐枯病，常年无大量虫害发生。在多雨年份及地区有裂果现象，应注意水分管理、及时套袋和适时采收。须及时疏花疏果和控制负载量，避免果实形成大小粒。适宜于干旱、半干旱地区的保护地栽培。

6. 玫瑰香

玫瑰香原名 Muscat Hamburg，别名紫玫瑰香（安徽、山东）、紫葡萄（安徽）、麝香葡萄（北京）、红玫瑰（河北石家庄），欧亚种，原产地英国（彩图 2-8）。该品种是英国 Seward Snow 用亚历山大×黑汉杂交育成，大约在 1900 年引入中国山东省烟台市。因其品质优良，现广泛分布在全国各葡萄产区，天津滨海新区、北京、辽宁、河北、山东、湖南等栽培面积较大。

植株生长势中等。嫩梢绿色，略带紫红色条纹，白色茸毛中等多；枝条横截面扁圆形，粗糙，浅褐色，有深褐色条纹和黑褐色斑点，附有白粉；节间短、中等粗；卷须分布不连续，2～3 分叉。

幼叶黄绿色，叶脉间带橙红色，上、下表面密生白色茸毛。成龄叶片心脏形，中等大，绿色；上表面有光泽，叶脉附近稍有皱纹，主叶脉黄绿色或浅绿色，带紫红色，基部疏生茸毛；下表面有中等密的白色茸毛，叶脉上密生刺状毛，主叶脉黄绿色，茸毛密生。叶片 5 裂，上裂刻深或中等深，下裂刻中等深或浅。锯齿锐，裂片先端锯齿三角形，延长变尖，边缘锯齿窄三角形；叶柄洼开张，基部尖形，椭圆形。叶柄长短不一致，较粗，黄绿色，上部带紫红色，密生黑色斑点。

两性花。果穗圆锥形间或带副穗，平均穗重 368.9 克，最大穗重 730 克，果粒着生中等密。果粒椭圆形，紫红色或黑紫色，平均粒重 5.2 克，最大粒重 7.6 克，果粉厚；果皮中等厚、有涩味。果肉致密、稍脆，汁中等多，味甜，有浓玫瑰香味，可溶性固形物含量为 17.7%～21.6%，可滴定酸含量为 0.51%～0.97%，出汁率为 75% 以上；鲜食品质上等。每粒果种子 1～4 粒，多为 3 粒，种子与果肉易分离。

该品种进入结果期早，隐芽、冬芽和夏芽副梢结实力均强；果实具有浓郁的玫瑰香味；耐运输和短期贮藏。从萌芽到果实充分成熟的生长所需 143～160 天，活动积温为 3 204.4～3 790.5℃。在长沙，8 月上中旬果实成熟，为中晚熟品种。适应性强，不裂果，无日灼。棚架、篱架栽培均可，宜中、短梢修剪。其缺点是果粒大小不很整齐，成熟不够一致，在肥水供给不足、结果过多时易形成"小青粒""水罐子"现象。应及时花前摘心，掐穗尖，疏粒，加强肥水管理，以提高坐果率，改善品质。抗寒力和抗病性较弱；在高温、高湿或多雨的气候条件下易感黑痘病和霜霉病；使用过高浓度的波尔多液时幼叶易产生药害；管理不好易落花落果和果粒大小不整齐，应及时夏剪和严格控制负载量；喜肥水，宜选择排水良好、富含有机质的土壤栽植。对气候条件的选择较严格，适合在温暖、雨量少的气候条件下种植。在南方须采用避雨栽培，棚架、T 形架均可，以中、短梢修剪为主。玫瑰香除生食外，还可酿干、白葡萄酒和玫瑰香类型酒。它也是培育葡萄新品种的优良亲本。

7. 金手指

金手指为欧美杂种（彩图 2 - 9）。该品种原产地日本，是日本原田富一氏于 1982 年用美人指×Seneca 杂交育成，以果实的色泽与形状命名为金手指，1993 年经日本农林水产省注册登记，1997 年引入我国。

植株生长势中庸偏旺。嫩梢绿黄色，新梢较直立，枝蔓较粗，转色、成熟正常。一年生成熟枝条黄褐色，有光泽，节间长。成熟冬芽中等大。幼叶浅黄色，茸毛密；成叶大而厚，近圆形，5 裂，上裂刻深，下裂刻浅，锯齿锐；叶柄洼宽拱形，叶柄紫红色。

两性花。果穗长圆锥形，穗重 450～550 克，果粒着生中等紧密。果粒长椭圆形、略弯曲，近似手指形，也近似橄榄形，中间粗，两头较细；果皮金黄色，果粉厚，极美观，果皮薄，可剥离，亦可连皮吃。平均粒重 7.5 克，最大粒重可达 10 克左右。每粒果含种子 0～3 粒，多为 1～2 粒，有瘪籽，无小青粒；可溶性固形物含量 21%～22%，可滴定酸含量 0.5% 左右。果肉脆、爽口、极甜，口感极佳，有浓郁的冰糖味和牛奶味，品质极上，商品性高。不易裂果。该品种在长沙地区 3 月底萌芽，5 月初开花，果实于 7 月下旬至 8 月上旬成熟，比巨峰早熟 10 天左右，属早、中熟品种。

该品种根系发达，始果期早，结实力强；具有口感好、果形奇特、果品价值高的优势，宜在观光、旅游区多品种组装销售。因其抗涝性、抗旱性均强，对土壤、环境要求不严格；加之抗病性强，按照巨峰系品种的常规防治方法即无病虫害发生，全国各葡萄产区大田和保护地均可栽培。适宜篱架、棚架栽培，特别宜采用 Y 形架和小棚架栽培；管理上要合理调整负载量，防止结果过多而降低品质、延迟成熟和来年减产；采用长、中、短梢修剪。由于含糖量高，应重视鸟、蜂的危害。

8. 夕阳红

夕阳红为欧美杂种，四倍体，由辽宁省农林科学院园艺研究所育成（彩图 2-10）。1981 年杂交，亲本为 7601（沈阳玫瑰）×巨峰。1982 年获杂种实生苗并嫁接在贝达砧木上，1983 年结果，1992 年定名，1993 年发表并开始推广。在全国南北各地区均有栽培，主要分布在东北（辽宁）、华北、华南、华中、西北等地。

植株生长势强。嫩梢绿色，梢尖开张、绿色、有茸毛；新梢生长直立，节间背侧浅紫色、腹侧绿色；成熟枝条横截面近圆形，表面有条纹，红褐色，着生极疏茸毛；节间中等长、粗；卷须分布半连续、长，3 分叉；冬芽朱红色。

幼叶绿色，带紫红色晕，上表面有光泽，下表面茸毛中等多；成龄叶片心脏形、大、平展，上表面绿色，下表面有极少数刺状毛；叶片 3 裂或 5 裂，上裂刻深，下裂刻浅，裂刻基部闭合矢形，复锯齿、锐；叶柄洼开张拱形，叶柄长、浅紫色。

两性花。果穗长圆锥形，无副穗，穗大，单穗重 550～650 克，果穗大小整齐，果粒着生紧密。果粒椭圆形，紫红色，单粒重 10 克左右，果粉与果皮均中等厚；果肉较软，汁多，味甜，有浓玫瑰香味；可溶性固形物含量 15％～17％，可滴定酸含量 0.7％～0.9％。种子与果肉易分离。出汁率为 84.70％。鲜食品质上等。在湖南长沙地区 8 月中下旬果实成熟。

该品种为晚熟鲜食品种。易分化花芽，丰产、稳产；穗大、粒大；味甜、玫瑰香味浓。因坐果率高，果粒着生易于紧密；含酸量稍高。如产量过高易导致着色不良，应控制产量，促进着色。结果树需要充足的肥、水；以中、短梢修剪为主，结合超短梢修剪。抗逆性、抗病性、抗虫性均较强。在南方多雨地区须采用避雨栽培。

9. 醉金香

醉金香别名茉莉香，欧美杂种，四倍体，原产地中国（彩图 2-11）。该品种由辽宁省农业科学院园艺研究所育成，亲本为 7601（沈阳玫瑰)×巨峰。1981 年杂交，1982 年获杂种实生苗并嫁接在贝达砧木上，1983 年结果，1987 年开始区试，1997 年审定、定名，1998 年发表，1995 年已开始生产应用，现分布在辽宁、山东、河北、湖南、山西、四川、陕西、浙江等地。

植株生长势强。嫩梢绿色，梢尖开张，有茸毛；新梢生长直立，有稀疏茸毛，节间背侧紫色，腹侧绿色；枝条横截面近圆形，表面有条纹，黄褐色，着生稀疏茸毛；枝蔓粗，节间长。卷须分布半连续、长，2～3 分叉。冬芽浅红色，基部微绿色。芽眼萌发率为 80.54％。成枝率为 95％，枝条成熟度高。结果枝占芽眼总数的 55.11％。每个结果枝平均着生果穗数为 1.32 穗。隐芽萌发的新梢结实力中等，夏芽副梢结实力强。

幼叶绿色，带紫红色晕，上表面有光泽，下表面有稀疏茸毛；成龄叶片心脏形，叶片大，绿色，主脉浅绿色，上表面粗糙略具小泡状，下表面有中等多网状茸毛；叶片 3 裂或 5 裂，上、下裂刻均浅，裂刻基部矢形；复锯齿、锐；叶柄洼开张矢形；叶柄长，紫色。

两性花。果穗圆锥形，无副穗，果穗重 400～500 克，果穗大小整齐，果粒着生紧密。果粒倒卵圆形，金黄色，果粉中等，果皮中等厚。单粒重 10 克左右，果肉稍软，汁多，出汁率为 83.53%，味甜，有浓郁的玫瑰香味，口感极佳，鲜食品质优。可溶性固形物含量 18%～20%，总糖含量约 16.8%，可滴定酸含量 0.6%左右。不易裂果。在长沙地区果实于 7 月下旬至 8 月上旬成熟。

该品种为中熟鲜食品种。穗大，粒大，整齐，果粒金黄色，含糖量高，具浓郁玫瑰香味，品质极上。树势强，丰产、稳产。适应性与抗病虫能力均强。幼树宜保持中庸偏强树势；结果树需要充足的肥、水，留树贮藏的时间长；可行无核化栽培。但果实过熟易脱粒。在栽培上应控制树势，稳定产量。采用棚架、篱架栽培均可，宜双蔓整形；冬季修剪以中、短梢修剪为主，选择已充分成熟、径粗 0.9 厘米以上的枝条作为结果母枝。每亩留 7 000～8 000 芽。适宜在吉林、辽宁及华北、华中、华南、西北等地栽植，多雨地区宜采用避雨栽培。

10. 户太 8 号

户太 8 号为陕西省西安市葡萄研究所从欧美杂种奥林匹亚的芽变选育而成，1996 年通过品种审定（彩图 2-12）。

植株生长势强。新梢绿色微带紫红色，有茸毛。幼叶浅绿色，叶缘带紫红色，叶背有白色茸毛；成龄叶大，近圆形，叶背有中等密的茸毛，5 裂，锯齿中等锐。果穗圆锥形，带副穗，果粒着生中等紧密，平均穗重 500～800 克。果粒短椭圆形，平均粒重 9～10克，果粉厚，紫红色至紫黑色，果皮厚、与果肉易分离；果肉软、多汁，可溶性固形物含量 17%～19%，有淡草莓香味；每粒果含种子 1～4 粒，多数为 2 粒。在湖南长沙地区果实于 7 月中下旬成熟，产量控制在 1 500 千克/亩左右。成熟后可在树上挂至 8 月中下旬不落粒，较耐贮运。

该品种为早、中熟鲜食品种，也可用于制汁。多次结实能力强，经无核化处理可生产出无核率极高的优质无核葡萄。适应性和抗病性均较强，在多雨地区宜采用避雨栽培，棚架、篱架栽培均可，仍应注意病害的防治。冬季修剪一般留 7 000～8 000 芽，以中梢修剪（留 6～7 芽）为主，结合 3 芽短梢修剪。

四、新类型的性状

（一）新类型的植物学性状

1. 叶

刺葡萄杂交后代的叶片形状出现了分离，且表现出一定的母性遗传。如以紫秋（刺葡萄）作为母本的群体，母本紫秋的叶片形状为楔形，3 裂，父本玫瑰香的叶片形状为心脏形，5 裂，后代的叶片形状为楔形的频率为 37.5%，五角形的频率为 18.75%；如以玫瑰香作为母本（反交），杂交后代的叶片形状为楔形的频率为 31.8%，五角形的频率为 68.2%。叶片裂数，大部分杂交后代的叶片裂数为 5 裂，即正交群体 5 裂比例为 75%，反交的为 86.4%，少量杂交后代成龄叶片裂数为 3 裂，即正交群体中 3 裂比例为 25%，反交群体为 13.6%，表明 5 裂对 3 裂为显性。叶片相关的其他性状，如叶上裂刻开叠类型，68%以上表现为开张；叶柄洼基部形状，正交群体 U 形和 V 形各占 50%；叶上裂刻深度，60%左右的杂交后代叶片呈现出浅裂刻，20%左右的杂交后代叶片呈现出极浅裂刻，紫秋的叶片裂刻深度较浅，表明杂交后代的叶片裂刻深度更接近紫秋；叶上裂刻基部形状在正反交群体中表现不一致，正交群体中 V 形偏多，反交群体中 U 形偏多；叶柄洼开叠类型在杂交后代中表现为大部分为轻度开张、半开张和开张类型（表 2-1）。

紫秋的嫩叶颜色表现为淡红色，玫瑰香的嫩叶颜色为绿色，杂交后代的叶片颜色出现了分离，有红色、淡红色和绿色三种类型，且 3 种叶片颜色的表型分离比为 1∶2∶1（表 2-2），表明控制葡萄嫩叶颜色的基因为 2 个。假设控制红色嫩叶的基因为 R（Red），控制绿色嫩叶的基因为 G（Green），且嫩叶颜色表型绿色（G）对红色（R）为不完全显性，紫秋的基因型推测为 $ggRr$，玫瑰香的

表2-1　紫秋与玫瑰香杂交后代叶片相关性状表现

相关性状		杂交后代数量（株）及比例 正交	反交
叶片形状	五角形	3 (18.75%)	15 (68.2%)
	肾性	3 (18.75%)	0
	楔形	6 (37.5%)	7 (31.8%)
	近圆形	4 (25%)	0
叶片裂数	3裂	4 (25%)	3 (13.6%)
	5裂	12 (75%)	19 (86.4%)
叶上裂刻开叠类型	开张	11 (68.75%)	15 (68.18%)
	闭合	5 (31.25%)	6 (27.27%)
	轻度重叠	0	1 (4.54%)
叶柄洼基部形状	V	8 (50%)	7 (31.8%)
	U	8 (50%)	15 (68.2%)
总计		16	22

相关性状		杂交后代数量（株）及比例 正交	反交
叶上裂刻深度	极浅	4 (25%)	4 (18.2%)
	浅	10 (62.5%)	13 (59.1%)
	中	1 (6.25%)	4 (18.2%)
	深	1 (6.25%)	1 (4.5%)
叶上裂刻基部形状	V形	14 (87.5%)	9 (40.9%)
	U形	2 (12.5%)	13 (59.1%)
叶柄洼开叠类型	半开张	7 (43.75%)	6 (27.3%)
	开张	5 (31.25%)	4 (18.2%)
	闭合	2 (12.5%)	1 (4.5%)
	轻度重叠	1 (6.25%)	0 (0)
	轻度开张	1 (6.25%)	11 (50%)
总计		16	22

基因型推测为 $Ggrr$，杂交后代的绿色嫩叶个体基因型为 $GgRr$ 和 $Ggrr$，淡红色嫩叶个体基因型为 $ggRr$，红色嫩叶个体基因型为 $ggrr$。卡方检验表明杂交后代的嫩叶颜色分离比符合 $1:2:1$ 的分离比（$P=0.223\ 1>0.05$）。

表 2-2　紫秋与玫瑰香杂交后代嫩叶颜色分离情况

杂交组合	杂交后代数量（株）		
	红色	淡红色	绿色
期望值	8（25%）	16（50%）	8（25%）
紫秋×玫瑰香	4	8	3
玫瑰香×紫秋	5	7	5
观测值	9（28.1%）	15（46.9%）	8（25%）
卡方检验	$P=0.223\ 1>0.05$		

2. 枝条少皮刺或无皮刺

大部分刺葡萄杂交后代，即 60% 左右杂交后代的当年生枝条上皮刺分布较少（$0\sim2.8$ 个/厘米^2）；也有少量杂交后代，即 13% 左右的当年生枝条上的皮刺分布较多（>8.4 个/厘米^2）（图 2-1）。

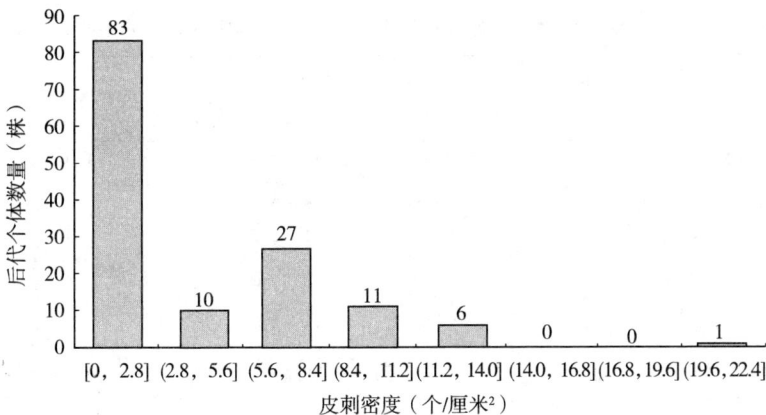

图 2-1　刺葡萄杂交后代当年生枝条表面皮刺分布

（二）新类型的农业生物学性状

1. 可溶性固形物含量高

刺葡萄果实成熟之后，其可溶性固形物含量普遍偏低，低于鲜食葡萄商业采收的最低标准17%（表2-3）。紫秋是湖南农业大学与怀化芷江农业局联合选育的刺葡萄新品种，其可溶性固形物含量为14.5%。为提高刺葡萄的可溶性固形物含量，课题组于2012年和2013年将刺葡萄新品种紫秋与多个可溶性固形物含量高于紫秋的鲜食葡萄品种（如醉金香、玫瑰香、夕阳红、京艳、香妃、京香玉和金手指）杂交，总计获得了112株杂交实生苗，其中只有62株杂交后代的双亲信息明晰和具有果实数据，结果表明84%单株的果实可溶性固形物含量大于亲本紫秋的含量，44%的单株达到商业采收的最低可溶性固形物含量标准17%，12.9%单株的果实可溶性固形物含量大于19%，如13-2-1、13-2-5、13-3-1、13-5-6、13-9-7、13-9-15、13-9-22和13-11-7（图2-2）。这些结果说明，用可溶性固形物含量高于紫秋的鲜食葡萄品种，通过杂交育种改良杂交后代的可溶性固形物含量的目标，比较容易实现。

表2-3　湖南农业大学刺葡萄种质资源圃新品种和优良单株的果实性状

编号	单粒重（克）	穗重（克）	纵径（毫米）	横径（毫米）	可溶性固形物含量（%）	果形指数
湘刺1号	3.87	102.15	19.86	17.55	12.20	1.13
湘刺2号	2.59	94.43	17.73	15.20	13.38	1.17
湘刺3号	3.04	85.70	18.91	15.97	12.20	1.18
E-14-9	3.31	71.75	19.49	16.12	12.97	1.21
E-15-4	3.14	98.32	19.05	15.73	14.13	1.21
E-15-7	1.68	65.40	14.39	13.37	10.40	1.08
E-3-15	3.81	49.44	21.49	17.68	13.95	1.22

注：E-14-9、E-15-4、E-15-7、E-3-15为刺葡萄基地的特异单株编号。

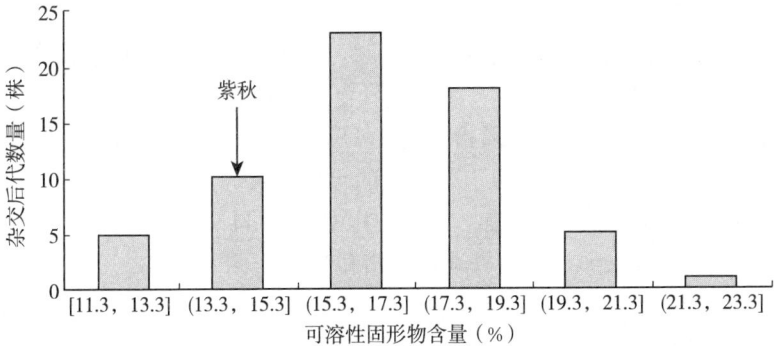

图 2-2 具有双亲信息的紫秋杂交后代的可溶性固形物含量分布
（图中箭头所指为紫秋果实的可溶性固形物含量所在区间）

2. 果粒大小达到商品果要求

紫秋的平均单粒重为 4.5 克，一般鲜食葡萄品种的单粒重达5 克以上。紫秋除不抗霜霉病以外，其他综合抗性较佳，为提高其鲜食品质，与其他鲜食葡萄品种杂交，获得了 60 株具有双亲信息和果实数据的个体。这些杂交后代中只有 5 株的单粒重在 4.5 克以上，约 92％杂交后代的单粒重小于紫秋的单粒重，有一个单株 13-4-4 的单粒重达 6.58 克（图 2-3）。结果说明虽然杂交后代单粒重达到了杂交设计的育种目标，但杂交后代中的大部分单粒重低于双亲。

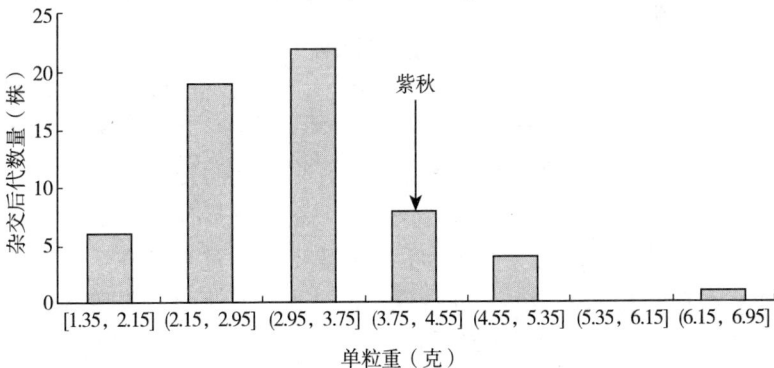

图 2-3 具有双亲信息的紫秋杂交后代的单粒重分布
（图中箭头所指为紫秋的单粒重所在区间）

3. 果形偏"指"形

刺葡萄果粒的果形指数小于 1.2，呈现椭圆形。鲜食葡萄金手指的果形指数在 1.7～1.8，紫秋×金手指的杂交后代共有 9 株结果，杂交后代的平均果形指数为 1.35，低于双亲中值 1.49，其中 4 株的果形指数在 1.5 以上，最大的果形指数为 1.77，剩余 5 株的果形指数均低于 1.2（表 2-4），其中 13-11-4、13-11-7 和 13-11-9 的果形指数与母本金手指相近（彩图 2-13）。杂交后代中 40% 呈现长果形，说明获得偏"指"形的果实相对比较容易，能够达成育种目标。

表 2-4　金手指×紫秋杂交后代的果形指数

株号	纵径（毫米）	横径（毫米）	果形指数
13-11-1	21.00	18.18	1.15
13-11-2	17.11	14.71	1.16
13-11-3	21.38	18.62	1.15
13-11-4	23.33	14.12	1.65
13-11-6	20.65	18.76	1.10
13-11-7	23.58	13.31	1.77
13-11-9	25.04	15.26	1.64
13-11-10	21.15	17.74	1.19
13-11-11	19.05	12.23	1.56

4. 果实转色期呈现明显的遗传分离

杂交后代的转色期持续约 2 个月（6 月 2 日至 7 月 29 日），最早转色为早熟葡萄京香玉和紫秋的杂交后代 13-6-1，转色期为 6 月 2 日，早熟品种户太 8 号的两株自交后代的转色期在 6 月 23 日和 6 月 15 日，早熟品种醉金香与紫秋的杂交后代 13-1-1 的转色期为 6 月 9 日；玫瑰香、金手指和紫秋的转色期都在 7 月中下旬，因此它们的杂交后代的转色期最早为 7 月 2 日，最晚为 7 月 29 日（表 2-5）。由以上结果可知，刺葡萄紫秋与早熟品种的杂交后代的转色期一般比较早，其与中晚熟品种的杂交后代转色期较晚，杂交后代转色期呈现明显的遗传分离，表明可以通过紫秋与早熟品种杂交获得适合湖南地区种植的早熟品种。

表 2-5 2022 年部分刺葡萄紫秋杂交后代的果实转色期

组合	6月2日	6月9日	6月15日	6月23日	7月2日	7月5日	7月9日	7月16日	7月29日
金手指×紫秋	—	—	—	—	—	1	3	1	4
醉金香×紫秋	—	1	—	—	—	—	—	—	—
紫秋×玫瑰香	—	—	—	—	—	—	5	2	8
玫瑰香×紫秋	—	—	—	—	1	—	1	2	9
紫秋×京艳	—	—	—	—	—	—	1	1	3
紫秋×夕阳红	—	—	—	—	1	—	1	—	—
紫秋×香妃	—	1	—	—	—	—	3	—	2
紫秋×京香玉	1	—	—	—	—	—	—	—	—
户太8号自交	—	—	1	1	—	—	—	—	—
玫瑰香自交	—	—	—	—	1	—	—	—	—

注：表中的数字为每一转色日期的杂交后代数量，"—"表明没有某一转色日期的杂交后代；表 2-6 同。

5. 杂交后代开花期呈现分离

杂交后代的开花期早晚与亲本是否为早熟品种有关。早熟品种京艳、香妃、京香玉、醉金香和户太 8 号的杂交或自交后代的开花期比较早，即开花期多在 4 月 25—28 日（表 2-6）。玫瑰香和刺葡萄紫秋的杂交后代的开花期在 4 月 28 日至 5 月 7 日，相对靠后。

表 2-6 2023 年部分刺葡萄紫秋杂交后代的开花期

组合	4月25日	4月28日	5月1日	5月3日	5月4日	5月5日	5月6日	5月7日
金手指×紫秋	—	1	1	5	2	—	—	—
醉金香×紫秋	1	—	—	—	—	—	—	—
紫秋×玫瑰香	1	12	1	1	—	—	—	—
玫瑰香×紫秋	—	6	—	4	—	2	—	1
紫秋×京艳	—	3	—	—	—	1	—	—
紫秋×夕阳红	—	2	—	—	—	—	—	—
紫秋×香妃	2	3	—	—	—	—	1	—
紫秋×京香玉	1	1	—	—	—	—	—	—
户太8号自交	—	1	—	—	—	—	—	—

五、刺葡萄主要优良品种

野生刺葡萄在我国华东、华南、华中以及云南、贵州、陕西、甘肃等广大地区均有分布。野生刺葡萄多为雌雄异株，不便栽培。而在湖南、江西、福建等地的山区，刺葡萄的完全花类型已早有栽培。刺葡萄是我国少有的几个具有传统驯化栽培利用的东亚葡萄种之一。相对于世界上普遍利用的欧亚种或欧美杂交种，刺葡萄果实品质和商品性较差，且为我国特有，因此，其育种工作也相对滞后。目前，仅有少数品种在我国获得审定。不过，鉴于其丰富的次生代谢产物、较好的抗病性和对高温高湿环境的适应性，目前我国刺葡萄育种工作也越来越受到重视。

1. 紫秋

紫秋是 1988 年由怀化市芷江侗族自治县农业局与湖南农业大学等单位从野生刺葡萄中发现的变异单株，2004 年 9 月通过湖南省农作物品种审定委员会认定并定名（彩图 2 - 14）。具体品种特性见本章"二、杂交亲本介绍"。

2. 湘酿 1 号

湘酿 1 号是 2003 年由湖南农业大学园艺学院葡萄课题组利用怀化市鹤城区普通刺葡萄的种子经秋水仙素诱变选育而来（彩图 2 - 15）。2005 年将诱变植株定植于湖南农业大学澧县葡萄科研基地，2007 年坐果，2011 年湖南农业大学与湖南省神州庄园葡萄酒业有限公司共同获得湖南省非主要农作物品种登记证书（附图 2 - 4）。该品种为四倍体，其生长势强，抗性强，耐瘠薄，高产稳产，含糖量高，含酸量低，糖酸比高，果实色素浓，营养及保健成分丰富，适合酿制干红和甜红葡萄酒。

该品种幼枝及叶柄部位着生皮刺，刺直立或先端稍弯曲，长 2～4 毫米。叶心形、宽卵形至卵圆形，顶端短渐尖，偶现不明显的 3 浅裂，基部心形，边缘有具深波浪状锯齿，除下面叶脉和脉腋有短柔毛外，无毛；叶柄疏生小皮刺。卷须分叉。圆锥花序，花小，多为两性花。花萼具不明显的 5 浅裂，无毛。花瓣 5，上部互相合生，早落。

果皮紫黑色，厚而韧，其上有较厚的白色果粉，种子 3 粒左右。其果实形状、大小、果皮厚度、成熟期与普通刺葡萄相似，但可溶性固形物含量达 18%～19%，总酸含量 0.2%～0.4%，糖酸比高，果实色素浓。平均粒重 4.2 克左右，平均穗重 250 克左右，每 100 克鲜果维生素 C 含量 14.5～17.0 毫克。

在湖南，湘酿 1 号刺葡萄 3 月下旬至 4 月初萌芽，5 月上旬开花，9 月初至中旬果实成熟，从萌芽至浆果成熟约需 170 天。湘酿 1 号的丰产稳产性强，亩产为 750～1 000 千克。

3. 湘刺 1 号

湘刺 1 号（甜刺葡萄）为湖南省怀化市广泛栽培的一个地方品种（彩图 2-16）。湖南农业大学葡萄课题组于 2010 年开始连续多年对该刺葡萄进行植物学观测。该品种表现出同湘酿 1 号有相近的成熟期，但丰产性更好，适应性及抗逆性更强。并且该品种有果实可溶性固形物含量高、可滴定酸含量较低、品质较好、穗型松紧适中等特点。由于其甜度比紫秋等高，当地民众俗称为甜刺葡萄。2022 年登记为非主要农作物品种湘刺 1 号（附图 2-5）。

该刺葡萄品种枝及叶柄部位着生皮刺，长 2～4 毫米。幼叶鲜红棕色，有光泽，叶背仅叶脉处有稀疏短柔毛，叶脉间无茸毛。成熟叶片心形，全缘无裂刻或不明显 3 裂；叶色浓绿，叶中等厚；叶柄洼半开张。第一花序着生在第三至五节位，以第四节位居多；每个新梢花序数 1～3 个，以 2 个花序居多。

果穗多为圆柱形，松紧适中，每个结果枝平均结 2 穗果，平均单穗重为 220 克。果粒圆形，单粒重为 4.4 克；果粉中等厚；果皮厚，初始着色浅紫色，成熟后蓝黑色。每粒果实中含种子 3.9 粒，平均百粒重 3.81 克。可溶性固形物含量约 17.5%，可滴定酸含量约 0.13%，无明显香味，白藜芦醇含量约为 34 毫克/千克。

在湖南，湘刺 1 号 3 月下旬至 4 月初萌芽，4 月底至 5 月初开花，7 月中下旬开始着色，9 月上旬开始成熟，从萌芽至浆果成熟约需要 165 天。该品种留树坐果时间长，丰产性好，亩产量可达 1 750~2 000 千克。

该品种抗病性和抗逆性较强，抗黑痘病、白粉病、炭疽病、灰霉病能力强，但不抗霜霉病，抗虫性强，但不抗根瘤蚜。栽培时须防止苗木带根瘤蚜，避雨栽培或规范使用药剂可防止霜霉病暴发。该品种抗旱性强，极抗高温高湿气候，除可作为鲜食、酿酒和制汁外，也可作为抗性砧木等利用。

4. 湘刺 2 号

湘刺 2 号（白刺葡萄）是 2010 年湖南农业大学园艺学院葡萄课题组对湖南省怀化市的刺葡萄类型进行调查和筛选中发现的一个特色变异类型（彩图 2-17）。该品种表现出成熟期早于湘酿 1 号，产量较低，适应性及抗逆性稍弱，但果皮颜色与普通刺葡萄不同，为黄绿色或带粉色。因此，当地民众称之为白刺葡萄或水晶刺葡萄（石雪晖等，2008）。相对于其他刺葡萄，其品质更佳，含糖量高，口味清爽，适合鲜食。2022 年登记为非主要农作物品种湘刺 2 号（附图 2-6）。

该品种枝梢及叶柄部位着生皮刺，皮刺中等密，较细。幼叶鲜红棕色。成熟叶片心形，3 裂；叶色绿，小，中等厚；叶缘锯齿两侧凸；叶柄洼开张至极开张。第一花序着生在第三至五节位，以第四节位居多；每个新梢花序数 1~3 个，以 2 个花序居多。

果穗多圆柱形，松紧适中，大多无副穗，平均单穗重 136 克，果穗平均长度 19.1 厘米。果粒圆形，果皮与果肉易分离，果肉与种子难分离，有肉囊；单粒重 2.2 克；果粉中等厚，果皮厚；初始果实为绿色，渐渐褪绿至成熟时为绿粉色或黄绿色。种子褐色，均无外表横沟，种脐明显；平均百粒重 1.93 克。可溶性固形物含量在刺葡萄中较高，约 18.5%，可滴定酸含量约 0.20%。果实无明显香味。

在湖南，湘刺 2 号 4 月初萌芽，5 月上旬开花，8 月下旬开始成熟，从萌芽至浆果成熟约需要 150 天，比其他刺葡萄品种成熟早。该品种产量较低，亩产为 650~800 千克。

该品种抗病性和抗逆性较强，较抗黑痘病、白粉病、炭疽病、灰霉病等，但不抗霜霉病。该品种抗虫性强，但不抗根瘤蚜。该品种抗旱性强，极抗高温高湿气候。

5. 湘刺 3 号

湘刺 3 号（米刺葡萄）是 2010 年湖南农业大学园艺学院葡萄课题组对湖南省怀化市的刺葡萄类型进行调查和筛选中发现的一个特色变异类型（彩图 2-18）。该品种成熟期晚于湘酿 1 号，适应性及抗逆性相似，果穗整齐，品质佳，果粒小，种子少，含糖量不高，更适合制汁和酿酒；其抗逆性强，对多种病害抗性强。由于其果粒相对其他刺葡萄要小，因此，当地民众称之为米刺葡萄。2022 年登记为非主要农作物品种湘刺 3 号（附图 2-7）。

该刺葡萄品种枝、叶柄部位着生皮刺，刺直立或先端稍弯曲。幼叶鲜红棕色，叶背仅叶脉处有稀疏短柔毛，叶脉间无茸毛。成熟叶片楔形，3 裂，叶色绿，中等厚；叶缘锯齿多两侧凸，数目少；叶柄洼多开张。冬季枝条黄褐色，横截面椭圆形；皮刺中等密。第一花序着生节位以第四节位居多；每个新梢花序数以 2 个居多。

果穗圆柱形，松紧适中；平均单穗重 163 克。果粒圆形，果皮与果肉易分离，果肉与种子难分离，有肉囊；单粒重 3.4 克；果粉薄；果皮厚，初始着色为红紫色，成熟后为蓝黑色。平均含种子 2.8 粒，种子黑褐色，无外表横沟，种脐明显；平均百粒重 3.16 克。果实可溶性固形物含量平均约 16.7%，可滴定酸含量 0.19%，果实无明显香味。

在湖南，该刺葡萄 3 月下旬至 4 月初萌芽，5 月上旬开花，9 月中下旬果实开始成熟，从萌芽至浆果成熟需要 170 天左右。亩产为 1 200～1 330 千克。

该品种抗病性和抗逆性较强，抗黑痘病、白粉病、炭疽病、灰霉病能力强，但不抗霜霉病，抗虫性强，但不抗根瘤蚜。栽培时须防止苗木带根瘤蚜，避雨栽培或规范使用药剂可防止霜霉病暴发。该品种抗旱性强，极抗高温高湿气候，除可作为酿酒和制汁外，也可作为抗性砧木等利用。

6. 湘刺 4 号

湘刺 4 号（涩刺葡萄）是 2010 年湖南农业大学园艺学院葡萄课题组对湖南省怀化市的刺葡萄类型进行调查和筛选中发现的一个特色变异类型（彩图 2-19）。该品种成熟期早于湘酿 1 号，其果穗极松散，品质佳，有特色，多酚含量高，含糖量较低，适合制汁。由于其果实涩味相对紫秋等刺葡萄较强，但不如紫秋等刺葡萄具有明显的"软""韧"的肉囊的口感特征，因此得名涩刺葡萄。2022 年登记为非主要农作物品种湘刺 4 号（附图 2-8）。

该刺葡萄品种枝及叶柄部位着生皮刺，长 2～4 毫米。幼叶鲜红棕色至深红褐色，有光泽，叶背仅叶脉处有稀疏短柔毛，叶脉间无茸毛。成熟叶片心形，3 裂；叶色浓绿，叶较小，中等厚；叶缘锯齿多两侧直，数目少；叶柄洼半开张至闭合，多闭合。植株生长势比较弱。第一花序着生在第三至五节位，以第四节位居多；每个新梢花序数 1～3 个，以 2 个花序居多。

果穗多分枝，多歧肩，平均单穗重为 222 克，果穗平均长度为28.9 厘米，果穗极松散。果粒圆形，果皮与果肉易分离，果肉与种子难分离，有肉囊，但不如紫秋、湘刺 1 号等刺葡萄明显；单粒重 3.87 克；果粉厚；果皮厚，果皮涩味较强，初始着色浅紫色，成熟后蓝黑色。平均每粒果实中含种子 3.7 粒，种子平均百粒重3.59 克。果实可溶性固形物含量较低为 16.0% 左右，可滴定酸含量为 0.17%，无明显香味；多酚含量较高约 19.44 毫克/克。

在湖南，湘刺 4 号 3 月下旬至 4 月初萌芽，4 月底至 5 月初开花，9 月上旬开始成熟，从萌芽至浆果成熟约需要 160 天。亩产为1 300～1 500 千克。

该品种抗病性和抗逆性一般，较抗黑痘病、白粉病、炭疽病、灰霉病，不抗霜霉病。该品种抗虫性强，但不抗根瘤蚜。该品种抗旱性强，较抗高温高湿气候。

7. 塘尾刺葡萄

塘尾刺葡萄是 1985 年前后，由江西农业大学园艺系和江西省玉山县农牧渔业局，从本土驯化栽培的株系中选育出来的一个刺葡萄品种（彩图 2 - 20）。该品种穗大、粒大，较丰产，果实抗病性较强，酿酒品质良好，可直接利用和做优质抗病育种的亲本。该品种源自江西玉山县集中栽培于横街乡塘尾村的本土品种，故定名为塘尾刺葡萄。

该品种幼叶黄绿色，带紫红色。新蔓和叶柄上均有直立或弯曲的皮刺，扦插苗成年植株中上部的枝蔓皮刺稀疏，有的甚至退化成刺毛或茸毛，但主干基部萌发的徒长蔓上的皮刺大而多。嫩梢黄绿色带紫红色，新梢成熟后为黄褐色，节间长度 13～19 厘米，三年生以上枝蔓皮刺随老皮剥落。叶正面有光泽，呈网状皱；叶背面淡绿色，无茸毛，叶背主侧脉凸起；叶片大，心脏形，3 浅裂，少数 5 裂，叶缘平展或略向上，锯齿钝，叶柄浅楔形或宽楔形。卷须二叉状分枝，着生不规则，但以着生两节间歇一节者较多，少数连续着生数节或数节不着生。两性花。

果穗圆柱形或圆锥形，少数有副穗，果粒着生疏松，穗重 118.3 克，最大穗重 195 克。果粒长圆形，紫黑色，平均单粒重 2.9 克，大小较整齐，成熟较一致，其上有较厚的白色果粉。果皮厚而韧，果皮与果肉较难分离，有肉囊，肉质稍脆。果汁颜色绿黄，出汁率 64.7%。可溶性固形物含量 15.1%，含酸量 0.62%。种子 1～4 粒，一般 2 粒，大小中等，千粒重 42 克。种皮颜色棕褐，果肉与种子较难分离。无香味，甜酸适度，品质中等，耐贮运。

树势强，幼树一年生枝蔓年生长量可达 10 米以上。未进行修剪的情况下，芽眼萌发率为 57.4%，结果枝占新梢数的 92.2%，发育枝占 7.8%，每个结果枝着生果穗 1～3 穗，平均 2.02 穗，结果系数 1.86，丰产性较好。副梢结实力低，隐芽结实能力较强。

在江西，塘尾刺葡萄 3 月中旬萌芽，4 月下旬至 5 月上旬开花，8 月下旬果实成熟，11 月下旬落叶。塘尾刺葡萄较抗黑痘病、炭疽病等病害，抗虫，且对高温高湿的环境条件有高度的适应性。

8. 惠良刺葡萄

惠良刺葡萄是福建省福安市农业局王道平等于 2009 年从福安刺葡萄栽培群体中选育出的果粒大、产量高、品质好、抗性强的优良品种（彩图 2 - 21）。该品种是在穆阳镇穆阳村王惠良葡萄园中发现的优良单株，由此得名为惠良刺葡萄。2015 年 6 月通过福建省审定。目前，湖南、江西、福建等区域在选择驯化的基础上均有栽培。

惠良刺葡萄生长势强，萌芽率高，新梢生长量大。嫩梢黄绿色带浅紫色，梢尖紫红色，茸毛疏，幼茎上有明显皮刺；一年生枝蔓呈褐色，节间长度 8～15 厘米，枝条皮刺明显且密；多年生枝蔓呈褐色，皮刺较大、硬，随表皮脱落。

幼叶浅紫色至紫色，后期转绿；成龄叶片大，较厚，心脏形或近圆形，浅 3 裂，平展，上表面平滑，有网纹状皱纹，下表面无茸毛，叶背主、侧脉突起，叶缘锯齿双侧直立，主脉上着倒钩状皮刺，叶柄洼轻度开张。

卷须间断分布，着生不规则。花芽分化好，每个结果枝上有 2～4 个花穗，着生于第三至六节，多为双花序，圆锥形，长 20 厘米以上。花为完全花，花冠不易脱落，花序圆锥形。

果穗圆锥形，穗重 50～230 克，长度 15～28 厘米，每穗有果实 20～60 粒，自然生长果穗紧密度小。果粒长圆形，纵横径比为 1.1∶1，重 2.2～3.5 克，整齐，蓝黑色或紫黑色，果粉厚；果皮与果肉可分离，具肉囊，肉质软，果肉与种子不易分离，果汁颜色深，多汁味甜，无明显香气。可溶性固形物含量 14%～16%，含酸量 0.3%，出汁率 66%。种子 2～4 粒，倒卵椭圆形，棕褐色，种脐明显，耐贮运。该刺葡萄属鲜食加工兼用型品种。

萌芽期 3 月下旬至 4 月初，开花期 4 月下旬至 5 月上旬，7 月底果实着色，8 月下旬果实完全成熟，萌芽到果实成熟约 150 天。成熟果可留树延迟 30 天采收，11 月中下旬落叶。

该品种适应性广，较耐旱，抗黑痘病、白腐病、炭疽病，中抗霜霉病，耐粗放管理，抗逆性强。

9. 南抗葡萄

南抗葡萄是 1999—2002 年安徽省六安市横塘农业科学研究所选育出的性状表现稳定、综合性状表现良好的刺葡萄品种。该品种抗性强，品质上等，适宜鲜食和加工。

南抗葡萄嫩梢黄绿色，无茸毛，有软刺。幼叶浅紫红色，正面有光泽，上下面茸毛稀少。成龄叶片心脏形，大而厚，较光滑，无光泽，全缘，裂刻较浅。叶柄洼多矢形，无茸毛，卷须间歇着生。一年生枝条布满短刺，枝条和短刺红褐色。

果穗大多为圆锥形，果穗大，穗长 22.5 厘米，穗宽 13.5 厘米，平均穗重 455 克、粒重 5.5 克。果粒着生较紧，椭圆形，深蓝色，容易着色，着色一致，成熟一致。果皮厚，果粉多。果肉较软，味极甜，有香味。有种子，果肉与种子易分离。可溶性固形物含量 20% 左右，品质上等。芽眼萌发率 90%，成枝率 95%，隐芽萌发的新梢结实力强。亩产量为 500~2 500 千克。

在六安地区，南抗葡萄萌芽期 3 月下旬，开花期 5 月，7 月下旬果实开始着色，9 月上旬果实成熟，从萌芽至果实完全成熟所需时间为 157 天。

该品种对黑痘病、白粉病、白腐病、炭疽病等抗病性强，叶片轻感霜霉病；抗虫性中强；抗自然灾害能力强，耐旱耐湿；耐运输、耐贮藏，果实可一直留树保存到 10 月，品质更佳。

（编者：罗赛男　徐丰　石雪晖　钟晓红　刘昆玉
罗飞雄　白描）

第三章

刺葡萄生物学特性

一、生长特性

(一) 根系

刺葡萄的根为肉质根，具有强大的根系和很强的吸收功能，可贮藏大量养分。根系呈细丝状，纵向开裂，无明显气孔结构。根系因繁殖方法的不同而不同，用种子繁殖的实生苗有主根，其上分生出各级侧根；用扦插、压条法繁殖的植株没有主根，只有若干条骨干根，其上分生出各级侧根和细根。

根系没有休眠期，只要环境条件适宜，可周年生长，一年内有两次生长高峰。春季萌芽后，当地温达 12~13℃ 时，根开始生长；6 月中下旬进入生长高峰，夏季天气炎热，根系几乎停止生长；9 月中下旬进入第二次生长高峰；到 11 月中旬，地温降到 10℃ 以下时，根系停止生长。

(二) 芽

葡萄枝梢上的芽着生于叶腋，根据分化的时间分为冬芽和夏芽，这两类芽在外部形态和特性上具有不同的特点。

1. 冬芽

冬芽体形比夏芽大，外被鳞片，鳞片上着生茸毛（彩图 3-1）。冬芽具有晚熟性，一般翌年春萌发，故称为冬芽。冬芽内一般包含 3~8 个新梢原始体，有主芽和副芽之分，如同时萌发，可形成双生枝或三生枝。若冬芽在越冬后不萌发呈休眠状态，则为潜伏芽，又称隐芽，其寿命长，有利于树冠更新。

2. 夏芽

夏芽着生在新梢叶腋的冬芽旁，是无鳞片包被的裸芽，不需要休眠，具早熟性，在当年夏季自然萌发新梢，称为副梢。

（三）枝蔓

根据其着生部位和功能的不同，刺葡萄的枝蔓分为主干、主蔓、侧蔓、结果母蔓、结果蔓、营养蔓等。

其幼枝叶柄上有许多粗糙的皮刺，刺长 2～4 毫米，垂直、倾斜生长或只在茎顶端轻微向下弯曲（彩图 3-2）。嫩枝梢光滑且无明显茸毛，颜色呈黄绿色且略带淡紫色，嫩枝末端的茸毛柔软且稀疏。成熟枝梢顶端的新叶梢颜色均呈灰黄褐色，上皮刺大而硬，变成瘤状突起。枝条成熟开花后表面略光滑，为灰紫色带暗红色晕或暗红色带棕色，节间长 8～15 厘米，表皮刺较密。

（四）叶片

刺葡萄的叶片为单叶、互生，由叶柄、叶片和托叶 3 部分组成（彩图 3-3）。

幼叶为紫色至深紫色，后期转绿，叶表面有光泽。成熟功能叶的叶柄比叶脉长，叶片弯曲程度为波浪形。叶表面深绿色，光滑无茸毛；叶背无茸毛，无白粉。成龄叶形状一般分为心脏形和楔形，叶裂片数分为全缘和 3 裂。成龄叶叶形为心脏形时，对应的裂片数为全缘；叶形为楔形时，则对应的裂片数为 3 裂。叶柄洼分为开张、半开张、轻度开张、极开张 4 个类型，其中类型为开张的居多；叶柄洼基部形状分为 U 形和 V 形。

二、结果特性

（一）花芽分化

葡萄植株的茎生长点分生出叶片、腋芽，进而分化出花序原基或花朵，由营养生长向生殖生长转化的过程叫作花芽分化。葡萄的花芽分为冬花芽和夏花芽两种类型，花芽分化一般一年分化一次到多次。

1. 冬花芽分化

葡萄冬花芽分化从主梢开花始期开始，靠近主梢下部的冬花芽最先开始分化，自下而上逐渐分化，一直到第二年萌芽和展叶后继续分化。因此，树体当年养分的积累对第二年早春花芽的继续分化至关重要。

2. 夏花芽分化

葡萄在对主梢摘心、改善营养条件的前提下，可以促进夏花芽的分化而形成花序，但花序比冬花芽小。

（二）花、花序与卷须

1. 花

刺葡萄的花分3种类型：两性花、雌花和雄花（彩图3-4）。刺葡萄花较小，花为黄绿色。完全花表现为子房上位，花药与柱头齐平，由花梗、花托、花萼、蜜腺、子房、花丝、花药、柱头组成；圆形的蜜腺5个，雄蕊4～7个；花瓣至顶部合生形成帽子，开花时基部掉落，花瓣基部的花萼合生。雌能花花丝短、雄蕊直立，子房正常；雄能花花丝长且子房退化。雌能花的花柱相对两性花和雄能花的花柱小，雌能花与两性花的花柱为浅裂状。雌能花花粉形状不规则，两性花和雄能花的花粉粒大都为超长圆球形和长圆球形。

2. 花序

刺葡萄的花序由花序梗、花序轴、支梗、花梗及花蕾组成，属于复总状花序，呈圆锥形。葡萄的花序和卷须属于同源器官，都是茎的变态，穗轴与卷须和新梢具有相同的结构。在花芽形成过程中，营养物质充足时，卷须可转化为花序；营养不良时，花序也会停止分化而成为卷须。因此，花序根据发育程度，可分为完全发育花序、带卷须的花序和卷须状花序。

花序形成与营养条件极为密切：营养条件好，花序形成也好；营养不良则花序分化不好。葡萄花序的分枝一般可达 3～5 级，基部的分枝级数多，顶部的分枝级数少。葡萄每个花序上的花朵数，因品种、树龄和栽培条件而不同，一个花序一般有 80～120 朵花，最多可达 260～280 朵。花序中上部花的质量最好，修整花序时，可根据刺葡萄的特点选留花朵的数量。

3. 卷须

卷须一般从主梢第三至六节起、副梢第二节起开始着生，卷须与花序一样着生在叶片的对面。在自然环境中或放任生长的葡萄，其卷须的作用在于缠绕住其他物体，固定新梢攀缘向上，当卷须缠绕住其他物体后，便迅速生长很快木质化；没有其他物体可攀缘时，卷须可较长时间地保持绿色，以后便逐渐枯黄。在人工栽培条件下，常为了减少养分消耗，且防止卷须自由缠绕会造成新梢生长紊乱，而将其摘除。葡萄卷须形态有分叉（二叉、三叉和四叉）和不分叉，分枝很多和带花蕾的几种类型。卷须在新梢上的着生部位，不同葡萄种群间表现出一定差异。

（三）果穗、果粒及种子

果穗着生于结果枝第二至十节，以二至五节为主，每个结果枝平均 2.1 穗，多数为 2 穗。果穗圆柱形或圆锥形，间有副穗，果粒着生较松，果穗长 14～21 厘米、宽 5.1～11 厘米，平均穗重 115.4 克，最大穗重 250 克（彩图 3-5）。

果粒长圆形，平均纵径 1.9 厘米、横径 1.6 厘米，平均百粒重 294.5 克，大小较整齐，成熟度一致。果皮紫黑色，厚而韧，其上有较厚白色果粉。果实无香味，甜酸适度，肉质稍脆，品质中等，耐贮运。

种子 1～4 粒，多为 3 粒，形状为长椭圆形，种子种脐明显，均无种表横沟。

三、年生长发育周期

葡萄的年生长发育周期（又称物候期）呈现出明显的季节性变化，概括起来可分为两个时期：休眠期和营养生长期。

（一）休眠期

葡萄的休眠期是从冬季落叶开始至翌年春季伤流开始。落叶后，树体生命活动并没有完全停止，生理变化仍在微弱地进行。休眠可分为自然休眠期和被迫休眠期。自然休眠是指外界温度在10℃以上芽眼也不萌发时的休眠，即使外界环境条件适宜，植株也不能生长。但生产上为了打破自然休眠，除了采用低温的方法，利用赤霉素或激动素、冷热交替处理等都有一定的作用。自然休眠结束后，气温和土壤温度仍然很低，外界温度低于10℃，限制了芽萌发时的休眠称为被迫休眠期，一旦条件适合随时可以萌芽生长。

（二）营养生长期

春季伤流开始至冬季落叶前为葡萄的营养生长期。营养生长期的长短主要取决于当地无霜期的长短。葡萄的营养生长期又可以分为以下几个时期：

1. 树液流动期

树液流动期又称伤期，从春季树液流动开始，到萌芽时为止。当早春根系分布处的土层温度达6～9℃时，根系开始吸收水分，树液开始流动，可见到从枝蔓的伤口处流出透明的树液。伤流的出现说明葡萄根系开始大量吸收养分、水分，为进入生长期的标志。伤流液的多少与土壤湿度大小有关：土壤湿度大，树体伤流多；土壤过于干燥时，伤流少或不发生。同时，伤流液的多少可作为根系活动能力强弱的指标：根系活动能力强时伤流液较多；若土壤温度骤降会出现伤流暂时停止，而当根系受伤过重或土壤过于干燥时，伤流也会减少或完全停止，这些都是根系活动减弱的表现。冬季修剪宜在伤流期前完成。

2. 萌芽、新梢生长期

萌芽、新梢生长期是从萌芽至开花始期。当春季昼夜平均气温稳定至 10℃ 以上时，冬芽开始膨大、萌发，长出嫩梢。一般枝条顶端的芽萌发较早。萌芽除受当年温湿度的影响外，植株的生长势也对其影响极大。早春长期低温、上一年叶片遭受病虫害、结果过多、采收过晚都会导致萌芽推迟。

进入绒球萌芽期，花序继续分化形成各级分枝和花蕾，若此时植株营养条件好，花序原始体可继续分化第二、三花轴和花蕾；如果营养条件不良（包括外界中的低温和干旱），花序原始体只能发育成带有卷须的小花序，甚至会使已形成的花序原始体发育不良或萎缩消失，严重影响花序的质量以及当年葡萄产量和质量。

萌芽和新梢开始生长初期，新梢、花序和根系的生长主要是依靠贮藏在根和茎中的营养物质，在叶片发育完全之后，主要靠叶片光合作用制造养分。新梢开始生长较慢，以后随着温度升高而加快。

3. 开花期

开花期是从开始开花至开花终止，持续 7～15 天。开花期是葡萄生长中的重要阶段，对水分、养分和气候条件的反应都很敏感，是决定当年产量的关键。当日平均温度达 20℃ 时，葡萄开始开花，这时枝条生长相对减缓。温度和湿度对开花影响很大：高温、干燥的气候有利于开花，能够缩短开花期；相反，若开花期遇到低温和降雨天气会延长开花期，持续的低温还会影响坐果和当年产量。此时冬花芽开始分化。

4. 果实生长期

果实生长期是从开花期结束到果实开始成熟前的一段时期，一般为 120～135 天。在此期间新梢的加长生长减缓而加粗生长变快，基部开始木质化。冬芽此时开始进行旺盛的花芽分化。根系在这一时期内生长逐渐加快，不断发生新的侧根，根系的吸收作用达到了最旺盛时期。

南方地区雨水多、气温高、湿度大，葡萄感病发病严重。在土壤过湿的情况下，杂草滋生，排水不良，会影响根系的正常生长。为了获得葡萄的优质高产，此期要供给幼果充足的养分，加强肥水管理，防治病虫危害，并做好田间排水工作。

5. 果实成熟期

果实成熟期是指果实从开始成熟到完全成熟的一段时期。在果实开始成熟时，主梢的加长生长由缓慢而趋于停止，加粗生长仍在继续旺盛进行；副梢的生长比主梢生长延续的时间长。这时花芽分化主要在主梢的中上部进行，冬芽中的主芽开始形成第二、三花序原基，以后停止分化。

当果实成熟后应适期采收，这对浆果产量、品质、用途和贮运性有很大的影响。采收过早，浆果尚未充分发育，产量减少，糖分积累少，着色差，未形成品种固有的风味和品质，鲜食乏味，酿酒贫香，贮藏易失水、多发病。采收过晚，易落果，果皮皱缩，果肉变软，造成丰产不丰收；会大量消耗树体贮藏养分，削弱树体抗寒越冬能力，甚至影响第二年生长和结果，引起大小年结果现象。

6. 枝蔓老熟期

枝蔓老熟期又称新梢成熟和落叶期，是从采收到落叶休眠的这段时期。当果实采收后，叶片的光合作用仍很旺盛，叶片继续制造养分，光合产物大量转入枝蔓内部，植株组织内淀粉等糖类迅速增加，水分含量逐渐减少，细胞液浓度增高，新梢由下而上其木质部、韧皮部和髓部细胞壁变厚、木质化，外围形成木栓形成层，韧皮部外围的数层细胞变为干枯的树皮。这一时期生理活动进行得越充分，新梢和芽眼成熟得就越好。当枝蔓老熟初期，绝大部分主梢和副梢加长生长已经基本停止，芽眼内花序原基也不再形成，此时根系生长再出现一个高峰，但比前一次的生长高峰要弱得多。

进入秋季后，随着气温下降，叶片停止了光合作用且逐渐老化，叶内大量积累钙，而氮、磷、钾的含量减少，叶片从枝条基部向上逐渐脱落，标志着葡萄在一年中的生长发育相对结束，进入休眠。南方地区葡萄落叶在 12 月前后。在肥水施用不当特别是氮肥施用过多的园地，因枝叶不能及时停止生长，往往不能及时落叶。

四、对生态条件的要求

(一) 温度

刺葡萄不耐寒，对热量的要求高，但夏秋季持续高温（高于35℃）易引起日灼。温度不仅决定各物候期的时长及通过某一物候期的速度，而且影响葡萄的生长发育和果实品质。葡萄各物候期都要求一定的最适温度。

葡萄发芽重新长出枝条时的平均气温达到 13℃以上为好，发芽后应做好温度管理，避免芽发生冻害，白天气温 25～30℃时为枝条生长最迅速的时期。白天气温 20～25℃、平均气温 13℃以上为葡萄植株开花结果最稳定的温度，若遇到低温或高温时容易出现受精不良、落花和无核果等现象。浆果生长期不低于 20℃，葡萄果实第一次膨大期和第二次膨大期的适宜温度为 20～25℃，果实在这种温度时才能够进行膨大成熟和着色。生长期间的低温和高温都会对葡萄造成伤害，开花期遇到 14℃以下低温会引起受精不良，子房大量脱落。葡萄在年生长发育周期中还需要有一个低温期，主要是在秋季到生长结束的越冬准备时期，此阶段的气温不宜高于 12℃，并要求逐渐下降，这是能否通过休眠的关键时期。

(二) 水分

刺葡萄在生长初期或营养生长期需水量较多。生长后期或结果期，根部较为衰弱需水较少，要避免伤根影响品质。葡萄忌雨水及露水，多雨年份易造成日照不足，光合作用受限制，吸水量过多易引起枝条徒长，湿度过高极易引发各种疾病，如霜霉病、灰霉病等。

（三）光照

葡萄是喜光植物，它对光的反应很敏感，光照对葡萄的生长和品质起决定性的作用。光照充足时，枝叶生长健壮，树体的生理活动增强，营养状况改善，果实产量和品质提高，色、香、味增进；同时，树体的营养积累增多，抗性也随之增强。但光照太强特别是刺葡萄进入硬核期较易发生日灼病。光照不足，易造成开花期花冠脱落不良，受精率低；花芽分化期花芽分化不良，单性果多；生长期植株徒长，节间长，不结果或结单性果；果实膨大期发生病害，造成果实品质不良；成熟期着色不好，含糖量下降。

（四）风

风对葡萄的作用是多方面的，有良好的一面，也有破坏的一面。微风与和风可以促进空气的交换，增强蒸腾作用，改善光照条件和提高光合作用，消除辐射霜冻，降低地面高温，减少病菌危害，增加授粉结实。葡萄果实的抗风力虽较其他果树强，但若遇到大风、强风、台风等也同样会受害，除开花期影响授粉外，还会造成大量落果、折枝、树倒等严重损失。因此，各地建园时同样也要充分考虑本地风的种类及风向，以便采取必要的防护措施。

（五）土壤

刺葡萄根系发达，适应性很强，对土壤的要求不严，几乎可以在各种类型的土壤中栽培生长，但最适宜刺葡萄生长的土壤是沙壤土或轻壤土，这类土壤通气、排水、保水及保肥性能良好，有利刺葡萄根系生长。

土壤的化学成分直接影响葡萄的生长发育，葡萄对于氮、磷、钾的需求量较高，除氮之外，对磷、钾有特殊的要求。葡萄喜欢钙质丰富的土壤，在这种土壤上种植，果实含糖量高、香味浓。当土壤可溶性钙含量大于15%时，葡萄容易出现缺铁失绿症。土壤有机质含量一般为3%～5%，土壤水分以田间持水量的60%～80%

为宜。葡萄宜在微酸性或碱性土壤上栽培，pH 一般以 5～7 为宜，最为适宜的 pH 为 6～6.5。

葡萄是深根性果树，根系在土壤中的垂直分布最密集的范围是 20～80 厘米，但随着气候、土壤类型、地下水位和栽培管理的不同，根系分布也有所不同。在旱地和沙地栽培的刺葡萄，根系主要分布在 60 厘米以下的土层内，土壤表层的根系分布少，吸收根系数量少。在经常灌溉和施肥的葡萄园，根系分布常靠近表层。全部枝蔓朝着一边生长的棚架葡萄，根系分布也主要集中在 60～80 厘米的土层内。

（六）大气污染

大气污染对葡萄的生长有一定的不良影响。污染的空气能导致葡萄病虫害发生、土壤酸化，破坏葡萄的生长发育而减产。受大气污染的植株，由于生理机能受阻，会出现枯萎、落叶、减产，且果粒小而不甜，品质变劣，病虫害发生严重等现象。

（编者：王美军）

第四章

刺葡萄苗木繁殖

刺葡萄育苗成活率低，主要是因为生根困难；再加上影响刺葡萄生根的因素很多，包括母树的年龄、枝条生长部位和生长状况、插穗的粗度和长度、扦插的时间、插床的处理、床土或基质的湿度、成苗期的温度、病虫害防治及大田栽培移植技术等；加之刺葡萄的育种技术要求非常严格，所以在育苗过程应做到细致的管理，其育苗成活率才有保障，植株才能得到良好的生长，实现生产中的稳产、优质目标。

一、苗圃地的建立

(一) 苗圃地的选择

科学选择苗圃地是培育壮苗、丰产的重要基础，苗木的产量、质量等多方面取决于苗圃地的地理位置及其各种条件。如果苗圃地选择不当，不仅达不到壮苗的目的，而且要浪费大量的人力和物力，会给育苗、丰产带来不可弥补的损失。

1. 地理位置

一是选择交通便利、离道路近、容易进出车辆的地方，以便苗木出圃运输；二是远离污染源，以免影响苗木正常生长，甚至造成死亡；三是苗圃周围 1 500 米内无检疫性对象，原则上是以靠近刺葡萄规模化种植的中心或附近建立苗圃地为宜。

2. 自然条件

(1) 地形。宜选择地势平坦、背风向阳、排水良好的平地缓坡地（坡度小于5°），以及地下水位1米以下的地点作为苗圃地。

(2) 土壤。 以土层深厚、肥沃、土质疏松、有机质丰富的沙壤土或轻黏壤土为宜。土壤通气透水性能好，易耕作，不易漏水漏肥，利于苗木发根，能满足苗木对肥水的需求，利于苗木的生长。土壤的 pH 为 6.5～7.5，有机质含量在 1.5% 以上，活土层在 40 厘米以上为宜。

(3) 水源。 苗圃地附近要有充足的淡水水源（如河水、库水、井水均可），才能培育出健壮的苗木。刺葡萄的苗期生长需要适宜的水源条件，最好装置喷灌、滴灌设施。因为苗木前期根系生长慢、分布浅，需水量较少；生长旺盛期发根快，需水量较大，此时若出现缺水情况，会影响苗木的成活率和成苗率。

(4) 病虫害。 对苗圃地要做专门的病虫害调查，发现有轻微霜霉病、地老虎、蛴螬等病虫害要进行防治清除后方可耕作育苗，病虫害发生严重的地方不宜选作苗圃地。

(二) 苗圃的规划

苗圃地选定后，首先要对其进行合理的规划和设计，基于土地原有的地形、地势、水文等特点，为发挥土地的最大利用率，苗圃地可根据不同用地类型分为生产用地和辅助用地。

1. 生产用地

生产用地应占整个苗圃地的 80% 以上，根据不同生产用途，生产用地一般可划分多个小区，如母本区、繁殖区和轮作区等。为了便于生产作业，生产用地一般规划为几何图形，如平地小区应是长方形，长边一般不小于 100 米，小区宽度与长度之比为 1∶2 较为适宜；坡地小区的长边应按等高线划分，以利于水土保持，方便作业。小区以南北方向有利于苗木通风透光。划分生产用地时要充分考虑到与道路和排灌系统的有机结合。

(1) 母本区。 刺葡萄母本区种植的植株要求长势健壮、抗逆性强，无病毒、无检疫性病虫害等，是专供苗圃生产繁殖的材料，可作刺葡萄插条、接穗、砧木、组培等的供体。母本区的植株要求管理非常精细，才能提供高质量的繁殖材料。

(2) 繁殖区。繁殖区是生产用地的主体，是为培育实生苗、营养苗设置的区域。根据育苗任务要求，繁殖区可划分为实生苗繁殖区、营养苗繁殖区。

①实生苗繁殖区。应选择生产用地中自然条件和经营条件好的区域，靠近管理区，人力、物力、生产设施均应优先满足播种育苗要求。

②营养苗繁殖区。为培育扦插、嫁接、压条、分株等营养繁殖苗而设置的区域。培育扦插苗时，要求土层深厚、土质疏松而湿润。培育嫁接苗时，应当选择与实生苗繁殖区相当的、自然条件好的地段。压条和分株育苗的繁殖系数低，育苗数量较少，不需要占用较大面积的土地，所以通常利用零星分散的地块育苗。

(3) 轮作区。繁殖区一般在连续种植同一种类苗木 3～4 年后，应划分为轮作区，因为连续数年培育同一类苗木以后，土壤中某些营养元素会缺乏，病虫草害会有逐年加重的趋势，苗木根系容易分泌和积累有毒物质，造成苗木质量下降、等级降低、成苗率减少。改种其他养地作物 1～2 年后，土壤的营养元素得到调节和改善，起到用地和养地相结合的互补作用。待土壤性质得以恢复后，再种植葡萄苗木。

轮作区种植的作物主要有：一是绿肥，二是深根蔬菜（萝卜、马铃薯等），三是豆科作物，四是薯类植物，五是药材。禁种高秆作物或与葡萄有相同病虫害的作物。

2. 辅助用地

一般不超过苗圃总面积的 20%，主要划分为道路系统、排灌系统、设施建筑、防护林等。

(1) 道路系统。大型苗圃中一般主道贯穿苗圃地中心，并与主要建筑物相连，外通公路，应能往返行驶载重车辆，道宽 5～6 米，为大区或小区的边界；支道能单向行驶载重车辆，道宽 3～4 米，作为小区的边界。

(2) 排灌系统。苗圃排灌系统的设计应与道路相结合、相统一，在主道、支道的一侧设置排水系统，在另一侧设置灌水系统。

排水系统一般由地面明沟和地下暗管以单一或混合形式组成。明沟排水视野清楚，沟内淤积清除方便，但占地多，且不便于田间机械化作业；暗管排水埋于地下，不占地，无障碍，可提高土地利用率，但工程造价高，且维修不方便。明沟的宽度和深度应根据该地区历史上最大降水量而定，以保证雨后 24 小时内排出苗圃地地面积水。排水系统沟或管的规格，由小到大逐级加大，以承受排水量的逐级递增；沟或管的位置由高到低逐级降低，一般坡度比降为 0.3%～0.5%，以加大水流速度达到快速排水目的。

灌溉系统应以苗圃内水源为中心，结合小区划分来设计。沿主道、支道和步道设置灌溉用的干渠（管）、支渠（管）和纵水沟（管）形成灌溉网络，直达苗畦或苗垄。葡萄苗木因根系较浅，也可采用喷灌，尤其是移动式喷灌。

(3) 设施建筑。设施建筑主要包括办公室、工作室、工具房、贮藏库等服务设施建筑，此外还应包括温室、大棚、配药池等生产设施建筑。服务设施建筑应尽量避免占用耕地，位置最好是在入圃主道旁或圃内中心；生产设施建筑应便于操作，可位于作业小区之内。

(4) 防护林。大型苗圃四周需设置防护林。营造防护林可降低风速，改善小气候条件，有利于苗木成活和生长，提高苗木成活率与质量。垂直于主风方向建主林带，在平行方向每间隔 350～400 米再建立主林带。主林带之间每间隔 500～600 米，建立垂直于主林带的副林带，组成林网。注意为避免防护林的病虫害交叉危害，不宜选择杨树。特别是培育无病毒苗木时，小区与周边生产要隔离一定距离，以保证生产优质苗木。

二、苗木繁殖

葡萄育苗方法有很多种，分别为实生苗繁殖、自根苗繁殖、嫁接苗繁殖、组培苗繁殖等。目前生产中刺葡萄的主要育苗方式为自根苗中的扦插、压条繁殖，其次为实生苗繁殖、嫁接苗繁殖。

（一）扦插育苗

1. 硬枝扦插

（1）精选插条。湖南省刺葡萄 12 月下旬逐渐进入休眠期，元旦前后结合冬剪开始采集刺葡萄插条。选择从长势健壮、无病毒、无病虫危害的母本植株上采集枝条；选用木质化程度高、芽眼饱满、开花结实性能好、粗度在 0.6～1.0 厘米的当年生枝条作为插条。将插条上的残叶、卷须和副梢去除，剪掉基部和尖端芽眼不饱满的部分，保留插条中间粗壮的部分，每根插条留 6～8 节，每捆50 根，挂好标签，防止品种混杂。

（2）冬藏插条。为保持枝条生理活性的稳定性，冬剪下来的插条需要进行挖沟贮藏。选择地势平坦、背阴的地方作为贮藏沟，沟深 1.2 米，长宽视插条的数量而定。贮藏沟填埋以沙子最佳，要求沙的含水量以 5%～6% 为宜，即手握成团不出水，放之即散，潮而不湿。过干易引起枝条失水，过湿易引起枝条霉烂。

插条贮藏时，先在沟底平铺 10 厘米厚的沙子，将带捆的插条水平、整齐地横放在河沙上，每放一层插条，插条空隙之间就用沙子填充，直至铺沙厚度达到 5 厘米。第二层插条摆放时要与第一层呈水平、垂直角度摆放，再铺沙 5 厘米厚，可水平垂直重复摆放2 层，保证每根插条都能与湿沙接触。最后枝条上部铺 10 厘米厚度的河沙，洒水保湿，控温，杀毒灭菌，最后覆盖薄膜。

（3）插条剪截。插条剪截的时间，要根据当地的气候特点选择，一般在 2 月下旬将沙藏的刺葡萄插条取出，在清水中浸泡24 小时后，进行剪截。插条的长度为 15～20 厘米，粗度统一选用0.8～1.0 厘米，留 2 个芽眼，在距插条顶芽以上 3～4 厘米处斜剪，以免伤及芽眼，在距底芽约 0.5 厘米处平剪，以促进插条生根。插条基部垛齐，按每 50 根一捆，并挂牌标记，再放进多菌灵或百菌清 1 000 倍液中浸泡 15～30 秒，捞出沥干备用。

（4）催根处理。为提高插条的成活率，需要对刺葡萄插条进行催根处理，一般对插条进行药剂催根与温床催根相结合的处理，育苗成活效果更好。

①药剂催根。目前葡萄常用的催根药剂有吲哚乙酸、吲哚丁酸、萘乙酸等。

a. 吲哚乙酸（IAA）。又称吲哚-3-乙酸，是一种植物体内普遍存在的内源生长素，属吲哚类化合物，在光和空气中易分解，不耐贮存。它在调节植物的生长上，不仅能促进生长，调节愈伤组织的形态建成，同时也具有抑制生长和器官建成的作用。吲哚乙酸在较低浓度时能促进生长，较高浓度时则抑制生长。

b. 吲哚丁酸（IBA）。为白色结晶至浅黄色结晶固体，溶于丙酮、乙醚和乙醇等有机溶剂，难溶于水。吲哚丁酸活力强，较稳定，不易降解。它可经由叶片、树枝的嫩表皮、种子等进入植物体内，再随营养流运输到相关部位。它能促进植物细胞分裂与细胞生长，诱导形成不定根，提高坐果率，防止落果，改变雌雄花比例等。

c. 萘乙酸（NAA）。为无色无味针状结晶。性质稳定，但易潮解，见光变色，需要避光保存。与吲哚丁酸类似，萘乙酸经叶片、树枝的嫩表皮、种子进入植株内，再运输到全株。它能促进细胞分裂，诱导形成不定根，提高坐果率，防止落果，改变雌雄花比例等。

药剂催根的原理就是利用生长调节剂刺激枝条基部中柱鞘细胞的活动，促进细胞分裂，在温度、湿度适宜的条件下产生不定根。生产中药剂催根操作方法比较简单，只需要将消毒后的插条基部浸入稀释好的药剂溶液或粉剂中即可，停留时间的长短与稀释的浓度成反比。将插条基部2～3厘米浸入浓度为50～100毫克/千克的吲哚乙酸药液中12～24小时；而配成0.3%～0.5%的高浓度溶液只需要浸蘸3～5秒，均能较好地促进生根。用国光生根粉剂（20%萘乙酸）1 000倍液浸刺葡萄插条基部2～3小时后，再置于电热温床中催根，扦插生根效果明显。

②电热温床催根。就是将电热线埋入催苗床内，用以提高基质的温度，促进插条快速生根的方法。该方法催根效果好、容易管理。电热催根前，在室内准备高 30 厘米、宽 1.5 米、长 5 米的催苗床框，床框一般用砖和水泥混合砌成。先在床框的底层铺厚约 10 厘米的锯末屑或其他保湿材料，在上面平铺 5 厘米厚的湿河沙压实压平，沙上铺设地热线，再在上面平铺 5 厘米厚的湿沙或蛭石，电热温床准备就绪。

设置催根装置时，要注意以下几点：一是电热线功率的选择。一般电热线功率有 400 瓦、600 瓦、800 瓦、1 000 瓦四种，可根据处理插条的多少灵活选用。二是电热线的布线方法。先根据测量苗床的面积，然后计算布线密度，如苗床长 5 米、宽 1.5 米，电热线采用 800 瓦（长 100 米），则布线道数＝（线长－床宽）/床长＝（100－1.5)/5＝19.7，布线 20 道（要注意布线道数必须取偶数，这样电热线的两个端头接线头方可在一头）；布线间距＝床宽/布线道数＝1.5/20＝0.075（米）。三是电热线的缠绕方法。在苗床两端各固定一根 5 厘米×10 厘米的木条，其上根据布线道数，在木条两端相对应处钉铁钉，将电热线从一端木条铁钉上呈"弓"字形拉到另一端木条上，来回拉满为止。四是安装控温仪。电热温床建好后，即可通电运行 1～2 天，测试床温，温度稳定在 25℃左右时，便可使用。如采用自动控温仪（图 4-1），可自动调节床温，既省工，又安全，但也要在苗床上安置温度计，以防仪器失灵。五是基质的选择。蛭石不仅保湿性优于河沙，而且在透气性方面也大大优于河沙。用蛭石作基质，只需在插条摆放在温床上时浇一次水，在整个催根过程中，一般不需再浇水，这样可使催根温度稳定在最佳状态。

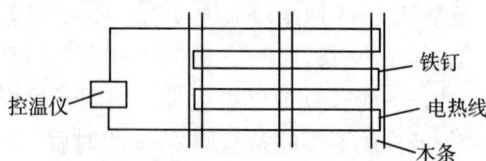

图 4-1 电热线布置示意（姚磊 图）

最后将药剂处理后的带捆插条，捆与捆相邻，整齐直立码放在温床上，中间空隙用细沙填充。注意顶芽要露在外面，用薄膜覆盖苗床。

在插条愈伤组织形成阶段的 15～20 天，温床应保持在 25～28℃，空气相对湿度 70%左右；插条基部形成白色的愈伤组织后，不定根开始萌发，有的还会长出幼根，这时要停电，逐步降温，直至温床温度保持在 20～23℃，以加速生根速度。2 天后可移栽，在这个过程中，室内气温始终要控制在 10℃以下，抑制芽眼萌发。

（5）扦插。

①插床的准备。

a. 土壤改良。选背风向阳、地势高、土质肥、排水方便、pH6.5～7.5 的土壤。在扦插之前要先深翻施肥，进行土壤改良。每亩施腐熟有机肥 2 吨以上和复合肥 50 千克，均匀撒在土层表面，全园连肥带土深翻地表土层 30 厘米，整平做垄。

b. 整地消毒。南北行向做垄，垄长 50 米、宽 0.6 米、高 0.2 米，垄距 0.5 米左右，耙平整细，喷 0.5%多菌灵溶液或者 0.2%高锰酸钾溶液进行插床消毒杀菌，并覆盖黑色地膜，搭上小拱棚，拉上遮阳网，保持土壤湿润。当地温上升到 10℃以上时，即可扦插。

②打孔扦插。在湖南怀化一般 3 月上旬（膜下 20 厘米土层温度达 10℃左右时）开始扦插。扦插时，用直径 1 厘米的小竹扦，基部削尖，按照株行距 20 厘米×30 厘米在地膜上扎 5 厘米深的孔，进行双行扦插。插条向北倾斜约 45°斜插入土壤中，扦插深度为插条长度的 2/3，地面露 1 个芽眼，芽眼面向南方，这样抽生的新梢直立。扦插时注意插条上端不能露出地表太长。

（6）扦插苗的管理。

①萌芽期保湿。已采用催根的扦插苗圃，保持插条基部土壤湿润是插条生根的关键。利用软管微喷灌，应视天气喷水，直至新梢长出 3～4 片叶。如扦插后遇低温，可利用小拱棚保温，棚内温度控制在 25～30℃，注意通风，低温期过后逐步打开塑料膜通风炼苗。此时如遇晴热天，盖上遮阳网，利用软管微喷灌，每天下午 4

时后喷水。

②及时立杆绑蔓。新梢长到 30 厘米以上应及时立杆拉细绳，将新梢绑缚在细绳上，使其直立生长。

③枝蔓摘心。新梢长到 60～80 厘米时摘心，下部副梢、卷须分批抹除，以后顶端发出副梢留 3～4 片叶摘心，连续 2～3 次。

④肥水管理。前期以氮肥为主，后期以磷、钾肥为主，以利枝条生长壮实。新梢长至 8 片叶后，开始施肥，薄肥勤施。视苗的生长情况施肥 3～5 次，直至 8 月底，根外喷施 0.2％磷酸二氢钾和0.2％尿素混合液 2～3 次。苗圃地经常清沟，防止积水，遇伏旱天气，及时浇水（喷水），促进生长。

⑤除草松土。要及时除草松土，为防止其沟内杂草丛生，宜覆盖黑色地膜。

⑥病虫害防治。刺葡萄苗期应注意防霜霉病，少用氮肥，并保持苗圃地通风透光。主要防治在潮湿、多雨、高温季节易滋生的霜霉病，以及粉虱、斜纹夜蛾等害虫。

刺葡萄硬枝扦插关键点在于掌握室内温度和控制电热温度，室内温度应低于刺葡萄根系萌动温度（<10℃），使枝条芽眼处于休眠状态，而电热温度控制在 25℃左右，使得枝条的基部处于最佳的愈合状态，形成愈合瘤，减少枝条营养消耗，为其田间苗圃扦插生根成长提供有效的养分。其次，在田间扦插育苗搭好遮阳网，预防苗木因升温过快而造成脱水枯死。幼苗生长期间要及时追肥、绑蔓、去副梢和防治霜霉病，促进幼苗生长和枝蔓成熟。

2. 绿枝扦插

绿枝扦插指在当年的 5 月利用半木质化的新梢进行扦插育苗的方法。

（1）准备苗床。选光照充足、通风良好、排水畅通的地方，整成宽约 1 米、高 20～30 厘米的畦，畦长视插条多少而定，将腐熟的有机肥施入畦面后翻入土中并与土壤充分拌和均匀，在其上面铺一层厚约 10 厘米的干净河沙或蛭石，作为插床。插床的上面要搭设荫棚，高 30～40 厘米，上面盖一层遮阳网以减轻强光和高温的影响。如采用全光照弥雾扦插，可利用喷雾调节高温和强光，插床上面可不搭荫棚。如用木箱或塑料箱扦插少量苗木，可先放在阴凉处，待成活后再移至阳光下。

(2) 插条剪截与扦插。 5月选择阴天无风的天气，在清晨剪取较为粗壮的半木质化刺葡萄枝条（直径 0.5～0.8 厘米），枝条剪截成约 15 厘米长、2～3 节位的插条。一般靠近基部节位以下 1 厘米处平剪，剪口平滑，叶片去掉；距离顶端节位以上 2～3 厘米处斜剪，留 1 片叶，其余叶片剪除，用 70％甲基硫菌灵 800 倍液、40％辛硫磷 1 000 倍液浸泡 30 分钟，以杀灭病虫害。将插条基部 3 厘米浸泡在浓度为 50 毫克/千克的萘乙酸溶液中，1～2 分钟后立即扦插，扦插基质采用以砻糠灰为主的河沙基质，按株行距 15 厘米×20 厘米、向北倾斜约 45°斜插入基质中，扦插深度为插条长度的 2/3，压实缝隙。扦插的时间以阴天和傍晚为宜，以利减少水分蒸发、提高成活率。

(3) 扦插后的管理。 绿枝扦插的管理重点是遮阳和供水。插床基质湿度控制在 60％～80％，适宜温度是 23～25℃，空气相对湿度保持在 90％～95％。夏季应避免强光直射，需要上午 10 时后盖遮阳网，下午 3 时后揭开遮阳网；高温时掀开遮阳网两端通风降温，以防烧苗。早晚通风换气 20 分钟，以防病害发生。晴天的早、晚可各喷水 1 次，阴天可少喷或不喷。绿枝扦插一周后便可产生愈伤组织，两周后可长出幼根，2～3 周后可萌芽、展叶。抽生的新梢长到 6～8 片叶后可追施稀薄水溶肥，前期以氮肥为主，后期以磷、钾肥为主，以利枝条充实。逐步揭开遮阳网通风炼苗。其他日常管理和病虫防治工作，与一般硬枝扦插相同。刺葡萄苗期应注意防治霜霉病，喷洒防治霜霉病的药剂，保持苗床通风透光，幼苗于翌年初春出圃。

(二) 压条育苗

压条繁殖方法适合生根较困难的刺葡萄，可压老蔓，也可压新梢。在春天结合绑缚老蔓，把多余的老蔓压下并埋入土中，而将一年生枝留在地面；也可在新梢抽出后，进行新梢或副梢压蔓，培育绿枝压条苗。压条繁殖的苗木成活率高，生长快，结果早。

硬枝压条一般是在头一年冬剪时留下母株基部 40 厘米以下的萌蘖枝，翌年春萌芽前进行压条。首先在准备压条的植株附近挖深 15 厘米、宽 20 厘米的沟，沟底施肥深翻；再将要埋入沟内的压条枝部位，进行 2～3 圈的环状刻伤处理，深达木质部；然后水平压在沟底，固定后覆 4～5 厘米厚的土。当压条新梢长到 15～20 厘米高时，基部要少量培土；当新梢高达 40 厘米以上、基部半木质化时再次培土，将沟填平以促新根，并保持土壤湿润以利生根和新梢生长，发根后至第二年萌芽前挖取移栽。

新梢压条就是用当年的扦插苗进行压条。当扦插苗的嫩梢长到 50 厘米左右时，进行轻度摘心以刺激副梢生长，当新梢上部的 3～5 个粗壮的副梢长到 30 厘米左右时，将新梢压倒，并在副梢基部培土，土堆的高度根据副梢部位确定，土堆不要一次培完，一般要分 3 次完成，待副梢发根后，便成为单独的新株。在扦插圃内应用此法育苗，可增加出苗率 3～5 倍。为便于管理，扦插苗的株行距应适当加宽。

为保证压条苗有强大的根系。压条后可连续培土 2～3 次直至埋到新梢或副梢基部的 2～3 节，使其每节都能生根，即可获得具有 2～3 层根系的壮苗。为使压条苗生长健壮，压条沟内应施入适量有机肥，或根外追肥，压条后还应保持土壤的适宜湿度，干旱时及时浇水。

（三）实生育苗

刺葡萄生产中绝大部分是用扦插苗，而其实生苗是研究和生产抗性葡萄嫁接苗的重要砧木资源之一，对葡萄育种工作也有重要的意义。

1. 种子的采集

种子从生长健壮、无病虫害的植株上采集。刺葡萄果实种子多，采种的果实必须在充分成熟时采收。果穗剪下后，放入容器

（如盆、缸、水泥池等）中。为不影响种子的生活力，马上进行果肉、皮、种子的分离。刺葡萄果皮厚，放在容器中的果穗，用手用力挤压、揉搓搅拌，使果粒破碎，使种子与果肉分离，将果汁滤出加工利用，剩下的残渣加水后再搅拌，进一步剔除黏附在种子上的碎果肉，将漂浮在上面的果穗梗、瘪粒种子、果肉、果皮等捞出，饱满种子沉在下面，经多次冲洗干净后取出。洗净的种子可直接用湿沙埋藏，切不可直接在阳光下暴晒，否则会失去发芽力。

2. 葡萄种子生活力的鉴定

为了保证育苗工作顺利进行，种子播种前必须进行质量及生活力的检查鉴定，以便确定适宜的播种量。鉴定葡萄种子生活力有如下三种方法：

（1）形态目测法。 目测种子的外部特征，外形饱满、有光泽，剥开看胚和子叶为乳白色、不透明，为有生活力的种子；而没有光泽、开裂、虫蛀、瘪粒，以及胚和子叶黄色、近透明的种子，为失去生活力的种子。

（2）染色法。 将种子放入水中浸泡 24～48 小时，剥去种皮，取出种仁几十粒，放入染料靛蓝或胭脂红 0.1％～0.2％溶液中，置于室温下 2～3 小时后，调查种子染色和未染色的数量，计算未染色的种子百分比。因为具有生活力的种子，细胞的半透性膜可阻止一些染料分子通过，浸泡在染料溶液中不会被染色；没有生活力的死亡种子，因细胞的半透性膜被破坏，不能阻止染料分子进入细胞，胚和子叶则可被染色。

（3）发芽率试验。 在播种前，随机地从经过层积处理的大量种子中取出 100～200 粒种子，用水浸泡 48 小时后，用湿纱布包裹或同湿锯末混合均匀后，放在 20～25℃的温度条件下催芽，保持适宜的湿度，大约 15 天即可发芽，每天用镊子挑出已发芽的种子，并记录发芽的种子数，一直到供试种子不再发芽为止，按下式计算发芽率：
种子发芽率＝已发芽的种子数/供发芽试验的种子总数×100％。

3. 种子的层积贮藏

葡萄种子从采集、阴干到播种必须经过一定时间的层积贮藏，完成种子的后熟过程，才能正常发芽。种子后熟需要一定的温度、水分和空气条件。层积处理是一种人为促进种子后熟的方法。刺葡萄种子需要 60～70 天才能完成后熟。一般需要在播种前 2 个月即开始层积。

层积处理方法是以干净的湿河沙为层积材料。种子量少时，可将 1 份种子同 3 份层积材料混合后，放入花盆或木箱等能渗水的容器中，放在贮藏窖或室内；种子量大时，可选择地势较高、排水良好的背阴处，挖沟层积贮藏，沟深 50～60 厘米，长、宽可根据种子数量而定。先在沟底铺一层厚约 10 厘米的湿沙，由下至上放一层种子、一层沙，直到离地面约 10 厘米时为止，再在其上面培土，高出地面呈拱形。以后每 2～3 周检查一次，发现干燥时适量喷水；如发现霉变时，可将种子取出，用 0.3% 的高锰酸钾溶液漂洗 3～5 分钟，晾干后再按上法放入沟内继续层积。

4. 催芽

经过层积处理后的种子，在播种之前进行催芽是提高出苗率的有效措施。催芽须满足种子发芽条件，即适宜的温度、湿度和空气条件。

催芽的方法：种子量大时，北方多用火炕，南方用温室或电热温床加温催芽。底层铺一层厚 2～3 厘米的湿沙，将用 25℃ 左右清水浸泡一天后的种子与 3 倍湿沙混合，均匀地平铺 5～10 厘米厚，或在湿沙上铺一层纱布、一层种子、一层湿沙的方法，厚 10～15 厘米，温度维持在 25～28℃。催芽期间要经常检查温度和湿度，如有异常，随时调整，要求温度不低于 22℃、不高于 30℃，湿度不足时，及时喷水。经 5～7 天后，种子即裂嘴露白，当种子有 20%～30% 露白时即可播种。早春要注意温度上升，通过控制温度调节种子发芽的时间，使发芽与播种期相衔接。种子量少时，可将种子与湿沙混合后，放入木箱、瓦盆等容器，置放在温室中，管理条件同上，发芽率达 20% 以上时立即播种。

5. 播种

播种量是指在单位面积内所用种子的数量。播种量与种子纯度、质量、发芽率、播种方式及单位面积要求出苗量有密切关系。为了避免缺苗，实际播种量比计算播种量应增加 10%～15% 的保险系数。一般采用春播，湖南长沙一般年份于 3 月上中旬播种。其播种方法有条播和散播，生产上大多采用散播。畦面宽 1.0～1.2 米，施入有机肥后，整地、浇透水，待水渗下以后，按预定的播种量将种子均匀地撒在畦面，然后覆盖厚约 1.5 厘米过筛后的菜园土，上面再撒上厚 0.5～1.0 厘米的河沙，为保湿上面再覆盖薄膜。播种 10 天左右便可出苗。

6. 播种后的管理

当种子拱土，并有 20% 左右出土时，及时撤除覆盖物，防止捂黄幼苗，或使幼苗弯曲。幼苗出土后要适时松土除草，以保证土壤疏松，有利于幼苗生长。

(1) 间苗与移栽。幼苗长出 2～3 片真叶时，将多余幼苗移出，过弱、畸形、有病虫害的劣苗拔除。选多云、阴天或晴天的下午天气阴凉时移栽。移栽株行距以（15～20）厘米×30 厘米为宜。移栽尽量做到边起苗、边栽植、边浇水，尽早搭设遮阳网。

(2) 田间管理。幼苗生长过程中应加强肥水管理，根据土壤湿度，适时灌水，雨季注意排水，促进幼苗加粗生长，提高当年利用率。当苗长有 4～5 片叶时，即可进行叶面喷肥，施用 0.2% 尿素，每亩施用量 3～5 千克，以后可在土壤中施用腐熟的人畜粪，每亩使用 1 000 千克左右。生育期较短的地区，8 月可追施钾肥促进枝条成熟，以 0.1%～0.2% 硫酸钾水溶液喷叶片即可。此外，还应注意及时防治病虫害。

一般管理良好的刺葡萄苗木在落叶时，大部分植株的基部直径可达到 0.6 厘米以上，第二年春天就可以作嫁接砧木。

（四）绿枝嫁接育苗

绿枝嫁接是指在生长季节，利用半木质化的接穗嫁接到抗性较强的砧木或品种上，使其成为新的植株个体，发挥各自优势的一种嫁接方法。葡萄绿枝嫁接是葡萄嫁接育苗方式中成活率最高的一种技术。

刺葡萄有较好的抗病性及耐湿热性，适应性良好，对黑痘病有较强的抗性，对炭疽病的抗性极强，几乎免疫，尤其在耐湿热育种方面是难得的宝贵资源，可作为真菌性病害抗性育种和耐湿热育种的优良砧木。同时，相较于其他野生葡萄资源，刺葡萄果粒大，风味较好，果皮厚，籽粒多，适合鲜食和加工。刺葡萄也可以作为接穗品种，通过嫁接技术，提高接穗品种的质量水平和育苗成活率。每年的 5 月下旬至 6 月底是湖南省葡萄绿枝嫁接的最佳时期。刺葡萄嫁接方式主要采用坐地砧绿枝嫁接。

1. **在抗性砧木上嫁接刺葡萄**

（1）前期准备。

①嫁接工具。枝剪、嫁接刀或刀片、湿毛巾（或湿报纸）、薄膜条（宽 1.5 厘米、长 30 厘米）。

②接穗采集。选择芽眼饱满、直径 0.5～1.0 厘米、半木质化的当年生刺葡萄枝条，去掉先端和基部各 1～3 个发育不好的节位，保留中间大部分。去掉叶片，保留部分叶柄，用湿毛巾（或湿报纸）将枝条包裹好。

③砧木选择。选择抗根瘤蚜的 5BB、SO4 等砧木。

（2）嫁接时间。选择在无风的阴天进行嫁接。砧木和接穗的枝条均达到半木质化程度，枝条太嫩或太成熟均影响成活率。

（3）具体方法。

①剪砧。选择抗性强、直径为 0.6～1.0 厘米的砧木，在靠近枝条基部第二至四节、距离剪口芽约 4.0 厘米的位置平剪，保留叶片，去掉叶腋间的芽眼。

②削接穗。将枝条截断成长 4.0～5.0 厘米，并留有一个饱满芽的小枝段。要求芽的上端留约 1.0 厘米长，芽的下端留 3.0～4.0 厘米长。用刀片在距离芽眼下端约 1.0 厘米处的两侧，各向下削 2.5～3.0 厘米长的楔形斜面切口，要求削面对称均匀，削口平整光滑。

③劈接。用刀片朝砧木断面中间垂直向下劈开 3.0 厘米长的切

口，将削好的接穗插入砧木切口中。注意砧木与接穗间的形成层必须有一面要对齐，接穗削面上须露白2.0～3.0毫米，有利于砧木和接穗紧密贴合，促进成活。

④缚膜包扎。用手压伤口接合部位，用薄膜条自下而上沿砧木切口位置至接穗顶端呈螺旋状缠紧，然后自上而下回绑，包严、扎紧，只露出接穗芽眼即可。

（4）嫁接后的管理。

①嫁接成活的检查。嫁接完成后，立即给砧木浇透水。大约一周后，发现接穗芽眼鲜绿、叶柄一触即落，表明嫁接成活；未成活的芽眼颜色变褐，叶柄干枯，不易脱落，应立即补接。

②及时抹芽。砧木叶腋间萌发出的副梢和根砧上的萌蘖要随时抹除，有利于养分集中到接穗，提高接穗的成活率。

③枝蔓管理。接穗展叶抽梢长至约20厘米时，要及时立杆引缚，防止风吹倒伏。枝条长有7～9片叶时要及时摘心，使枝条粗壮，促进成熟。对叶腋间抽生的副梢，除顶端副梢外，其余留1片叶绝后，同时要及时去掉枝条上的卷须和花序。

④肥水管理。铲除园区杂草后，前期以施用氮肥为主，后期以施用磷、钾肥为主，以利枝条壮实。新梢长至8片叶后，开始施肥，薄肥勤施。视苗的生长情况施肥3～5次，直至8月底，根外喷施0.2%磷酸二氢钾和0.2%尿素混合液2～3次。苗圃地经常清沟，防止积水，遇伏旱天气，及时浇水（喷水），促进生长。

⑤病虫害预防。及时预防霜霉病、斜纹夜蛾等病虫的危害。

⑥解膜。翌年萌芽前，用刀片轻轻划破薄膜即可。

2. 在刺葡萄砧木上嫁接优良品种

（1）嫁接时间。湖南省及其周边省份可在4月中下旬至6月底以前选择无风的阴天进行，露水太大、雨天不适宜嫁接，7月以后嫁接成活率明显降低，嫁接苗枝条成熟度极差。

（2）砧木、接穗的准备。刺葡萄砧木适宜选用生长良好的一至二年生自根苗或实生苗，要求树体健壮，无病虫害。嫁接前期在距离地面最近的主干上保留2～3个饱满嫩芽，将以上部分剪除。发芽后，留取 1 个生长势良好的新梢，并保持其旺盛生长，其他根部发出的萌蘖及弱芽应全部抹除。嫁接前 2～3 天须将砧木苗圃浇透水，后续须做好肥水及除草等管理工作，加强病虫害防治。待枝条长出 7～8 片叶后摘心，确保枝梢正常生长。

接穗要求品种优良，如阳光玫瑰、晖红无核、妮娜女皇等，不要采集荫蔽、不透风、有病虫害的枝条，应当选择通风向阳、长势中庸的半木质化、直径接近砧木粗度、冬芽充实饱满且无病虫害的枝段作接穗，及时去掉接穗上的果穗、叶片及不充实部分，保留 0.5～1.0 厘米长的叶柄，用湿毛巾或吸水纸包裹备用，确保接穗的新鲜。

(3) 剪砧。 嫁接当天，在靠近砧木枝条基部第二至三节、距离剪口芽 4.0～5.0 厘米的位置平剪，保留砧木以下的叶片，去掉叶腋间的芽眼，留叶可以制造养分供接穗生长。砧木剪口处要求直径 0.6～1.0 厘米。此项工作一般在接穗采集之后、劈接之前进行。

(4) 劈接。 在嫁接操作中，将接穗截断成长 4.0～5.0 厘米，并留有一个饱满芽的小枝段。要求芽的上端留约 1.0 厘米，芽的下端留 3.0～4.0 厘米。用刀片在距离芽眼下端约 1.0 厘米处的两侧，各向下削 2.5～3.0 厘米长的楔形斜面切口，要求削面对称均匀、平整光滑；用刀片在砧木断面中间垂直向下劈开约 3.0 厘米长的切口，将削好的接穗插入砧木切口中。注意砧木与接穗间的形成层必须对齐，如果砧、穗粗细不同，至少保证有一侧的形成层对齐；接穗削面上须露白 2.0～3.0 毫米，有利于砧木和接穗紧密贴合，促进成活。

(5) 缚膜包扎。 用手压住伤口接合部位，将薄膜条自下而上沿砧木切口下端位置至接穗顶端呈螺旋状缠紧，然后自上而下回绑，包严、扎紧，只露出接穗芽眼即可（图 4-2）。

(6) 嫁接后的管理。 与刺葡萄作为接穗品种嫁接后的管理方法相同。嫁接成活后的接穗生长势明显高于自根苗，嫁接口部位愈合良好，苗木出圃质量高。

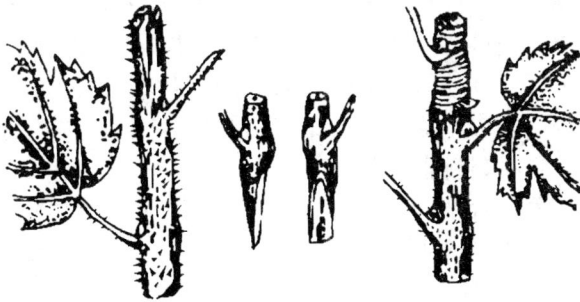

图4-2 刺葡萄绿枝劈接的绑缚方法（姚磊 图）

绿枝嫁接是当前我国繁殖葡萄苗木最主要的方法。嫁接成功的关键：第一，接穗半木质化，采集后要及时剪去叶片，严防失水；第二，嫁接时速度要快，削好的接穗不能失水，接口和接穗必须包扎严密，保持湿度；第三，嫁接后要立即灌水，高温天气最好遮阳降温；第四，保留砧木叶片，除去砧木上所有芽眼和副梢等生长点，避免与接穗争夺水分和养分；第五，接穗新梢要及时引缚，防止折损。

（五）营养袋育苗

营养袋育苗是葡萄苗木快速繁殖的重要方法。快速培育的壮苗可以在长叶后带坨定植（去掉容器之后的苗），成活率非常高，且可远程外运。

营养袋通常为塑料薄膜袋，袋高20厘米、直径8厘米，中间扎孔通气，底部剪去两角透水。营养土按土、沙、肥比例1:2:1混合（土选择含有机质多的表土），即由表土、干净的河沙混合腐熟厩肥而成。营养土含水量以60%～70%为宜。

先在营养袋底部装少量培养土，再放入已经催根的插条，继续装土至离袋口2厘米左右，然后将营养袋整齐地摆到温室内，并逐袋浇水。

插条扦插以后，前期气温不高，土壤蒸发量小，每隔3天喷水一次即可，后期随着气温的不断升高，土壤蒸发量逐渐加大，喷水次数需相应增加，可隔 1 天或每天喷水一次。在幼苗生长过程中，如出现叶色变黄、缺乏营养症状时，应进行根外追肥，可喷施 0.15%～0.2%的尿素和磷酸二氢钾。到苗高 20～30 厘米时，即可用深栽浅埋的办法，定植于大田。移栽时，可先把底部打开，待栽到土中后，再将塑料袋抽出。

利用营养袋育苗，可大量节约刺葡萄枝条，能提高繁殖系数 3～4 倍，不仅根系舒展、发达，移栽时不伤根、不缓苗，成活率达 95%以上，而且育苗集中，便于管理，节约土地，节省劳力，栽后结果早，经济效益高。目前，生产上一般用此法育苗。

三、苗木出圃

刺葡萄苗木出圃时应达到起苗标准，由不同育苗方法培育出来的刺葡萄苗木在出圃前要达到枝条成熟度好、生长健壮、芽饱满、根系健全发达、无病虫害等标准。

（一）苗木调查

刺葡萄落叶后，苗木地上部分生长停止，这时要求对苗木品种进行严格检查。首先将混杂品种标出或清除，在此基础上对各育苗区域中的苗木质量进行等级分类和数据统计，为做好苗木生产供销计划提供依据，并由实践经验丰富的人员逐行检验。

（二）起苗

1. 起苗时间

一般在苗木的休眠期起苗，即从落叶开始到翌年春季树液开始流动以前均为最佳起苗时间。

2. 起苗方法

起苗前苗圃地要提前一周浇水。进入冬季，气候干燥少雨，土壤易板结，起苗比较困难，提前给苗圃地浇水，使苗木吸足水分，提高根系水分贮备，从而增强移栽后苗木抗御干旱的能力，提高工作效率。作为落叶果树，可采取裸根起苗的方法，起苗时要根据苗木根系的分布情况，保证其根系达到一定深度和幅度，不要硬拔苗木，以免损伤苗木的皮层和芽眼。

(三) 分级

刺葡萄苗挖出后，首先要对其苗木进行修整，伤病细弱，根系破裂，侧根过长，未成熟枝、芽，以及枯枝等及时剪掉；然后根据质量水平进行分级，一般分为一级苗和二级苗（表 4-1），等外苗质量太差，直接淘汰。离土的苗因干燥而易失水，会降低苗木质量标准。分级后的苗木按每捆 50 根，须立即进行就地培土或假植于湿沙中。

表 4-1　刺葡萄苗木分级标准（扦插苗）

项目		等级	
		一级	二级
根系	侧根数量	6 条以上	4 条以上
	侧根长度	20 厘米以上	15 厘米以上
	侧根粗度	0.4 厘米以上	0.2 厘米以上
	侧根分布	均匀分布、须根多、不卷曲	均匀分布、须根多、不卷曲
茎蔓	基部粗度	1 厘米以上	0.8 厘米以上
	饱满芽数量	≥6 个	≥4 个
机械损伤		无	无
检疫性病虫害		无	无

注：低于二级标准的苗木为不合格苗木。

(四) 假植

苗木如不能及时售完或定植，须立即临时假植。可用湿沙埋放在阴凉处，或选地势高、背风、排水良好的平地开挖假植沟定植，沟深 30～50 厘米、宽 1.5 米，沟长视苗木数量而定，苗木的根颈部以下埋入土中，向北倾斜，根部用湿沙填充。假植后要经常检查，注意浇水，防止苗木风干、霉烂等。在北方如遇严寒天气还须采取防冻措施。

（五）检疫与消毒

根瘤蚜是刺葡萄的重点检疫对象。苗木在包装或运输前应经国家检疫机关或指定的专业人员检疫，发给检疫证方能外运。严禁出售带有检疫对象的苗木、插条和接穗。

苗木在出圃时要进行消毒，以防止病虫害的传播，主要采用消毒剂杀菌。用3～5波美度石硫合剂喷洒或浸枝条10～20分钟，然后用水洗1～2次，或用1∶1∶100波尔多液浸枝条10～20分钟，再用清水清洗。

（六）包装与运输

苗木检疫消毒后即可包装外运，用塑料袋、麻袋、木箱、蒲包、草袋等作为包装材料，用木屑、苔藓、碎稻草作为填充物，每20～30根插条扎成一小捆，每包装200～300根。内外贴好标签，注明品种、等级、数量、产地。苗木的运输要迅速及时，避免风、雨、雪天气运苗。

营养袋苗须用木箱或塑料筐装运，根据箱子的规格将营养袋苗整齐紧密地放在箱内，箱子的高度要高于苗高10厘米以上。装苗的前一天苗子须喷透水，装好箱后，再一层一层地摆放在运输车上，一般装4～5层。如长途运输，汽车上要盖上篷布，如遇中途停车暂放时，应置于阴凉处，并喷水保持袋内土壤湿润，再直接运到定植地。

（编者：陈湘云）

第五章

建　　园

刺葡萄是多年生作物，建园质量直接影响到刺葡萄种植后十几年甚至几十年的经济利益。建园投资大，一旦失败，损失惨重。因此，在新建刺葡萄园时，必须认真考虑当地的交通、经济、生态等方面的条件，充分利用各种资源优势，根据生产方向合理规划、精心设计，降低成本，获得良好的经济效益。

一、园地的选择

刺葡萄抗逆性强，适应性较强，山地、平地、河滩均可种植，但并非任何地方都能种植出优质、市场欢迎、经济效益好的刺葡萄。因此，正确地选择园地、科学地完成建园是刺葡萄丰产、优质的前提，必须根据地形地势、土壤、气候、水源等条件选择适宜的地方建园。

(一) 地形地势

适于刺葡萄建园的有丘陵山地和平地，山地要求坡度小于45°。海拔高度应根据当地的地形地势，以不出现旱害和影响果实品质为选择原则，一般海拔高度应控制在 800 米以下。园地应选择隔离条件好，相对地势较高，通风向阳，周边无工厂、生活污染源、重金属污染源的地方建园。

(二) 土壤

刺葡萄根系发达，喜土质疏松、通气良好的壤土及冲积土，且

pH 以 6.5~7.5 为宜，土地平整，土层深厚，土壤肥沃，有机质含量在 3.0%以上，地下水位在 1 米以下。刺葡萄最喜粗沙壤和砾质壤土，沙地葡萄较其他土壤的葡萄提早成熟、上色好、味甜。

山地建园前必须深耕改土，增施有机肥，并适量掺沙和施入石灰（每亩 100~200 千克）。

（三）气候

刺葡萄适宜的年平均气温 16~18℃，休眠期≤7.2℃的低温时间 1 000~1 500 小时，年降水量 1 200 毫米左右，≥10℃的年活动积温 5 500℃以上，年日照时数 1 300~1 800 小时，无霜期 265~310 天。干旱少雨、光照充足、昼夜温差大的地区，能满足刺葡萄的生长条件，这种地区种出来的刺葡萄浆果含糖量高，着色好，病害轻。

（四）水源

水是刺葡萄生命活动的重要物质，一切营养物质都必须有水的参与才能被吸收并运输到机体各器官。水质和大气质量按 NY/T 391《绿色食品 产地环境质量》要求执行。宜选择水源充足、排灌便利、地势较高、地下水位低的地方建园。刺葡萄在果实膨大期和新梢生长期需水量大，在园区必须设计好灌水和排水系统；在有条件的园区，须设计并建好水肥一体化设施。

（五）交通

刺葡萄易掉粒，果梗与浆果易分离，不耐贮运，一般应选择在城市郊区及铁路、公路和水路沿线交通运输方便的地方建园。交通不便且无销售市场的边远山区不宜发展大型刺葡萄园。

（六）市场

建刺葡萄园之前要对拟销售市场进行充分调研，并对拟销售市场周边刺葡萄种植情况及已进入拟销售市场的刺葡萄生产基地进行认真调研，掌握生产与销售的一手资料。根据调研情况合理确定建园规模，适当发展一些适宜酿酒、制汁、深加工的刺葡萄，以解决产业加工之需。

二、园地规划与设计

刺葡萄园的整体规划与设计首先应根据园区的定位来确定，如依据观光采摘型、城市科普型、近郊采摘型、市场供应型等定位的不同来确定种植模式。然后合理进行水、电、路等基础设施建设，合理利用土地，便于机械化操作。采用先进的管理模式及现代技术，减少投资，提早投产，提高浆果产量和质量，建立高起点、高标准、高效益的刺葡萄商品基地，创造最理想的经济和社会效益。

园地规划的步骤和内容包括调查研究、测试、绘制规划图和施工图、编制设计书和预算等几个方面。

（一）准备工作

在进行刺葡萄园的规划与设计之前须做好如下准备工作：

（1）调查收集与分析当地的气象、地质、土壤、水文、植被、产业、人口及果树资源等资料。

（2）调查市场、农业效益、农村劳力、建园材料、农机设备、交通条件、农民收入等社会经济状况。

（3）分析当地土地、种植行业政策与配套管理办法，分析选址区域的特点、优势与缺陷，进行建设风险评估。

（4）分析企业、团队和资金运行状况，分析资金能力与资金来源渠道，进行资本运营分析。

（5）收集地形图或对适宜园地进行地形测量，勾画出园区发展轮廓，以备园地规划使用。

（6）通过对所选区域进行详细调查后，制定一期、二期、三期等建设规划，设计园区的发展方向。

（7）制定刺葡萄园区建设进程时间安排表。

（二）园区规划

1. 合理划分小区

刺葡萄园作业区（小区）的划分，应根据经营规模、地形、坡向和坡度在园地地形图上进行。一般而言，园区中作业区的面积要因地制宜：平地以 20～50 亩为一小区，4～6 个小区为一大区，小区的形状呈长方形，长边应与葡萄行向一致；山地按坡头和坡向划分小区，一般以 10～15 亩为宜，以坡面大小和沟壑为界决定大区的面积，小区长边应与等高线平行，要有利于排、灌和机械作业；南方地区一般以南北行向为宜，行长为 60～100 米。大、中型葡萄园应在适中位置设立工具房。

2. 道路规划

根据刺葡萄园区总面积和地形地势，决定道路的等级。具有一定规模的刺葡萄园，应合理规划道路系统，建立主道、支道和作业道（步道）。园区内主道应贯穿刺葡萄园中心，与外界公路相连接，要求大型汽车能会车，一般主道宽 6 米以上；山地的主道可环山呈"之"字形而上，上升的坡度小于 7°。支道设在作业区边界，一般与主道垂直，路宽 3～4 米，可以通行汽车。作业道为临时性道路，一般宽 1.5 米以上，设在作业区内，可利用刺葡萄行间空地设置，是运输农资、产品和机械打药的通道。

3. 水利设计

刺葡萄生长周期对水的需求量较大，自然降水分布不均衡，时干时渍都不利于刺葡萄生长发育。因此，应建立起旱之能灌、涝之能排的水利设施。南方雨水较多的地区，应深挖排水沟，将地下水位降至 0.8 米以下。应合理设置排灌系统，做到平地葡萄园在中间开一条主排水沟，一般沟宽 1.0 米、深 0.8～1.0 米。垄中间开横沟，一般宽 0.8 米、深 0.6～0.8 米。提倡使用节水灌溉技术，建好水肥一体化设施。

（1）灌水系统。 为更方便刺葡萄的生产管理，且省力追肥、节约用水，按需灌溉已成为必需条件，因此，合理设计与布局刺葡萄园滴灌系统对整个园区的肥水管理、果实品质的提升显得尤为重要。

无论是利用江、湖、河、库的水源或利用地下水源入园，均须注意水质、应无污染源。水源引入后需要经过增压泵、肥源加入与均质系统，然后经过过滤系统，再进入主管道与各级支管，直到各个滴灌终端。完整的水肥一体化灌溉系统包括以下几个关键部分：

①增压泵。一般使用离心泵进行增压，但在水中杂质较多的情况下，亦可利用绕轮泵，其维护便利并能够根据水质的黏度和杂质含量自动降压。

②首部枢纽系统。包括粗过滤系统与细过滤系统。这一部分可以接入施肥组件，是实现水肥一体功能的关键部位。其中，粗过滤系统使用较多的为砂石过滤器、离心过滤器；细过滤系常见的是碟片过滤器。选择过滤器时一定要注意过滤器的承压，安装时一定注意进出口不能装反，尤其是各个厂家生产的碟片过滤器，进出水方向均有细微差别。为便于在灌溉时将肥源加入，需要在安装滴灌系统时考虑合理配置肥料加入系统。

③输配水管网系统。由主管、支管、毛管相互连接组成。主管为整个灌溉系统的主动脉，尽量少走弯路，摆放时要直。支管分别与主管和毛管相连接，为重要的灌溉中间部分，支管一般小于主管而大于毛管。为便于维修，一般在支管与主管连接的部分设置控制阀门。毛管为连接灌溉终端与支管的连接小管，也为整个滴灌系统中的易损管件，一般为软质的 PE 管。

④终端。灌溉终端主要为滴头或近地微喷，经田间观测，适宜的近地微喷灌溉效果优于滴头，但对水质和肥料质量要求高。

⑤控制。分为手动控制与自动控制。自动控制中又以简易电器控制、计算机系统控制和物联网控制比较常见。根据需求合理选择，成本价格相差大。

(2) 排水系统。

①明渠排水。在作业区，平畦或高畦栽植的葡萄园，可利用栽

植畦直接把水引入支排水渠，再由支排水渠汇集到总排水渠。各级排水渠的高程差为 0.2%～0.3%。

②暗管排水。用塑料管、陶管、瓦管、水泥管等材质的多孔管，周边填充石砾，埋于地下，由不同规格的排水管、支管和干管组成地下排水系统，按水力学要求的指标施工，可以防止淤泥。埋管深度和排水管间距，可根据土质确定。

通过明渠排除地面积水，暗管排除土壤积水，一般能做到及时排水，保持土壤合理的持水量，为葡萄根系生长创造最适宜的水分条件。

4. 堆沤池

每个小区建立堆沤池一个，堆沤池长 2 米、宽 2 米、深1.5 米，可将园地掉落的残枝、枯叶、烂果等堆积发酵成葡萄生产所需的有机肥。

5. 废弃物回收池

每个小区建立一个废弃物回收池，及时将废弃的塑料膜、塑料袋、农药包装等杂物清理干净，集中回收处理，保持园地清洁。

6. 防护林体系

刺葡萄园设置防护林具有有效改善园内小气候及防风、沙、霜、雹的作用。边界林还可防止外界干扰、保护果园。1 000 亩以上的葡萄园，防护林体系包括与主风方向垂直的主林带，与主林带相垂直的副林带和葡萄园边界林。500 亩以上的葡萄园可设主林带和边界林，或两者统一兼用。主林带由 3～5 行乔、灌木组成，副林带由 2～3 行乔、灌木组成。主林带间距为 300～500 米，副林带间距为 100～200 米。边界林一般是将外层密栽的小乔木或带刺的灌木修成篱笆，起到护园保果的作用，园内可设由 2～3 行乔木组成的防护林带。一般林带占地面积约为葡萄园总面积的 10%。

7. 指示植物、相关附属设备

现代葡萄园中，利用指示植物预警病害、预报与检测虫情显得更为重要。因此，在小区划分、道路规划完成后，需要合理配置预警测报系统，通过预警预报，更加科学与提前进行病虫害防治，达到事半功倍的效果。如：葡萄霜霉病是刺葡萄的主要病害，可在园区种植藤本月季，因其易感此病，可根据月季发病情况，进行刺葡萄霜霉病的及时防治。

8. 其他

其他设施包括工具房、仓库、包装场、办公室、食堂、休息室、肥料农药调配室、公厕、路灯、诱杀灯等，根据园区的大小和实际需求，予以合理配置。

三、土壤改良

（一）土壤改良的定义

土壤改良是针对土壤的不良质地和结构，采取相应的物理、生物或化学措施，改善土壤性状、结构，提高土壤肥力，增加刺葡萄等作物的质量、产量，改善作物生存的土壤环境的过程。即其是运用土壤学、生物学、生态学等多学科的理论与技术，排除或防治影响刺葡萄等作物生育和引起土壤退化等的不利因素，为作物创造良好土壤环境条件的一系列技术措施的统称。该项工作一般根据各地的自然条件、经济条件，因地制宜地制定切实可行的方案，逐步实施，以达到满足植株生长所需要的水、肥、气、热等适宜生长的条件。刺葡萄一般栽植在丘岗山地，我国南方的丘岗山地大多为酸性红黄壤土、黏性土、沙土，必须经过改良后方可种植。土壤改良得当，刺葡萄树体健壮，生长势强，根系生长发育良好，后期管理简便，果品质量优良。

（二）清除园区植被

对新建园区，首先必须连根清除树木、多年生宿根杂草等自然植被；对栽植过刺葡萄的老园区，除将老刺葡萄树连根挖掉外，还需要在栽植前 2～3 个月每亩施入 20 升的二氯乙烯，深翻 40～50 厘米进行土壤消毒，减少真菌性病害、地下害虫和病毒病等的危害。

（三）深翻熟化土壤

在未耕种过的荒地特别是沙荒地建刺葡萄园，由于土壤过于瘠薄，深翻可改善根际土壤的通透性和保水性．从而改善植株根系生长和吸收的环境，促进地上部生长，提高植株产量和品质。在深翻的同时，施入腐熟有机肥，土壤改良效果更为明显。一年四季均可进行深翻，但一般在秋季结合施基肥深翻效果最佳，且深翻施肥后立即灌透水，有助于有机质的分解和植株根系吸收。深翻后可以疏松土壤、提高土壤肥力、扩大根系分布的范围，刺葡萄园定植前深翻的深度一般为 60～80 厘米。有机质和速效养分含量低，宜先种植绿肥，以改良土壤结构。若土壤中有石砾或纯沙等不良结构层，深翻的深度以不超过不良结构层为宜。

（四）酸性土壤的改良

酸性土壤是指 pH 小于 7，一般 pH 在 4.5～6.0 的土壤总称。酸性土壤会使土壤有益微生物数量减少，抑制有益微生物的生长和活动，从而影响土壤有机质的分解和土壤中氮、磷、钾、硫等元素的循环；使病菌滋生，根系病害增加；造成营养元素的固定。例如，当土壤 pH 低于 6 时，红壤土中磷的固定率随着 pH 的降低而直线上升，由于磷被固定，严重降低了磷的有效利用率，严重影响刺葡萄生产发展；pH 低于 6 也会促进某些有毒元素（如铝离子等）的释放、活化、溶出；而且在酸性土壤上种植刺葡萄，植株生长不良、产量低、品质差。改良酸性土壤的方法如下：

（1）种植绿肥，如苜蓿、紫云英、油菜等，在其盛花期压入土中，改良土壤结构，增加土壤有机质。

（2）使用生石灰中和酸性，每亩用量 50～100 千克，在整地时均匀施入。以后每年施用生石灰的量可减少 50%，直至改造成为中性或微酸性土壤。

（3）增施生物有机肥、农家肥；施用生理碱性肥料，钙镁磷肥、磷矿石粉、草木灰、碳酸氢铵等，对酸性土壤有中和和改良效果。

（4）增加灌溉次数，冲洗淋淡酸性物质。

（5）控制废气二氧化碳的排放，制止酸雨发展，制止添加碳酸钠、氢氧化钙等土壤改良剂来改善土壤肥力和增加土壤的透水性、透气性。

（五）黏重土壤的改良

在我国长江以南的丘陵山区多为红壤土，土质极其黏重，容易板结，有机质含量少，且土壤严重酸化。改良的技术措施如下：

（1）掺沙，又称客土，一般1份黏土加上2～3份细沙。

（2）增施有机肥和广种绿肥作物，提高土壤肥力和调节酸碱度。但尽量避免施用酸性肥料，可用磷肥和生石灰（50～70千克/亩）等。适用的绿肥作物有肥田萝卜、紫云英、金光菊、豇豆、蚕豆、油菜等。

（3）合理耕作，实施免耕或少耕，实施生草法等土壤管理。

（六）沙性土的改良

在我国黄河故道和西北地区有大面积的沙荒地，这些地域的土壤构成主要为沙粒。湖南省的洞庭湖区大多为冲积土，土壤的沙性强，有机质极为缺乏，土表温度变化剧烈，保水、保肥性能差，对作物的生长极为不利。改良的技术措施如下：

（1）设置防风林网，防风固沙。

（2）发掘灌溉水源，地表种植绿肥作物，在两季作物间隔的空余季节，可以种植豆科作物，间作或轮作，以增加土壤中的腐殖质和氮素含量。

（3）培土填淤，大量施用塘泥或河泥，也是改良沙土的好方法。如果每年每亩施塘泥或河泥5～10吨，几年后土壤肥力必然能大幅度提高。

（4）施用纤维含量高的有机肥料，是改良沙质土壤的一种最有效的方法，即把各种厩肥、堆肥在春耕或秋耕时翻入土中。由于有机质的缓冲作用，同时也可以适当施一些可溶性的化学肥料，如铵态氮肥和磷肥，能够保存在土壤中不至流失。

（5）对沙层较薄的土壤可以深秋压沙，使底层的黏土与沙土掺和，以降低其沙性。

四、苗木定植

（一）行向与株行距

1. 行向

刺葡萄的行向应根据地形、风向、光照、架式等因素确定，以方便园区灌溉与耕作。篱架葡萄在平地上的行向多采用南北走向，南方地区由于高温高湿气候条件，真菌性病害严重，应特别注意通风。平地水平式棚架宜采用东西行向，刺葡萄枝蔓由南向北延伸，刺葡萄植株日照时间长，受光面积大，光照强，光合产物多。屋脊式棚架宜采用南北行向，刺葡萄枝蔓相向延伸，可减少相互遮阴。山地刺葡萄园行向根据坡向决定，应沿等高梯田种植，防止土壤冲刷流失；如果未修筑等高梯田，则采用随坡顺势行向。在有大风危害的地区，行向应尽量与大风的方向平行。

2. 株行距

刺葡萄的栽植密度根据架式而定，架式又与地势、土壤、作业方式有关。一般生长势强的刺葡萄植株，栽植在土壤肥沃、水热资源充足的地方时宜稀植，否则须密植。山地多采用篱架栽培，株行距一般为（1.5～2.0）米×（2.0～3.0）米，每亩栽植111～222株。平地多采用平棚架栽培，株行距一般为（1.5～2.0）米×（3.0～6.0）米，每亩栽植56～148株。为获得早期产量，可采用计划密植，密株不密行，待结果4～5年后，再隔株间伐达到原设计的密度。

（二）定植沟的准备

挖定植沟的时间一般在栽植前一年的秋天，可以减少春天栽植的压力，并可使挖出的深层土壤进行风化。挖沟可用人工挖，也可用挖掘机挖掘，注意将表土和深层土分别放在沟的两侧。

丘岗山地挖定植沟宽 1.0～1.2 米、深 0.8～1.0 米；平地挖沟宽 0.6～0.8 米、深 0.5～0.6 米；平地的土壤如果板结，则按丘岗山地的方法挖定植沟。

建园施基肥应根据园地的土壤状况决定，一般每亩施饼肥 150～250 千克、磷肥 100～150 千克、锯木屑 500～1 000 千克、人畜粪肥 1 000～2 000 千克、氮磷钾复合肥 40～50 千克、锌肥 2 千克、硼肥 2 千克、镁肥 2 千克；丘岗山地磷肥选用钙镁磷肥，湖区选用过磷酸钙。施肥前 10～15 天将饼肥与磷肥充分搅拌后加水堆沤发酵，隔 3～5 天加水翻拌，并用塑料薄膜覆盖保温、保湿。定植沟挖好后，先后将饼肥、磷肥、镁肥、锯木屑、人畜粪肥、锌肥、硼肥各一半均匀撒施于沟底，并深翻沟底将肥料与土充分拌匀；再回填一半土层，将上述另一半肥料均匀撒施后，将肥料与土拌匀，并捣碎大块土团至鸡蛋大小；然后将开挖土全部回填，再将复合肥均匀撒施 1 米宽，将肥料与土拌匀；之后，开沟整垄，垄沟宽 50～70 厘米、深 30～40 厘米，将肥料覆盖。此项工作应在栽苗前 1～2 个月完成。

（三）栽植

1. 栽植时期

我国长江以南地区气候温暖湿润，冬季很短，因此，刺葡萄苗从冬季落叶后至伤流前均可栽植，一般可在地温达到 7～10℃ 时进行。如栽植面积较大，栽植时间可适当提前。温室营养袋育苗可在生长期带土定植。

2. 苗木选择与处理

（1）苗木选择。选择一年生扦插苗或嫁接苗，最好是抗砧嫁接苗木。一般选择直径 0.8 厘米及以上，根系发达，具有 4 个以上成熟饱满的芽，无检疫性病虫害和机械损伤的苗木。

（2）苗木处理。

①苗木在定植前对枝蔓实行重剪，一年生苗通常留 2～4 芽剪

截，二年生以上苗也只留 4～6 芽剪截。

②对根系的修剪应尽量保留粗根和侧根，剪去受伤的根，并剪平根系断口，一般保留根长 20～30 厘米，有利新根的发生。

③远距离运输或受旱的苗木应放在清水中浸泡 12～24 小时，充分吸水后可提高苗木的成活率；对苗木用 50 毫克/升萘乙酸或 25 毫克/升吲哚丁酸浸根 12～24 小时可促进生长。

④栽植前进行苗木消毒，先用 50℃的温水浸泡刺葡萄苗 2～3 分钟后，再用 3～5 波美度的石硫合剂浸泡 1～2 分钟灭菌、杀虫，可减少在生长期的病虫害。

⑤对嫁接苗应及时解除嫁接膜，以防苗木缢死。

3. 栽植方法

栽植苗木时选择晴朗的好天气进行，可使苗木生长迅速、健壮，尤其是能提高干旱地区苗木的成活率，有利于适期结果。栽植的操作要求如下：

栽植时，在定植沟内苗木栽植点的中心位置，做成龟背形土堆，将苗木根系舒展地平铺其上，当填土高度超过根系约 10 厘米后，轻轻提苗抖动，使根系周围不留空隙，当继续填土与地面相平时，用脚踏实，使根系充分与土壤接触，再填土满穴。将苗扶正并立支柱，根颈略高于地面，如果是嫁接苗，嫁接口要高出地面 3～5 厘米。覆土完工后浇足定根水。

苗木定植后，畦面一般在雨后晴天采用黑色地膜覆盖，选用宽 1.0～1.2 米、厚 0.014～0.020 毫米的黑色地膜，在苗木处打一个直径 5 厘米的孔，将苗木引出膜外，以提高早期地温、保持土壤湿度、防除杂草。

4. 绿苗栽植

绿苗栽植即将早春（2—3 月）利用各种增温催根技术所培育的营养袋苗在 6 月中下旬栽植的方法。具体要求是：

（1）在栽植前 15～20 天进行炼苗，控制灌水，增加直射光照。

（2）绿苗要求有 3～4 片叶，高度达 10 厘米以上，有 3～4 条根。

（3）选择阴雨天或傍晚栽植，如果营养袋可以降解，将营养袋划破即可，否则须将苗木取出营养袋后栽植，保留原土栽入定植穴内。

（4）及时浇足定根水，经常保持土壤湿润，保持不缓苗，持续生长。

（5）根据苗木生长情况，及时立支柱、拉铁丝、绑新梢，勤施薄施追肥，喷药防治病虫害时结合叶面追肥，培育壮苗，为第二年结果奠定基础。

5. 栽植后的管理

（1）提高苗木成活率。 苗木定植后 10 天左右，一般芽眼开始萌动，在抽生新根前不宜浇水，以免降低地温和影响土壤通气。及时抹除嫁接口以下的砧木上长出的萌蘖。为防止因新梢生长而耗尽苗木自身贮藏营养而影响发根，应及时用 0.1%～0.2% 的尿素溶液喷叶片的背面，补充营养，促进苗木发根，以提高其成活率。

（2）促进植株生长。

①抹芽定蔓。开春后，葡萄苗木开始萌芽抽梢，当新梢长到 30 厘米时进行定蔓，保留一个生长健壮的枝蔓作为主蔓培养，其余新梢留 4～5 片叶摘心，利用叶片制造养料养根。

②松土除草。畦面未覆盖地膜的园地，应经常中耕除草，保持土壤疏松透气，促进发根。如果先已覆盖白色地膜，后期由于草荒也应去掉地膜，松土除草。

③追肥、灌水。萌芽后，天气干旱时应经常浇水，新梢生长到 8～10 片叶时开始追施氮肥，同时灌水，以加速苗木生长。后期追施磷、钾肥。新梢停止生长前后，可每隔 7～10 天连续喷施 0.2% 的磷酸二氢钾，以促进枝芽成熟。每次土壤追肥后都应立即灌水，以提高肥效，并防止肥害烧苗。

④立杆绑蔓。待苗木长达 30 厘米以上时，在苗旁立杆绑蔓，以加强顶端优势，促进苗木生长。

⑤摘心和副梢处理。根据整形要求选留的主干新梢达到 1.0～1.5 米后应立即摘心，如预计到生长后期达不到该长度，则应在结

束生长前 2 个月（长沙地区 9 月中旬）摘心，以促进主干加粗和枝条成熟。主干新梢上发出的副梢，留前端 2 个副梢分别往两边延伸至两株接头处摘心，作为主蔓培养。主干上位于主蔓以下抽生的副梢留 1 片叶绝后处理。主蔓上抽生的副梢，各留 3～4 片叶反复摘心，促进主蔓上冬芽充实。对生长势强旺的植株，也可延长一部分副梢培养成为结果母枝，这样既缓和了树势，又增加了第二年的产量。

⑥病虫害防治。对刺葡萄危害较大的是霜霉病、炭疽病、金龟子等病虫害，应及时防治，确保苗木生长正常，避免早期落叶。

⑦排涝抗旱。进入雨季应及时排水，避免积水，防止涝害；旱情来临之前，蓄好水，以满足刺葡萄生长发育之需。

⑧冬季修剪。于 12 月底至翌年 1 月底（伤流以前）进行冬剪，一般修剪至当年生已充分成熟的枝蔓，粗度 0.6 厘米以上，主干剪留 1.0～1.5 米，视第一道拉丝的高度剪留，主干上抽生的两个主蔓须根据主蔓粗细和成熟度修剪；主蔓上着生的结果母蔓留基部 1 个饱满芽剪截。

五、棚架建立

（一）搭建葡萄架

1. 架式

刺葡萄由于生长旺，一般采用大棚架架式。

2. 架材准备

（1）水泥柱。一般粗度为（10～12）厘米×（10～12）厘米，高度为 2.5 米，在上端 1.85 米处留一个孔做穿钢丝用，每亩用 90 根左右。

（2）钢丝。一般用 8～10 号防锈镀锌钢丝，每亩约用 225 千克。

3. 搭架技术

（1）布局边柱。在园地四周布局边柱，边柱深埋 60 厘米，与地面倾斜呈 75°，葡萄园四周每根边柱要埋好拉线，拉线捆扎重

20 千克的石头，深埋 70 厘米，使拉线与边柱呈三角形。

（2）架设主线。首先按 3 米×3 米的距离埋好水泥柱，水泥柱埋 60 厘米深，架高 1.8 米，在左右两边的边柱上架设主线，在柱端固定，并使主线两端与拉线结合固定，主线用 3 股铝线即可。

（3）铺设面线。利用工具将铝线分开，在主线上铺设面线，使之形成网格，格幅 40 厘米，面线用一般铝线即可。

（二）避雨棚建立

1. 简易避雨棚

刺葡萄抗病能力强，但在南方高温高湿的气候条件下易感霜霉病、炭疽病，最好实行避雨栽培，以保证刺葡萄产量和品质，获得更高的经济效益。

（1）简易刺葡萄避雨棚配置标准。简易刺葡萄避雨棚配置标准如表 5-1 所示。

（2）简易刺葡萄避雨栽培棚架建设主要技术参数。

①棚宽 6.0 米，长度因地块而定，最好不要超过 52.0 米，棚向为南北向。

②钢管材质为 Φ25×1.5 的热镀锌钢管。

③压膜槽为 0.7 毫米厚热镀锌钢。

④建棚流程。先在刺葡萄园定点立钢管柱，边柱地上高度 2.0 米（柱高 2.5 米，埋入地下 0.5 米），中间立柱高度 3.5 米。然后棚顶装 1 排连接杆，两边装 2 排压膜槽，压膜槽用压膜槽紧固件卡在立柱上，大棚膜为宽 7 米、厚 0.08 毫米长寿无滴膜，覆盖后两头用压膜卡固定，棚膜上用压膜线压紧即可。

2. 避雨棚构建

避雨栽培是以避雨为目的将薄膜覆盖在树冠顶部的栽培方法。它是介于大棚栽培和露地栽培之间的一种类型。在我国长江以南地区，由于降水量较大，露地葡萄病害较重，产量低，品质差，特别是抗病较差的欧亚种葡萄，种植受到限制，避雨栽培是克服这一问题的有效途径。

表 5 - 1 简易单体葡萄避雨棚材料清单（宽 6 米、长 52 米）

序号	产品名称	规格（单位：毫米）	数量	质量要求及主要参数
1	立柱	$\Phi50\times2.0\times3\,000$	28 根	
2	纵梁	$\Phi40\times2.0$	104 米	
3	横梁	$\Phi40\times1.5\times5\,950$	14 根	
4	拱杆	$\Phi25\times1.5\times6\,800$	53 套	
5	纵拉杆	$\Phi25\times1.5$	156 米	
6	吊杆	$\Phi25\times1.5\times1\,650$	14 根	1. 棚体结构设计与建造质量，应达到当地最大抗风、抗雪、抗雨等自然灾害的最高等级要求。棚向以南北向为宜，棚长以不超 60 米为宜
7	斜撑	$\Phi25\times1.5\times1\,800$	28 根	
8	M 撑	$\Phi25\times1.5\times950$	28 根	
9	卡槽	$0.7\times4\,000$	336 米	
10	卡簧	抗风浸塑	336 米	
11	卷膜杆	$\Phi25\times1.5\times6\,000$	104 米	2. 立柱埋深 50 厘米以上，埋深立柱段加焊 2 根长 20 厘米的 $\Phi14$ 螺纹钢，增强抗风抗灾能力，立柱埋深采用 0.5 米×0.5 米×0.5 米以上的 C30 混凝土浇筑
12	侧膜	0.08×500	104 米	
13	顶膜	$0.08\times7\,000$	54 米	
14	卷膜器	手链式	2 套	
15	压膜线	抗风加厚	400 米	
16	八字簧	抗风加厚	106 个	
17	立柱与横梁连接件	$\Phi50\times\Phi40\times\Phi10$ 双孔	56 套	3. 建棚管材采用 Q195 以上材质，全部配件厚度不得小于对应管材厚度，所有建棚钢材采用热浸锌或防腐防锈和抗老化处理
18	纵梁直接连接件	$\Phi40$ 管内直接	19 套	
19	拱杆接头	$\Phi40\times\Phi25$ 管连接件	106 套	
		$\Phi25\times\Phi25$ 管连接件	53 套	
20	纵拉杆连接件	$\Phi25$ 管内直接	28 套	4. 建棚时按园区总体规划，定点放线，测定立柱水平高度，各种连接件采用螺栓紧固，螺栓质量等级采用 8.8 级以上，棚模用耐高温长寿膜
		$\Phi25$ 夹抱箍	6 套	
21	吊杆连接件	$\Phi25$ 夹抱箍	14 套	
		$\Phi40$ 夹抱箍	14 套	
22	斜撑连接件	$\Phi25$ 夹抱箍	28 套	
23	M 撑连接件	$\Phi25$ 夹抱箍	28 套	
24	卡槽连接片	加厚	84 个	
25	卷膜杆直接	$\Phi25$ 管内直接	18 套	
26	压顶簧	$\Phi25\times\Phi25$	159 个	
27	自攻丝	$M5\times25$	500 个	
28	连接螺栓	$M10\times60$	30 套	
		$M8\times40$	300 套	

（1）篱架覆盖。在单壁篱架的顶部顺行向搭建简易小拱棚，木横梁 1.2～1.4 米，拱杆用竹子做成，骨架搭好后，用宽 2 米、厚度 0.03～0.05 毫米的耐高温长寿薄膜覆盖在骨架上，薄膜两边翻卷用胶黏剂粘合，膜上横向拉压膜线，50 厘米一道（图 5-1）。

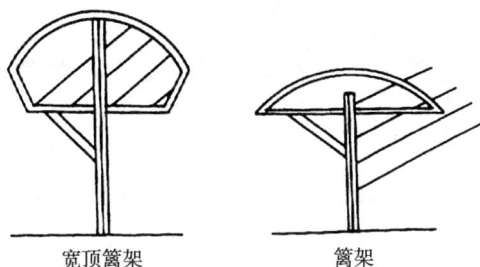

宽顶篱架　　　　篱架

图 5-1　篱架简易覆盖（姚磊　图）

（2）水平架波浪形避雨棚。葡萄园行距 2.5 米，每块以 30 厘米宽的水沟相隔，沟深以便于排水或灌水为度。避雨棚顶部离地 2.3 米，于 1.8 米以上处建避雨棚，棚宽 2.2 米，棚高 0.5 米。棚顶与棚边用木条固定，用竹片做成弓形并扎钉。每 50 厘米钉 1 竹片。竹片上覆膜，膜厚 0.06 毫米，每 50 厘米用一压膜线，膜的宽度以盖至棚边或稍宽为宜。每一单架加两根横梁，离地 105 厘米处一根（60 厘米长），离地 140 厘米处一根（80～100 厘米长），横梁可用钢管或杂木条或粗楠竹等。每一单架有三层六道铁丝，第一层铁丝离地 80 厘米，双道（绕柱），第二层铁丝、第三层铁丝分别固定在横梁两端，一般采用 10 号铁丝。端柱 12 厘米×12 厘米×280 厘米，埋入土中 50 厘米，用铁丝绑锚石埋于土中或用柱作边撑以固定，防止倒塌。中柱 10 厘米×10 厘米×280 厘米，横梁固定处可留 1 孔穿铁丝，柱间距 6 米，中间柱埋于土中 50 厘米。水平架波浪形避雨棚雨水在波谷流下入排水沟，这样可尽量保护架面，仅在波谷处受到雨淋，影响较小。在充分避雨的前提下，膜覆盖面越小越好，以保证棚内良好的通风性能。为避免薄膜在架面上形成高温损伤叶片，葡萄枝蔓顶部离架面以 30～40 厘米为宜（图 5 - 2）。

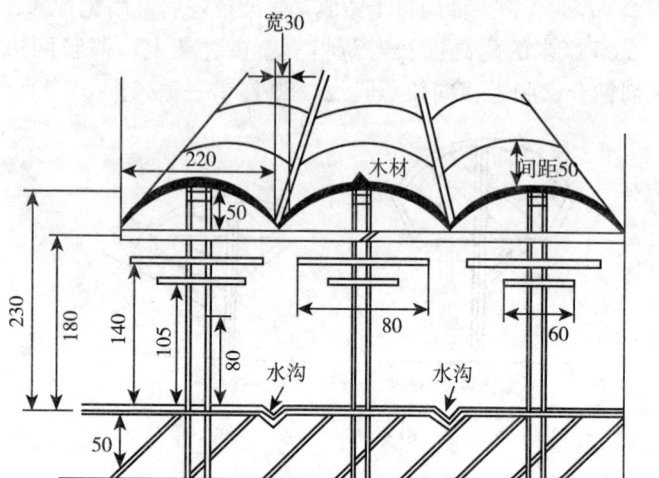

图 5 - 2　葡萄波浪形避雨棚（单位：厘米）（姚磊　图）

（3）装配式镀锌钢管大棚。避雨设施可以直接采用联合 6 型、8 型装配式镀锌钢管大棚（图 5 - 3）。适宜的棚长度为 30～45 米，棚宽为 6～8 米，棚顶高为 3～4 米。棚间距 1 米左右，南北向搭建。6 米大棚每个大棚种植 2 行葡萄，8 米大棚种植 3 行葡萄。棚顶覆膜可选聚乙烯膜（PE）或乙烯-乙酸乙烯膜（EVA），无滴类型，厚度 0.06～0.08 毫米。

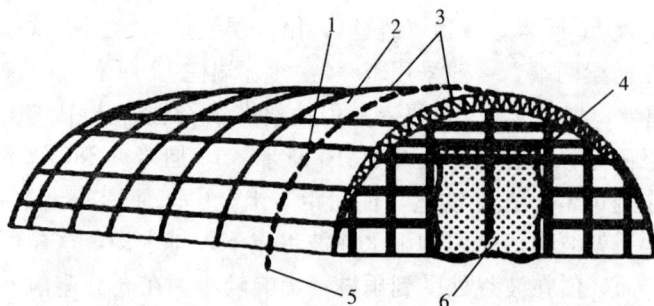

图 5 - 3　装配式镀锌钢管大棚（姚磊　图）

1. 压膜线　2. 棚膜　3. 钢结构桁架　4. 卡槽　5. 地锚　6. 门

(4) 避雨棚架设施。相关内容请参照《南方葡萄优质高效栽培新技术集成》（石雪晖，杨国顺，金燕，2014，中国农业出版社）一书中第 146～156 页。

六、刺葡萄避雨栽培技术要点

（一）搭建好避雨棚

（1）棚架中心高 3.5 米，宽 5.3 米，长度最好控制在 30 米内，棚向最好是南北走向，薄膜使用无滴膜，覆盖至刺葡萄架面以上。

（2）棚内安装滴灌设施，在高温季节保持土壤湿润，以防高温产生烧叶。

（3）铺银灰色反光地膜，增加光照，防止杂草生长。

（二）管好园子

1. 冬季休眠期管理

（1）搞好冬季修剪，清洁田园。对病虫枯枝全部剪除；因树采取不同的修剪方式，成年园一般留 1～2 芽修剪。同时，清除修剪留下的枯枝落叶并集中烧毁，消灭越冬的病虫害。

（2）冬季施好基肥。结合冬季挖园，全园每亩撒施有机肥 2 000 千克、45％硫酸钾复合肥 100 千克、茶枯 50 千克防治根部病虫害，时间最好在 10 月中下旬。

（3）病虫防治，主要是打好两次药。第一次，在全园修剪并将地面所有残叶、残枝收集且统一集中烧毁后，用 3～5 波美度的石硫合剂进行喷洒消毒。第二次，在 3 月上旬刺葡萄萌芽前，再喷一次松脂酸钠或石硫合剂，彻底消灭越冬的病虫害。

2. 春夏生长期管理

（1）喷药以保护性药剂为主。如大生 M-45、百菌清等。

（2）注意灰霉病的防治。避雨刺葡萄霜霉病的发生会减轻，但灰霉病的发生率增高，选择对口药剂进行防治。

（3）注意控产保叶。生产高品质的刺葡萄必须控制产量，亩产量最好控制在 2 000 千克以内，尽量多留叶片，在果穗以上 3 片叶摘心，生长中后期喷施磷酸二氢钾等保叶。

（4）气温在 37℃ 以上的天气一定要保持土壤湿润，防止蒸腾过大发生"烧叶"现象。

（编者：蒲莉芳）

第六章

刺葡萄园土、肥、水管理

刺葡萄从定植到衰亡的整个生命过程，需要不断地从土壤中吸收大量的水分和养分，以满足其生长发育。因此，刺葡萄园的土壤管理是栽培管理中最重要的技术措施之一，如果在土质瘠薄的山地、丘陵地建园，一般须深翻改土和加厚活土层，以获得丰产、优质的刺葡萄果实。

一、土壤管理

（一）深翻改土

1. 土壤翻耕的作用

深翻改土是土壤管理的重要内容。深翻可以疏松土壤，提高土壤肥力，扩大根系分布的范围，主要分为建园定植前的深翻或挖定植沟等来对土层进行深翻改良，以及之后刺葡萄园日常管理中进行的土壤翻耕。刺葡萄是喜肥喜水作物，根系发达。翻耕可发挥如下作用：

（1）改变土壤的水、热、气状况。翻耕时结合施有机肥则效果更佳，不仅可以疏松耕作层，而且还可以改变土壤板结的现象，对上、中、下三层土壤都起作用。深翻压绿可增加土壤的孔隙度，降低土壤容重，增加土壤有机质，增强土壤保肥保水能力，使土壤成为刺葡萄植株的养料库，为其丰产稳产打下物质基础。

（2）通过翻耕，刺葡萄根系显著增加，引根深扎，扩大了根群的吸收范围，能促进根系生长。

（3）有利树势的增强和提高产量。无论是枝梢生长量，还是叶幕层体积和单株产量，都有明显提高。

2. 深翻时间

长江以南地区以采果后结合秋施基肥（10—11 月）进行深翻效果最佳，此期地温较高，伤根易愈合，可发新根，有利于翌年生长、结果。且由于结合施基肥，有利于树体贮藏营养的积累，从而促进刺葡萄根系的活动及树体的生长发育。

3. 深翻方式

深翻的方式需要因地形和土壤灵活采用。

（1）深翻扩穴（放树窝子）。深翻扩穴即采用定植穴定植的刺葡萄定植数年后，再逐年向外深翻扩大栽植穴，直至株间全部翻遍为止。这种方法每次深翻范围小，需要 3～4 次才能完成全园深翻。每次深翻可结合施入粗质有机肥料。

（2）隔行深翻。隔行深翻即隔一行翻一行，山地和平地刺葡萄园因栽植方式不同，深翻方式也有差异。实行隔行深翻，分两次完成，每次只伤一侧根系，对刺葡萄生育的影响较小。行间深翻便于机械化操作。

（3）全园深翻。全园深翻即将栽植穴以外的土壤一次深翻完毕。这种方法适于机械化操作，翻后便于平整土地，有利果园耕作。

上述几种深翻方式，应根据刺葡萄园具体情况灵活运用。一般小树根量较少，一次深翻伤根不多，对树体影响不大；成年树根系已布满全园，以采用隔行深翻为宜。山地刺葡萄园的深翻应根据坡度及面积大小而定，以便于操作、有利于刺葡萄生长为原则。

4. 深翻方法

（1）深翻扩穴时须与原来定植穴打通，不留隔墙，打破"花盆"式难透水的穴；隔行深翻使定植穴与沟相通。

对于撩壕栽植的刺葡萄园，宜隔行深翻，且应先于株间挖沟，使扩穴沟与原栽植沟交错沟通，并与排水沟相通，彻底解决原栽植沟内涝问题，对于黏重土壤的果园尤为重要，以达到既深翻改土又治涝的目的。

（2）深翻一定结合施有机肥。深翻时，将地表熟土与下层生土分别堆放，回填时须施入大量有机物质和有机肥料。生土与碎秸秆、树叶等粗有机物质分层填入底层，强酸性土壤宜施入适量石灰；熟土与有机肥、磷肥等混匀后填在根系集中层。每翻 1 米^3 土加施有机肥 20～40 千克。

（3）深翻深度应视土壤质地而异。黏重土壤深翻应深（在 80 厘米以上），并且回填时应掺沙；山地果园深层为沙砾时深翻宜较深，以便拣出大的砾石；地下水位较高的土壤宜浅翻，以免使其与地下水位连接而造成危害。

（4）深翻时尽量少伤根，以不伤骨干根为原则。如遇大根，应先挖出根下面的土，将根露出后随即用湿土覆盖。剪平伤根的断口，根系外露时间不宜过长，避免干旱或阳光直射，以免根系干枯。

（5）深翻后必须立即浇透水，使土壤与根系密切接合，以免引起旱害。

（二）清耕

清耕法是指在果园内不间种作物，在生长季内多次浅清耕、松土除草，以保持果园表面裸露的土壤管理方法。一般在灌溉后或根据杂草生长情况进行清耕除草。

清耕的目的是清除杂草，减少水分蒸发和养分消耗，改善土壤通气条件，促进微生物活动，增加有效养分，减少病虫害，防止有害盐类上升等。为满足刺葡萄根系生长发育的需要，在日常的土壤管理中要保持土质疏松、肥沃，并经常注意改善土壤的透气性、增加有机质。

1. 清耕方法

（1）应根据当地气候和杂草生长情况而定，在杂草出苗期和结籽前进行除草效果更好。

（2）清耕深度一般为 5～10 厘米，里浅外深，尽量避免伤害根系。

（3）对于幼年园，为避免杂草与刺葡萄争夺肥水，可结合间作物的管理，多次清除树盘杂草，以保持疏松无杂草的土壤环境。

2. 清耕的利弊

（1）清耕的好处。采用清耕法的果园松土除草时，可避免杂草与果树争夺养分与水分，也可使土壤保持疏松通气，在刺葡萄幼苗期可避免其与杂草竞争营养，有利于幼苗的生长。

（2）清耕的弊端。长期使用清耕法的果园土壤表面裸露，表土流失严重，团粒结构易受破坏，土壤有机质含量降低快，增加了对人工施肥的依赖，也容易出现各种缺素症，造成树势减退以及生理障碍，并且劳动强度大、费时费工，不宜在果园长期采用此法。

（三）生草

生草栽培是在刺葡萄园的行间实行人工种草或自然生草，这是国际上常采用的土壤管理方法。

1. 采用生草栽培的作用

（1）园地不用耕作，从而减弱了雨水对地表土层的冲刷，防止水土流失，增加了土壤有机质，改善了土壤的理化性状，促进土壤团粒结构的形成。

（2）生草还可以调节地面温度，在南方高温和地下水位低的地区，夏季覆草可以降低地温，防止土壤淋失，减少土壤水分蒸发，有利根系的生长。

2. 生草方法

生草可以在全园进行，也可以在行间生草、行内清耕。

（1）人工种草，一般可在刺葡萄行间种苜蓿、草木樨、三叶草等草类。自然生草则可利用果园内自然生长的草，根据草的种类尽量留取低矮、根系浅的种类，不对其耕锄，注意控制草的高度。

（2）为了防止草与刺葡萄争夺肥水，必须在适当的时候进行刈割处理，以达到增肥保水的目的，可保证刺葡萄枝蔓的生长和果实的发育。

（3）在干旱地区，注意在每次刈割后应增施氮肥并浇水，以补充刺葡萄生长的需要，避免杂草与刺葡萄争夺养分。

（4）刺葡萄园的草经多次刈割后覆盖于行间，既可降温保湿，又可增加土壤有机质及提高有效磷、钾、镁的含量，并且可以改良土壤结构。

（四）种植绿肥

1. 种植绿肥的作用

在刺葡萄园种植绿肥，做到养地与用地相结合，既可提高土壤利用率、增加早期生产收益，又可提高土壤肥力，达到以短养长的目的。

2. 种植绿肥的时期

（1）夏季绿肥。 6—8 月正是夏季绿肥收获季节，有豇豆、赤豆、绿豆等，翻压的适期一般是：豆科作物在初花至盛花期，田菁在现蕾期。翻压最好选择在鲜株产量和养分含量最多，且木质化程度较低的时期进行。翻压过早，鲜草产量低；翻压过迟，不利于养分的分解。

（2）冬季绿肥。 冬季绿肥一般在 9—10 月播种，宜早不宜迟。冬季绿肥主要有肥田萝卜（又称满园花）、油菜、燕麦、黑麦、豌豆、苕子、紫云英、黄花苜蓿、蚕豆、三叶草等。冬季是刺葡萄休眠期，绿肥与刺葡萄争夺水的矛盾不大，从生产角度来考虑，冬季不是刺葡萄生长的主要季节，绿肥不会影响刺葡萄的生长，但是绿肥品种的选择还应根据刺葡萄园的具体情况决定。

根据刺葡萄年生长发育周期的肥水需求特点，在间种绿肥时，应以冬季绿肥为主，冬、夏季绿肥相结合。刚开垦的瘠薄地刺葡萄园，以间种适应性强、耐瘠薄的肥田萝卜、油菜、燕麦、黑麦等为宜；土壤初步熟化后，再种绿豆、豌豆、苕子等豆科绿肥；已经熟化的土壤，可间种紫云英、蚕豆和黄花苜蓿等。

3. 种植绿肥的方法

（1）行间带状种植适合于行间较宽的刺葡萄园。梯田梯壁上均可种绿肥。全园种植多用于水土易流失的坡地，其抗旱效果优于覆盖。

（2）播种时以磷肥拌种效果较好，一般多数绿肥每亩播种量3～5千克。提倡混播，例如，紫云英中混播满园花，由于紫云英固氮多，满园花直立生长，可充分利用空间，满园花还可以吸收土壤中难溶性磷、钾等，混播可提高氮、磷、钾的总体水平。同样，救荒野豌豆（箭筈野豌豆）也可混播一些满园花、燕麦等。

（3）播种前若土壤过干，则宜先灌水后翻耕。播种后若遇秋冬干旱，应灌水润湿土面，使出苗整齐，苗生长壮实。立春后气温回升，注意追施尿素或稀薄人畜粪肥，促进绿肥生长。

（五）合理间作

刺葡萄园间作是以自然仿生学、生态经济学原理为依据，将刺葡萄与低矮作物互补搭配而组建具有多生物种群、多层次结构、多功能、多效益的人工生态群落，通过利用近地面空间和浅层土壤营养与水分，提高光能利用率和土地利用率。

间作是立体农业的中心内容之一，是提高土地利用率、增加物质生产和经济效益的一项有效土壤管理措施。不仅幼龄葡萄行间可以间种经济作物，而且成龄葡萄园的架下也可间种耐阴的药材、食用菌等。

1. 间作物的选择原则

（1）间作物植株要矮小，不影响刺葡萄光照。

（2）生育期短，避开刺葡萄旺盛生长期，充分利用时间差。

（3）与刺葡萄没有共同的病虫害，而且用药时对两种作物都不产生伤害。

（4）不与刺葡萄发生激烈的水分和养分竞争，不影响刺葡萄的生长发育。

（5）间作物有较高的经济效益等。

2. 间作物的种类

总结我国各地的生产经验，刺葡萄园间作物大致有如下七类：

(1) 豆类。大豆、赤豆、绿豆、蚕豆、豌豆、矮生菜豆等。

(2) 薯类。马铃薯、甘薯等。

(3) 水果类。草莓、西瓜、甜瓜等。

(4) 蔬菜类。胡萝卜、萝卜、冬瓜、西葫芦、菠菜、葱、小白菜。

(5) 矮小花草类。各种一年生矮小草本花卉、多年生矮小木本花卉、各种草坪等。

(6) 根生作物类。甜菜、花生等。

(7) 食用菌和中药材类。黑木耳、香菇、草菇、金针菇等；细辛、天麻等。

3. 间作要求

（1）间作物应与刺葡萄植株定植点相距 0.5 米以上。

（2）刺葡萄开花期和浆果着色期，间作物尽量不灌水，以免影响刺葡萄坐果和着色。

（3）间作物不能使用含有 2，4 - 滴成分的农药和除草剂，以防伤害刺葡萄叶片。

（六）地面覆盖

地面覆盖是指在刺葡萄园内于萌芽前后在地面覆盖地膜、防草布、秸秆、稻草、山青、锯木屑、塘泥等材料的土壤管理方法。在旱季前中耕后覆盖于树盘或全园，树盘覆盖时一般每株用鲜料 70～100 千克。覆盖物经分解腐烂后成为有机肥料，可改良土壤。

1. 地面覆盖的好处

（1）可抑制杂草生长、减少地面蒸发、防止水土流失，稳定土壤温湿度。

（2）物候期提前。覆膜后地温高，根系活动提早，果实提早4～6 天成熟。

（3）有利于根系生长发育，骨干根总数增多，细根数量在 25 厘米以上土层内增加 1 倍多，而在中、下层的分布反而有所减少。

（4）枝粗叶茂。地下吸收能力增强，地上枝叶健壮，从而使光合作用加强，同化产物增加。

（5）抗病性增强。由于增强了树势，抗病性明显增强，有试验结果表明叶片发病率下降45％。

（6）提高品质和产量。有试验结果表明，平均提高含糖量1％左右，平均粒重增加15％，穗重增加10％左右。

2. 地面覆盖的弊端

在园地进行地面覆盖的弊端是容易导致刺葡萄根系上浮，南方地区旱季应增加灌水，以防土壤干裂造成表层断根。

（七）免耕

免耕法，又称最少耕作法或保护性耕作法，即尽量对土壤不进行耕作，栽种时仅满足刺葡萄植株得到恰当的覆盖即可。免耕法中土壤应保留前茬经济作物或绿肥作物残茬覆盖，栽种后这些作物残茬大部分应保留在未扰动的土壤表面。

免耕系统中作物残茬还田，可以减少成本和降低能耗，不但保护了土壤，而且通过碳循环过程促进了植物碳向土壤有机质转化，有助于控制土壤侵蚀及改善土壤入渗能力，增加土壤肥力，促进养分元素循环，减少土壤板结，改善水质，减少土壤碳排放，抑制土壤害虫活动。

实行免耕法禁止使用除草剂，尤其是莠去津（阿特拉津）和2，4-滴，否则严重污染土壤，果品不符合绿色果品要求。

二、营养与施肥

（一）营养元素的生理效应

葡萄一旦种植一般就会固定在一个地块生长几年、几十年，土壤中的养分会被根系大量吸收，因此，需要不断通过施肥得以补充，才能满足葡萄每年生长发育所需，否则将对葡萄的生长和结果产生严重影响。

1. 葡萄所需营养

葡萄在整个生命活动中，营养物质需要量较大的有氧、氢、碳、氮、磷、硫、钾、钙、镁等元素，这些元素一般被称为大量元素；硼、铁、锰、锌、钼、氯、铜等需要量少，但对葡萄的生长发育有很大的作用，因而被称为微量元素。除氧、氢、碳外，其余元素主要由根系吸收到植株内部，有时也可从绿色部分渗入植物体内，如叶面喷肥。

2. 各营养元素的生理功能

不同的营养元素对葡萄的生理作用，概括起来主要有两点：一是作为生命物质、原生质的组成成分，在植物的组织结构中起作用（如细胞壁），以及构成各种生命活动过程的能源；二是具有调节功能，但不参与调节过程中某一具体物质的构成。然而，各个元素参与葡萄生命过程后的作用又截然不同。

（1）大量元素。

①氮。氮是组成各种氨基酸和蛋白质所必需的元素，而氨基酸又是构成植物体中的核酸、叶绿素、磷脂、生物碱、维生素等物质的基础。氮肥在葡萄整个生命过程中主要促进营养生长，扩大树体，使幼树尽早成形、老树延迟衰老，因而氮肥又被称为枝肥或叶肥。此外，氮还具有提高光合效能、增进品质和提高产量的效应。由于氮是叶绿素、蛋白质等的重要组成部分，因此，缺氮时叶色黄化，影响糖类和蛋白质等的形成，枝叶量少，新梢生长势弱，落花落果严重；长期缺氮，则导致植株利用贮存在枝干和根系中的含氮有机化合物，从而降低植株氮营养水平，具体表现为萌芽开花不整齐，根系不发达，树体衰弱，植株矮小，抗逆性降低，树的寿命缩短。

随着氮施用量的加大，产量也相应增加。但如施用量过多，而其他各种矿质元素不能按比例增加时，又会引起枝叶徒长，消耗大量糖类物质，影响根系生长，花芽分化受阻，落花落果严重，产量低、品质差，植株的抗逆性降低。因此，只有适时适量供应氮，才能保证葡萄植株生命活动的正常进行。

②磷。磷是构成细胞核、磷脂等的主要成分之一，积极参与糖类的代谢和加速多种酶的活化过程，调节土壤中可吸收磷的含量，促进花芽分化、果实发育、种子成熟，增加产量和改进品质，还能提高根系的吸收能力，促进新根的发生和生长，提高抗寒和抗旱能力。

缺磷，酶的活性降低，糖类、蛋白质的代谢受阻；影响分生组织的正常生长活动，延迟萌芽开花物候期，降低萌芽率；新梢和细根的生长减弱；叶片小，积累在组织中的糖类转变为花青素，叶片由暗绿色转变为青铜色，叶缘紫红色，出现半月形坏死斑，基部叶片早期脱落；花芽分化不良，果实品质和植株抗逆性降低。磷过多，又会抑制氮、钾的吸收，并使土壤中或植物体内的铁不活化，植株生长不良，叶片黄化，产量降低，还能引起锌不足。因此，在施磷肥时，要注意与氮、钾等元素间的含量比例关系。

③钾。钾对糖类的合成、运转、转化起着重要的作用，可促进果实肥大和成熟，提高品质和耐贮性，并可促进枝条加粗生长和成熟，提高抗寒、抗旱、耐高温和抗病虫害的能力。葡萄是喜钾的作物，整个生长期间都需要大量的钾，尤其是在果实成熟期间的需要量最大，因而有钾质作物之称。缺钾的可见症状出现在夏初新梢中部的叶片上，首先是叶缘褪绿黄化，逐渐进入主脉间区域，并向叶片中央延伸；叶缘出现的褪色枯斑向上或向下卷曲，叶片逐步变成黄绿色。钾在葡萄各器官的分布随物候期而变化：由于钾的可移动性强，因而以生长旺盛部位及果实内含钾最多；晚秋葡萄进入休眠期，钾又可运转到根部，还有一部分随落叶回到土壤中。

④硫。硫是生命物质的必要组成元素。没有硫，作为生命基础物质的蛋白质也不能形成，因为几乎所有的蛋白质都离不开含硫氨基酸。所以，硫被认为是植物的第四营养物质，其需要量排在氮、磷、钾之后，硫的需要量约为氮的 1/7。硫是蛋白质、氨基酸、维生素、辅酶的组成成分，它的重要性仅次于氮。硫有助于酶和维生素的形成，影响叶绿素的形成和光合作用的进行，与色素、乙烯和次生代谢物的生成相关联。硫能维持细胞膜的结构，增强抗逆性。

葡萄吸收的硫，是硫酸形态的硫，称为有效硫。硫酸盐（如硫酸铵）是主要的速效性硫肥。有机质是大多数土壤中硫的主要来源，有机质的含量和微生物的分解速率，影响葡萄吸收有效硫的量。硫酸盐形态的硫带有负电荷，不易被土壤胶体颗粒所吸收，留在土壤溶液中并随水流动，所以容易被淋失，尤其是在降水多的沙地，更易流失。

在合理施用氮、磷、钾的基础上，再施用足够数量的硫肥，对改善葡萄果实的品质、提高营养价值有明显效果，并且有着色好、色泽鲜艳、果穗整齐、果粒增大、口感良好和抗御病毒的效果，同时可以促进植株对大量元素的吸收和运转，为葡萄增产奠定物质基础。

⑤钙。钙在植物体内起着平衡生理活性的作用，适量的钙可减轻土壤中钾、钠、锰、铝等离子的毒害作用，使植株正常吸收铵态氮，促进根系的生长发育。钙还是细胞壁的组成部分。缺钙会影响氮的代谢和营养物质的运输，不利于铵态氮吸收，蛋白质分解过程中产生的草酸不能很好地被中和而对植物产生伤害。缺钙的主要表现：新根短粗、弯曲，尖端不久褐变枯死；叶片较小，严重时枝条枯死和花朵萎缩。缺钙与土壤 pH 或其他元素过多有关：当土壤为强酸性时，则有效钙含量降低；含钾量过高会造成钙的缺乏。钙过多，土壤偏碱性而板结，使铁、锰、锌、硼等成为不溶性形态，导致植株缺素症的发生。

⑥镁。镁是叶绿素和某些酶的重要组成成分，对植株的光合作用和呼吸代谢有一定的影响；镁也可促进果实肥大，增进品质。缺镁使叶绿素不能形成，出现失绿症，尤其在叶脉之间形成黄绿色、黄色或乳白色，植株生长停滞，严重时新梢基部叶片早期脱落。

（2）微量元素。

①硼。硼能改进糖类和蛋白质的代谢作用，促进花粉粒的萌发和子房的发育；有利于根的生长及愈伤组织的形成；能提高维生素和糖的含量，增进品质。

缺硼会使花芽分化、花粉的发育和萌发受到抑制，坐果率明显降低。叶片缺硼的症状既像皮尔氏病（Pierce's disease），也像西班牙麻疹病（Spanish measles）。幼叶出现油浸状的黄白色斑点，叶脉木栓化变褐，老叶发黄向后弯曲，花序发育瘦小，豆粒现象严重，种子发育不良，果形变弯曲。硼主要分布在生命活动旺盛的组织和器官中。葡萄一般开花期需要硼较多，如能在开花期酌情喷硼，可减少落花落果，提高坐果率。

②锌。锌参与生长素的合成，又是碳酸脱氢酶的组成成分。缺锌的典型症状是小叶病，即新梢顶部叶片狭小或枝条纤细，节间短，小叶密集丛生，质厚而脆，严重时从新梢基部向上逐渐脱落。这是由锌的缺乏导致生长素含量低而引起的异常生长。缺锌还造成大小粒现象，但果粒不变形或不出现畸形果粒。

锌肥如硫酸锌，可与有机肥混合后土施，也可叶面喷施。土施的常用量为每公顷 4～11 千克；叶面喷施的浓度为 0.1%～0.2%。土施有效期长，见效慢；叶面喷施，见效快，但有效期短。

③铁。铁是光合作用中氧化还原的触媒剂，又与叶绿素的形成有密切关系；铁还是呼吸作用中氧化酶的重要组分之一。缺铁会影响叶绿素的形成，幼叶失绿，叶肉呈黄白色，叶脉仍为绿色，所以缺铁症又称黄叶病。严重缺铁时，叶小而薄，叶肉呈黄白色或乳白色，随病情加重，叶脉也失绿成黄色，叶片出现栗褐色的枯斑或枯边，逐渐枯死脱落，甚至发生枯梢现象。植株一般能利用的为二价铁。往往土壤中含铁量很高，但由于是三价铁而不能被植株利用，仍表现为缺铁症。

④锰。锰是酶的组成成分，它能激化几种重要的代谢反应。它通过帮助叶绿素的合成而在光合作用中发挥作用。锰能加速萌发和成熟，增加钙、磷的有效性，提高维生素 C 的含量。缺锰时，幼叶叶脉间黄化，叶片边缘变黄。碱性土壤易出现缺锰症状，土壤水分过多也会影响锰的有效性。土壤缺锰时，可将可溶性锰盐如硫酸锰与有机肥混合后施入，也可叶面喷施。一般用量是每公顷 11 千克左右。葡萄是对锰敏感的果树，施肥时应注意施锰，特别是碱性土壤上的葡萄园。

⑤铜。铜为叶绿素合成所需，且能催化若干生物过程。铜制剂

波尔多液作为葡萄的杀菌剂，已经应用了 100 余年，对葡萄的丰产起到了重要作用，所以人们较少研究铜在葡萄生长发育过程中的生理作用。但一般认为铜在植物体内可以一价或二价阳离子存在，在氧化还原过程中，起电子传递作用。铜是某些氧化酶的组成成分；叶绿素中有一个含铜的蛋白质，因此，铜在光合作用中起重要作用。

⑥钼。钼是形成硝酸还原酶所必需的，这种酶在葡萄树体内可把硝酸盐还原为铵，被葡萄所吸收和利用，所以钼对光合作用和生长发育都有重要作用。钼在无机磷转化为有机磷的过程中也有重要作用。缺钼时葡萄整株黄化，生长缓慢，枝条变形，叶片出现淡绿色斑点，果实着色不良。缺钼症状的轻重与土壤 pH 有关。随着土壤 pH 增高，钼的有效性增大，这与其他微量元素相反，所以酸性土壤易缺钼。多施磷酸盐有利于葡萄吸收钼，而多施硫酸盐则可能诱发缺钼。将钼酸钠、钼酸与氮、磷、钾配合施用或叶面喷施，都对矫正缺钼症状有效果。

⑦氯。在光照条件下，氯参与水的化学分解，并能活化某些酶系统。它有助于钾离子、钙离子、镁离子的运输，并能通过帮助调节气孔保卫细胞的活动，控制水的散发损失。氯在土壤中的移动性很强，含量也很丰富，所以很少发生缺氯症状，而比较常见的是由于管理不当，土壤中氯的含量过高，对葡萄造成毒害。

⑧钛。钛作为一种无机营养元素还未在葡萄生产上广泛应用。但有研究报道，在玫瑰香始花期和幼果期喷布 20 毫克/升、30 毫克/升、50 毫克/升、100 毫克/升的硫酸亚钛水溶液，其中后三种处理比对照分别增产 18%、17% 和 24.3%，可溶性固形物含量增加 1.02%～1.67%，可滴定酸含量增加 0.10%～0.27%，每 100g 鲜果维生素 C 含量增加 0.49～1.13 毫克，提早成熟 5～7 天。产生这些效果的主要原因是硫酸亚钛水溶液增加了叶片中叶绿素含量。

⑨稀土。稀土是镧系元素和钪、钇等 17 种元素的总称。目前用于农业上的稀土主要是镧、铈、镨、钕等 4 种元素。稀土元素作为微量元素应用于葡萄生产，可以提高浆果产量和品质，但其作用

机制有待于进一步研究。

3. 营养元素之间的相互关系

刺葡萄生长发育需要多种营养元素，所以肥料不能单一施用。即使用复合肥也要注意元素间的比例关系，如果比例关系失调，就会发生相克作用。

(1) 相助作用。当一种元素进入果树体内，另一种元素或多种元素随之增加；或土壤中由于某一元素的存在，促进另一元素或多种元素被根系吸收，称相助作用，或协作作用。如树体内适量氮可促进镁的吸收；适量锰可提高植物对硝酸盐和铵盐的利用，因为锰是硝酸盐的还原剂，又是铵盐的氧化剂；钾可以促进氮的吸收，对氮的代谢产生直接影响；适量的镁，可促进磷的吸收和同化；铁（^{55}Fe）和碳（^{14}C）的螯合剂可为植物所吸收等。

(2) 相克作用。当一种元素增加，另一种元素就减少，这种现象称相克作用。氮与钾、硼、铜、锌、磷等元素间就存在相克作用。如过量施用氮肥而不相应地施用上述元素，树体内钾、硼、铜、锌和磷等元素的含量就相应减少。

相助和相克作用发生于大量元素和微量元素、阳离子和阴离子之间，且一种元素的不同存在形式与其他元素间的关系也有不同的表现。当离子在溶液中的浓度变化时，元素间的关系也发生变化。相克作用影响元素间的关系有三种形式，即元素间的竞争而影响元素的吸收，或阻碍元素的运输，或元素到达目的地而不能被吸收和利用。可见，在刺葡萄对各元素吸收到利用的过程中，离子的活动是复杂的，而元素的相互关系又是多变的，常引起连锁反应。如钾、镁间存在相克作用，钾过多则表现缺镁，镁的缺乏又会导致锌、锰的不足。镁在植物体内是磷的载体，当果园土壤缺镁时，即使大量施磷，植株也不能吸收，而大量施磷后又会发生缺铁和缺铜症。增施氮肥，不相应地增加磷、钾肥，就会出现磷、钾不足，植株徒长，结果量少。所以，在施氮肥的同时，必须配合适量的磷、钾肥。反之，若氮肥不足，又会出现钾肥过剩的现象，从而影响氮的吸收，也会造成生长不良的后果。

总之，元素间的相助、相克，既是生物反应，又是化学反应，或生化交织反应，矿质肥料使用不当都会产生一系列缺素症的连锁反应。所以，施用矿质肥料之前，应了解刺葡萄需肥特点和土壤中含有效元素状况，以及元素间的平衡关系，才能制定出最佳施肥方案。

4. 缺素原因与缺素症矫正

(1) 缺素原因。 刺葡萄缺素的原因很复杂，有土壤、品种和砧木的因素，也有栽培技术不当的因素。

①土壤发育的基础条件不同，出现土壤中缺乏某些元素。如缺乏有机质的风沙土，多贫氮、缺硼；淋溶性严重的酸性沙土，多贫钾、少锌；酸性火成岩发育而成的土壤，多贫钙；碱性土，或排水不良的黏土，多缺钾；由花岗岩、片麻岩风化而成的土壤，多贫锌；由黄土母质发育而成的土壤，多贫铜等。

②土壤中含有的元素，由于干旱无水不能成为溶液，或溶液pH不适宜而成为不可给态，或元素被土壤颗粒吸附固定，或元素间的不协调而影响一些元素不能被根系所吸收等。

③由于土壤管理不善，如土壤板结缺少氧气，固、气、液三相比例失调，使养分成为不可给态，因早春和冬季气温低或夏秋高温，限制根系的活动和某些元素的吸收等。

④由于品种对土壤性质不适应，造成严重缺铁、缺锌，出现叶片黄化、新梢节间缩短、叶小丛生等症状。

⑤栽培技术不当，也常引起缺素症。如老园改造时在原栽植沟上重栽，刺葡萄苗圃连年重茬，土壤中积累了较多的有毒物质，影响某些元素的吸收；施肥不科学，造成肥料流失或不到位等。

(2) 缺素症的矫正。

①缺锌。将锌肥如硫酸锌与有机肥混合后土施，也可叶面喷施。土壤的施用量常为每亩 $0.3 \sim 0.7$ 千克，叶面喷施浓度为 $0.1\% \sim 0.2\%$。土施有效期长，效果慢；叶面喷施效果较快，但有效期短。

②缺硼。结合基肥施入硼砂，一般每亩施 $2 \sim 3$ 千克，或是在

花前 1～2 周对叶面喷施 0.1％～0.2％的硼砂，也可在生长季节每株根施硼砂 50 克。

③缺镁。生长季节叶面喷施 0.3％～0.4％的硫酸镁 3～4 次。此外，镁离子与钾离子有相克作用，缺镁严重的果园适当减少钾肥的施用量并增施有机肥可有效缓解缺镁症状。

④缺锰。可将可溶性锰盐如硫酸锰与有机肥混合后施入，也可叶面喷施，一般每亩用量 0.7 千克左右。开花前喷施 0.3％～0.5％硫酸锰 2 次，间隔 1 周左右。

通过感官诊断后，还可对组织（如叶片）的营养元素进行分析，确定其是否缺乏某种营养元素；一旦确定之后，又须对土壤的营养元素进行分析，弄清是土壤缺素，还是植株不能利用土壤的元素，然后给以矫正。如果土壤缺乏营养，就要进行施肥；如果不是由于土壤营养不足，而是营养元素被固定而不能被利用，就应该进行土壤改良，使其释放营养元素。为此，宜采用刺葡萄叶柄营养诊断和土壤养分测定相结合的方法。

（二）肥料的种类

肥料主要分有机肥料、无机肥料和生物肥料三种。

1. 有机肥料

有机肥料是动植物的有机体和动物的排泄物，经微生物发酵腐熟后形成的肥料。生产上常用的有机肥料有厩肥、禽粪肥、堆肥、饼肥、人畜粪肥、灰肥、骨粉、土杂肥、绿肥等，所含营养元素比较全面，除含有氮、磷、钾等主要元素外，还含有微量元素和各种生理活性物质（包括维生素、氨基酸、蛋白质、酶等），故又称为完全肥料，多作为基肥施用。

施用有机肥料不仅能供给植物所需的营养元素和各种生理活性物质，而且能增加土壤的腐殖质，改良结构，提高土壤活性和保肥保水能力。

2. 无机肥料

无机肥料是指从地矿、海水、空气中提取营养元素，经化学方法合成或物理方法加工而成的单元素和多元素肥料，因不含有机质，故又称为矿物质肥料或化肥。

化肥具有多种类型，有由一种元素构成的单元素化肥、由两种以上元素组成的复合化肥，有粉状、结晶体、颗粒型和液体化肥。化肥的基本特点是养分元素明确、含量高、施用方便、易保存、一般易溶于水、分解快、易被植株吸收、肥效快而高。但是长期使用化肥，有很多弊端：易使土壤板结，土壤结构及理化性状恶化；施用不当易导致缺素症的发生，也易产生肥害，或被土壤固定，或发生流失，造成很大浪费。

因此，刺葡萄园的施肥应以有机肥料为主，以化肥、生物肥料为辅，土壤施肥与叶面施肥相结合，尽量减少单施化肥给土壤带来的破坏性效应。

3. 生物肥料

生物肥料又称为微生物肥料或菌肥，是一种含有微生物的活体肥料。它主要是靠含有的大量有益微生物的生命活动，使植株获得肥料效应。

生物肥料是一种活制剂，施用生物肥料能改善土壤团粒结构，增强土壤的物理性能和减少土壤颗粒的损失，可以促进植株生根、提早成熟，提高植株的抗病性和抗旱性。另外，大量的生物菌群还能分解土壤中的化肥、农药残留，溶解污水灌溉后的重金属残留，起到净化环境的作用。施用生物肥料时要避免和杀菌剂混用，以免降低生物菌的肥效。

（三）土壤施肥方法

1. 施肥量

计算施肥量前应先测出刺葡萄各器官每年从土壤中吸收各营养元素量，扣除土壤中能供给量，再考虑肥料的损失，其差额即理论施肥量，计算公式如下：

施肥量＝（刺葡萄吸收肥料元素量－土壤供给量）/肥料利用率

在芽膨大期刺葡萄花芽尚在继续分化，及时补充养分，可以促进刺葡萄的花芽进一步分化，并为萌芽、展叶、抽梢等生长活动提供营养，追肥以氮肥为主，用量为全年追肥量的10%～15%。

地力条件好的刺葡萄园地在花前一般不需要施肥，否则增加落花落果。定植后的第一年和结果期在6年以上，如果刺葡萄落叶时间早，80%以上结果母枝直径在0.6～0.8厘米，枝条灰白色或灰褐色，需要补充肥料。一般视地力情况每亩施人畜粪肥1.5～2.0吨加入尿素5～10千克，再加入硼肥2.0千克或硫酸钾复合肥20～30千克，有利于枝蔓的健壮生长。如果施肥过多，则会因枝蔓生长过旺，导致花前落蕾、受精不良、加重落花落果和增加未受精的小粒果，严重影响产量和品质。

2. 施肥方法

刺葡萄根系分布与其他葡萄一样，与地上部枝蔓分布具有对称性。棚架刺葡萄根系大部分于葡萄架下，少数分布到架外，施肥应在架下由浅到深，逐年扩展。土壤施肥的具体方法：

(1) 条沟状施肥。离主干50～70厘米处，在行间、株间或隔行人工或用机械开沟施肥，也可结合深翻进行（图6-1）。

(2) 放射状施肥。离主干50～70厘米，向四方各开一条由浅而深的沟，其长度因株行距而定（图6-2）。此方法较环状沟施肥伤根少，但挖沟时也要避开大根。可每隔1～2年更换一次放射状沟的位置。

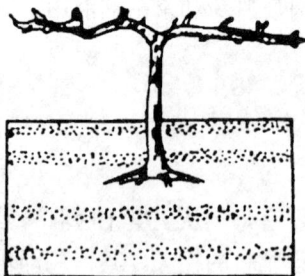

图6-1　条沟状施肥（姚磊　图）　　图6-2　放射状施肥（姚磊　图）

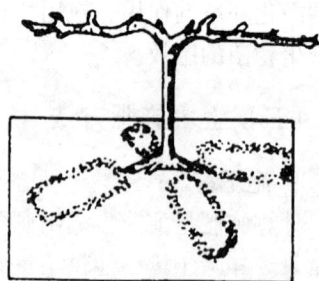

(3) 穴状施肥。在刺葡萄根系分布的范围内，从根颈向外

60 厘米处钻孔或挖穴，每孔直径 20～30 厘米，由里向外逐渐加深
（10～40 厘米）、加密（1～3 个/米²），肥料与土混匀后施入或追施
肥水（图 6-3）。此法基肥和追肥都适宜，特别适宜颗粒肥料和液
体肥料的机械施肥，肥料分布面广，伤根少，孔穴复原后通透性
好，利于发根，肥效高，省肥、省工。

(4) 环状沟施肥。在主干外围 50～70 厘米处，挖深宽各 20～
30 厘米的环状沟施肥（图 6-4）。此法操作简单，经济用肥，但挖
沟易切断水平根，且施肥范围较小，一般多用于幼树。

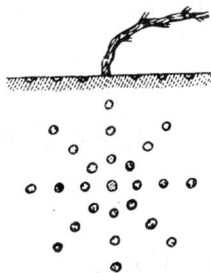

图 6-3 穴状施肥（姚磊 图）　　图 6-4 环状沟施肥（姚磊 图）

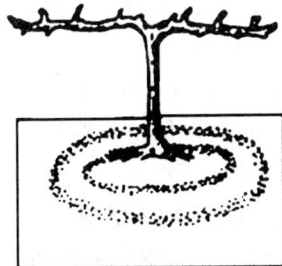

(5) 全园施肥。成年刺葡萄园，根系已布满全园时，将肥料均
匀撒布园内再翻入土中。因施入较浅，常导致根系上移，降低根系
的抗逆性。此法若与放射状施肥隔年更换，可互补不足。施肥时注
意浓度和用量，以免产生肥害，且结合施肥进行翻土。

(6) 滴灌施肥。该项为水肥一体化施肥，施肥效果更佳，营养
分布均匀，不损伤根系，不破坏耕作层土壤结构，肥料利用率高、
成本低，尤其适合山地、坡地刺葡萄园。液肥浓度应控制在适宜的
范围内，人畜粪肥浓度应控制在 10%～20%，化肥浓度控制在
0.5%～0.8%。

(四) 幼年园施肥

1. 幼苗追肥

刺葡萄幼苗发芽后，由于根系浅、根量少，对定植穴的基肥暂

时吸收不到，为了促进幼苗旺长，发芽后应及时追肥，追肥的原则应掌握薄施勤施、先淡后浓、先少后多。

一般当刺葡萄幼苗长至 8～10 片叶开始追肥，每株树每次淋施 3～5 千克肥水。每 7～10 天追施一次，可逐渐增加施肥浓度。第一次可用 0.15％的尿素加 5％人畜粪肥；第二次用 0.2％的尿素，人畜粪肥浓度不变；第三次尿素浓度 0.25％，人畜粪肥 10％。苗高达到 1 米以上时，尿素浓度提高到 0.3％，人畜粪肥浓度提高到 12％左右。气温在 30℃以上时，尿素浓度控制在 0.3％以内，人畜粪肥控制在 10％以下，特别是天气炎热的中午，更应注意施肥浓度。

7 月下旬至 8 月中旬，离树体 50 厘米以外，开宽 20 厘米、深 30 厘米的沟，每亩施饼肥 75～100 千克、45％硫酸钾复合肥 10 千克。

2. 幼年园秋季基肥

定植当年秋季应施足基肥，为第二年生长打好基础。于 10 月小阳春季节施基肥，距树干 60 厘米以外开沟 40～50 厘米，每亩施用饼肥 200 千克、硫酸钾 10 千克、硼砂 2 千克、硫酸锌 2 千克。基肥施用后应灌水保湿 7～10 天。

（五）成年园施肥

1. 催芽肥

当刺葡萄开始萌芽时，若树体营养水平较低，此时氮肥供应不足或过多，会导致大量落花落果，影响营养生长，对树体生长不利，在生产上应注意施用催芽肥。一般春季气温上升到 10℃以上时，刺葡萄芽开始膨大进而萌发，长出嫩梢，刺葡萄一般于 3 月下旬开始萌芽，宜在萌芽前 15 天施入催芽肥。在主干的两侧，距离主干约 60 厘米处挖宽约 20 厘米、深约 15 厘米的浅沟，一般每亩施尿素 10 千克、45％硫酸钾复合肥 15 千克。缺镁的刺葡萄园再加硫酸镁 1.5～2.0 千克。将肥料混匀后施入沟内，覆土后浇水，保湿 5～7 天。

2. 壮果肥

刺葡萄谢花后，幼果和新梢迅速生长，需要大量的营养物质，此时应保证供应充足的养分，可促进果实膨大和新梢正常生长，扩大叶面积，提高光合效能，有利于糖类和蛋白质的形成，减少生理落果。一般于 5 月下旬果粒黄豆大小时分两次施入，每亩施饼肥 100 千克（必经充分发酵）、50％硫酸钾 25 千克、磷肥 50 千克、尿素 10 千克，充分混匀，第一次与第二次间隔 10～12 天，每次各施肥料总量的一半。施肥时将混匀后的肥料撒于畦面，浅翻入土或在畦的两侧开沟施肥后覆土，应在傍晚时浇水，且保湿一周。

3. 着色肥

7 月下旬刺葡萄正值果实着色初期，根据树势情况宜施一次着色肥，对促进果实上色、提高果实糖分、改善浆果品质、促进新梢成熟都有作用。此次追肥以磷、钾肥为主，也可添加少量速效氮肥（如枝叶茂盛可不加氮肥），施用量通常每亩施磷肥 50～60 千克、硫酸钾 15～20 千克。可用打孔器打洞，一般在每行刺葡萄两侧离树干约 50 厘米、每隔 40 厘米左右打一个洞，将肥料按规定数量施入洞中，并覆土盖严；或在每行刺葡萄两侧开深、宽各 10～15 厘米的小沟施入，施后覆土、浇水，以提高肥效。

4. 还阳肥

刺葡萄果实采收后应迅速施用一次还阳肥，以补充树体在结果时所消耗的大量营养物质，有利于保持树体健壮，促进花芽分化、枝蔓木质化，为下一年稳产打基础。一般在采果后 1 周之内进行，每亩施尿素 15～20 千克、50％硫酸钾 10～15 千克。

5. 基肥

当进入晚秋时节，气温下降，新梢加长生长基本停止，副梢不再增加，而叶片制造的有机营养开始大量积累，根系进入了一年中的第二个生长高峰期。此时施基肥，土温较高，伤根容易愈合，切断一些小根，刺激伤口处发生大量吸收细根，可起到修剪根系的作用，加速了速效性氮、磷、钾肥的吸收，增加了树体营养的积累，有利提升翌年早春根系吸收功能；同时，可提高树体的贮存营养水平，有利于翌年花芽分化和增进枝蔓木质化，增强越冬能力。施入有机肥料，可及时分解，增加土壤有机质含量，为翌春根系及时供给可吸收态的营养，为萌芽、新梢生长、开花、坐果提供了保障。长江以南地区在 10 月中旬前应全面完成施基肥工作。

（1）基肥施用量。基肥以有机肥料为主，适当掺入一定数量的矿质元素，有机肥料采用厩肥、人畜粪肥、土杂肥、草木灰、火土肥均可，并加入适量磷肥。刺葡萄园一般每亩施饼肥 200～300 千克、磷肥 50～100 千克、人畜粪肥 1 000～1 500 千克、硫酸钾 10～15 千克、硼砂 2 千克、硫酸锌 2 千克。

（2）施肥方法。篱架、T 形架、V 形架或棚架，均在树干的一侧（隔年轮换施肥）或两侧，距树干约 60 厘米处，开深 40～50 厘米、宽 30 厘米左右的沟，长度依刺葡萄园行的长短而定，逐年扩大范围，遇有细小须根时可切除，把肥料填入沟中，挖松、与土拌均匀，之后覆土，及时灌水，土壤保湿 5～7 天。这种施肥方法，可将根系引向深处，并向远处扩展，同时，可通过逐年施肥，达到改良土壤的目的。

（六）叶面施肥

叶面施肥约为植株吸收养分总量的 5%，生产上常采用该项技术作为地面施肥的一种补充。

1. 喷施时间

在刺葡萄生长周期内均可喷施。遇气温高，浓度宜低，防止灼伤叶片。选择无风多云天气或阴天进行，晴天应在早晨露水干后至 10 时前或下午 4 时后进行。遇干燥大风天气时蒸发快、会发生肥害，雨天、雾天肥液流失，均不宜进行。

在果粒硬核期以后每 10 天喷一次 3%～5% 的草木灰和 0.5%～2.0% 的磷肥浸出液，或喷施 0.15%～0.2% 的磷酸二氢钾，连续喷施 3～4 次，对提高果实品质有明显作用。

在刺葡萄果粒上色初期，可结合病虫害防治喷施 0.2%～0.3%的磷酸二氢钾或 1.0%～2.0%的草木灰浸出液，连喷 2 次，以增加浆果体积和重量、提高含糖量、增加着色度、促进果实成熟整齐一致。

2. 喷施部位

以喷施叶片为主，尤其是叶背，幼果和绿蔓也能吸收肥料，须喷施到位。叶幕上下、里外部位，尽量喷施均匀周到。

3. 叶面肥选择

叶面施用的肥料应是全水溶性的，喷施浓度一般不超过 0.3%，但硝酸钾肥料的喷施浓度可以达到 0.5%。叶面施用氮应以硝态氮为主、铵态氮和酰胺态氮为辅，由于尿素内含有缩二脲，对叶片有毒害，应选择缩二脲含量小于 2%的尿素；铁、锌、锰和铜等最好使用螯合态的，这样可以与磷一起施用，同时也避免相互之间发生相克作用，钙、镁不要和磷一起喷施，以避免出现不溶性沉淀。

4. 合理混合

叶面肥可与一般的防治病虫害的药剂混合喷施，节省劳动力。配用石灰的硫酸锌、硫酸锰溶液不宜与防病药、治虫药混用，以免降低药效。

三、水分管理

（一）排水

1. 排水不良的弊端

刺葡萄园内的排水系统非常重要，虽然刺葡萄耐涝性较强，但若刺葡萄园内长期排水不良，土壤水分过多，土壤毛细管水饱和，下层重力水又排不出园外，将对刺葡萄植株产生水害。

排水不良的刺葡萄园土壤中空气稀少，土壤好气性细菌活动受到限制，根系不向下生长，而是浮在上层或在地表水平生长，地上部分枝蔓徒长，抗逆性减弱。

由于地表湿度大，植株常发生多种病害，特别是当南方梅雨季节雨水较多时，一般正值幼果膨大期，若排水不良会加剧生理落果或裂果。

如果刺葡萄园内长期排水不良会使好气性细菌停止活动，土壤有机物质不能被分解，根部腐烂，吸水力差，地上部呈现缺水症状，叶片变黄、脱落，严重时导致植株全株枯死。

2. 排水方法

对于南方的刺葡萄园而言，主要采用以下排水方法：

（1）排除地表积水。地表积水是由暂时排不出水所引起，一般多发生在雨季，4 月下旬正逢刺葡萄开花期，严重影响坐果。因此，在刺葡萄园规划、设计、建立时，必须建设好符合要求的排水系统，也可修明渠排水。在常年刺葡萄园管理中，要加强排水系统的管理，经常清理泥沟、清除杂草，保持常年排水畅通。畦沟要逐年加深，特别是平地建园，要使地下水位保持较低的水平，在梅雨季节，雨停田干不积水。平地刺葡萄园多采用高垄栽培，排水沟主要包括行间的小排水沟、小区间的大排水沟和全园的总排水沟。总排水沟控制全园地下水位。要经常性检查这些排水沟是否畅通无堵塞。一般安排小排水沟比垄面低 20～40 厘米，大排水沟比垄面低 60～80 厘米，总排水沟深 1.2～2.0 米。丘陵山地多采用梯田栽培，梯田栽培的刺葡萄园包括梯田内侧的小排水沟、梯田两端的大排水沟和全园总排水沟。

（2）排除深层积水。对于下层重力水的滞留所引起的水害问题，可修筑地下排水管道。方法是用多孔的水泥管或陶管，外包一层纤维类的东西作渗水用，管直径 15～20 厘米，深埋在 1 米以下。这样不但排水，还增加土壤孔隙度和通透性。也可以在行间挖沟（可几行挖一条沟），深 100 厘米，宽 50 厘米，在沟底放一层 20～30 厘米厚的砾石、炉渣等滤水层，其上覆 20 厘米厚的秸秆，再将原土回填；使园内各沟连通，并通向园外的总排水沟，土壤重力水通过缝隙排出园外。国外目前一般采用铺设塑料管的方法解决土壤渗水透气问题，塑料管的口径有 10～20 厘米，其上密布孔眼，外包一层棕树皮，土壤重力水可通过孔眼流入管道排出，空气可通过管道进入土壤中。铺设深度 1.0～1.2 米，在每行刺葡萄下铺设一根管道即可。

（二）灌溉

1. 水在植物体内的作用

（1）水是植物细胞中原生质的重要组成部分，是细胞中许多代谢过程的反应基质，它的存在对于维持蛋白质及核酸的结构有重要作用。

（2）水作为一种重要介质在刺葡萄树内起着物质运转的作用，土壤中的矿质营养通过土壤溶液进入根内，又通过水分运转到茎、叶及果实中。

（3）水可使细胞处于膨胀状态，是刺葡萄树幼嫩组织的主要支撑物质，失水后这些组织即发生萎缩。

（4）水可以调节树体温度，使刺葡萄树免受高温之害。

（5）刺葡萄虽抗旱性强，但年降水量小于 400 毫米地区或雨量较多地区的干旱季节，或刺葡萄采用避雨栽培时，也必须进行灌溉。否则，刺葡萄各个组织和器官的发育受阻，光合作用减弱。在土壤缺水时适时灌溉，可促进新梢生长，提高产量和增进品质。

2. 灌水量

适宜的灌水量应在一次灌溉中到达刺葡萄根群分布最多的土层，田间持水量在 60% 以上。刺葡萄根群分布的深浅与土壤性质和栽培技术密切相关，也与树龄相关。通常挖深沟栽植的成龄刺葡萄根系集中分布在离地表的 20～60 厘米，所以灌水应浸湿 60 厘米以上的土壤。

灌水量理论指标有几种计算方法，最为简便的是根据土壤可容水量来计算，公式如下：

$$灌水量 = 灌溉面积 × 土壤浸湿深度 × 土壤容重 ×$$
$$（田间持水量 - 灌水前土壤湿度）$$

3. 灌水时期

刺葡萄园灌水时期是根据物候期、土壤含水量以及降水量的多少确定的。一般在生长前期，要求水分供应充足，以利生长与结果；生长后期要控制水分，保证及时停止生长，使刺葡萄适时进入休眠期，做好越冬准备。

（1）萌芽前后。 萌芽前后土壤中如有充分的水分，可使萌芽整齐一致。这个时期土壤含水量应保持在田间持水量的 65%～75%，特别在春旱地区这个时期的灌水更为重要。在萌芽前灌水基础上，若天气干旱，土壤含水量少于田间持水量的 60% 时就需要灌水。壤土或沙壤土，手握土再松开后不能成团；黏壤土捏时虽能成团，但轻压易裂，说明土壤含水量已少于田间持水量的 60%，须进行灌水。春季萌芽后灌水须根据具体情况而定，一般土壤不干旱可不灌水，以免灌水后降低土温，影响根系生长。但有的地区此期正值梅雨季节前期，除注意调节水分外，重点是排水。

（2）开花期。 从初花至谢花 7～15 天，应停止供水。开花期灌水会引起枝叶徒长，过多消耗树体营养，影响开花坐果，出现大小粒和严重减产。长江以南的梅雨期正值刺葡萄开花期和生理落果期，如土壤排水不良，甚至严重积水，会大大降低坐果率，同时引起叶片黄化，导致真菌性病害和缺素症（如缺硼）等发生。

（3）果实膨大期至着色前。 此期植株的生理机能最旺盛，为刺葡萄需水的临界期，适宜的土壤含水量为田间持水量的 75%～85%。如水分不足，叶片会夺去幼果的水分，使幼果皱缩而脱落。若遇严重干旱，叶片还会从根组织内部吸收夺取水分而影响呼吸作用正常进行，导致生长减弱，产量下降。这个时期南方地区正值梅雨季节，一般年份不但水分能满足生长发育的需要，而且要注意排除园内多余水分。

（4）果实着色期。 此期间应严格控水，果实着色期水分过多，将影响糖分积累，着色慢，降低品质和风味，耐贮性下降，易发生白腐病、炭疽病、霜霉病等，某些品种还可能出现裂果。特别是此时南方梅雨结束即进入盛夏，高温干旱天气遇阵雨、大雨易造成裂果。但连续 4 天以上晴热天即应灌水抗旱，晚上灌水，清晨排水，一直到刺葡萄果实成熟采收前。

(5) 果实采收后及秋冬季休眠期。 果实在采收后应及时灌水，以恢复树势，促进根系在第二次生长高峰期大量发生。秋冬季应视土壤水分含量多少，适时灌水，特别是施基肥后应灌水一次，以促进肥料分解。

4. 灌水方法

(1) 沟灌或畦灌。 沟灌或畦灌是刺葡萄园传统的灌水方法，在刺葡萄园行间开灌溉沟，沟深、宽各 25～30 厘米；或利用刺葡萄栽植畦，进行沟灌或畦灌。优点是省工，水直接渗入根群土层，该方法仍为当前不少地方的主要灌溉方法。但缺点是浪费水分，易造成土壤板结，须加以改进。沟灌或畦灌南方地区应选择在晴天下午 5 时后和第二天上午 9 时前的早晚进行，或阴天进行，高温的时段应排干刺葡萄园田间的积水，避免高温灼伤弱树。

(2) 喷灌。 喷灌是把灌溉水喷到空中，成为细小水滴再落到地面，像降雨一样的灌水方法。喷灌起源于 20 世纪 30 年代，50 年代以后迅速发展起来，发达国家在农业生产上愈来愈多地应用喷灌。喷灌比传统的地面灌溉有许多优点，但因受刺葡萄树冠高大和株行距的限制，应使喷灌细小水滴低于刺葡萄树最低叶面，以早晚喷灌为宜，高温中午严禁喷灌，以免蒸伤树体。

(3) 滴灌。 滴灌是滴水灌溉的简称，是利用其灌溉系统设备，把灌溉水或溶于水中的化肥溶液加压（或地形自然落差）、过滤，通过各级管道输送到果园，再通过滴头将水以水滴的形式不断地湿润果树根系主要分布区的土壤，使其经常保持在适宜果树生长的最佳含水状态。完整的刺葡萄园滴灌系统由水源工程和滴灌系统组成。水源工程包括小水库、池塘、抽水站、蓄水池等；滴灌系统是指把灌溉水从水源输送到果树根部的全部设备，如抽水装置、化肥注入器、过滤器、流量调节阀、调压阀、水表、滴头及管道系统等（图 6－5）。

管道系统由干管、支管和毛管组成。干管直径有 65 毫米、

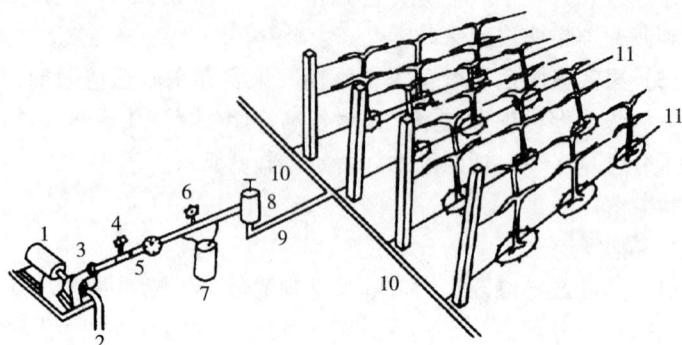

图 6-5　刺葡萄园滴灌系统示意（姚磊　图）
1. 电机　2. 吸水管　3. 水泵　4. 流水调节阀　5. 水表
6. 调压阀　7. 化肥罐　8. 过滤器　9. 干管　10. 支管　11. 毛管

80 毫米、100 毫米等规格，支管有 20 毫米、25 毫米、32 毫米、40 毫米、50 毫米等规格，毛管有 10 毫米、12 毫米、15 毫米等规格。干管和支管应根据刺葡萄园地形、地势和水源情况布置。对于丘陵地区刺葡萄园，干管应在较高部位沿等高线铺设，支管则垂直于等高线向毛管配水。对于平地刺葡萄园，干管应铺在园地中部，干管和支管尽量双向连接下一级管道，毛管顺行沿树干铺设，长度控制在 80~120 米。

滴头是滴灌系统的关键，普遍应用的是微管滴头，内径有 0.95 毫米、1.2 毫米和 1.5 毫米 3 种。微管滴头的安装，须先按设计在毛管上打一孔，将微管一端插入孔内，然后环毛管绕结后引出埋入地下，埋深 20 厘米。滴头应安装在刺葡萄主干周围，数量因株行距而定，如株行距 2.0 米×1.5 米，每株可安装 2 个微管滴头。

滴灌的优点：

①节约用水。滴灌仅湿润植株根部附近的土层和表土，大大减少水分蒸发。滴灌省水，在水源流量很小的地方亦可发展滴灌，实现节水灌溉。

②提高产量。滴灌能经常地对根域土壤供水，使根系处于良好的需水状态。由于植株根系发育良好，新梢生长健壮，因而滴灌可提高葡萄产量 30%～80%。如滴灌结合施肥，还能发挥更大的作用。

③适应地域广。滴灌适于平原、山区、沙漠、盐碱地采用。滴灌时水分不向深层渗漏，因而土壤底层的盐分或含盐的地下水不会上升并积累至地表，所以不会产生次生盐碱地。

滴灌的主要缺点：需要管材较多，投资较大；管道和滴头容易堵塞，对过滤设备要求严格；滴灌不能调节小气候，不适用于结冻期间应用。

(4) 渗灌。 渗灌工程主要有蓄水池、阀门和渗水管。根据灌溉面积的大小，管道可分设干、支、毛管三级。3～5 亩的刺葡萄园，须修建一个半径 1.5 米、高 2 米、容水量 13 吨左右的圆形蓄水池和一级渗水管（图 6-6）。塑料渗水管长 100 米、直径 2 厘米。每隔 40 厘米在渗水管的左、右两侧及上方各打 1 个针头大小的渗水眼孔（共 3 个）。每个渗

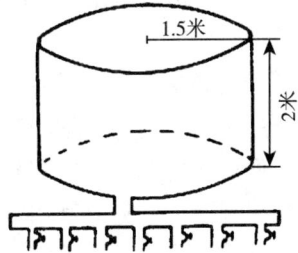

图 6-6　渗灌蓄水池示意
（姚磊　图）

水管上安装过滤网，以防堵塞管道。行距 2～3 米的刺葡萄园，每行中间铺设一条渗水管，深埋 40 厘米。

渗灌的优点有：

①省水。采用渗灌，全年 5 次，每次用水 225 米³/公顷，共计 1 125 米³，全年节约水量近 70%。

②投资少。一般来说，可供 5.7 亩果园渗灌的建设费用，可从当年节约的用水费用和减少的用工支出中收回。

③提高果实产量和品质，增加经济收益。

（编者：冯利）

第七章

刺葡萄整形修剪

一、整形修剪的作用与依据

刺葡萄植株生长旺盛，整形主要是为了培养一种合适的、易于维持的树形，便于栽培和管理。修剪主要是建立或维持某种合适树形，通过修剪调整树体和枝梢的负载能力，使结果枝和营养枝合理分布于架面上，充分利用空间和光照条件，使其保持旺盛生长和很强的结实能力，并使果实达到应有的大小和品质。根据刺葡萄生长发育规律，进行合理的整形修剪，可以提高刺葡萄的产量和品质，有效降低生产成本，增加经济效益。

（一）整形修剪的作用

1. 调整刺葡萄生长与结实的关系

刺葡萄获得优质、高产的基础是保持合理的营养生长与生殖生长。在生产中要使营养枝和结果枝的比例保持合理，使树体生长保持中庸，而整形修剪是最有效的措施之一。如果枝蔓生长量过大、长势过旺，枝蔓和果实的养分竞争使果实得不到充足的养分，一般果实品质下降，严重者会引起落花落果，影响产量。因此，夏季修剪就是及时处理结果枝和营养枝及副梢，以促进刺葡萄花芽分化、开花坐果和提高果实品质；冬季修剪是在夏季修剪控制树势和培养树形的基础上，剪除大量一

年生枝（70％～80％），改变根冠比，有益翌年枝蔓的正常萌发
和坐果。

2. 控产提质保平衡

有的刺葡萄产区追求产量，忽视了质量，然而，消费者对葡萄
品质的要求越来越高，控产提质已势在必行。从树体管理角度而
言，必须通过夏季修剪控制留梢量和留果量，协调产量和品质的关
系；冬季修剪控制留枝量和留芽量，达到控产提质增效的目的，保
持树体平衡生长。

3. 形成合理的叶幕结构

叶幕是葡萄叶片群体的总称，分为个体水平上的叶幕和群体水
平上的叶幕。个体水平上的叶幕是指一株树所形成的叶片群体的总
称；群体水平上的叶幕是指整个葡萄园个体叶幕的总和。通过整形
修剪，形成了合理的叶幕形。

（1）刺葡萄的主要叶幕形。

①水平叶幕形。水平棚架如 X 形、H 形和 T 形等在水平棚架
面上构成的叶幕形均属此类。

②垂直叶幕形。单臂篱架如规则扇形、自然扇形、有干水平树
形等在篱架面上构成的叶幕形均属此类。

③倾斜式叶幕形。倾斜式棚架如龙干树形在倾斜式棚架面构成
的叶幕形属此类。

④混合叶幕形。由直立叶幕和倾斜或水平叶幕在棚架面与篱架
面形成棚篱构成的叶幕形，或由 Y 形架有干水平树形等形成的半
倾斜的叶幕形或飞鸟形叶幕等均为此类。

（2）篱架的叶幕形。 葡萄新梢以 Y 形架、飞鸟形架等不同形
式和密度绑缚于篱架上，形成篱壁式叶幕。因这种叶幕采用南北行
向，使架面叶片两面受光，能增加葡萄叶片的受光面积，提高了叶
片的光合效能。

（3）棚架的叶幕形。 在南方地区刺葡萄大面积栽植于丘岗山
地，采用棚架栽培，形成了倾斜式叶幕形。

（二）整形修剪的依据

1. 以立地生态条件为依据

因地制宜，在土层较厚、土质肥沃、肥水充足的地区，刺葡萄枝蔓的年生长量大、枝蔓数量多、长势旺，修剪时可适当多疏枝，少短截；否则，在土层薄、肥力低的丘岗山地，刺葡萄枝蔓年生长量总体偏小、数量少、长势偏弱，修剪时应注意少疏多截，不宜产量过高。

2. 以选择的刺葡萄架式和栽植密度为依据

高、宽、垂、平棚架等整形刺葡萄主蔓定干高，而篱架定干低；密植早期丰产，初期枝蔓留量宜多，以后间疏减少。

3. 以品种、树势和树龄为依据

不同品种、树势和树龄对修剪的反应是不一样的。幼龄树长势旺，对其应适当轻剪，多留枝蔓，促进生长、提早结果；对盛果期树修剪量宜适当加重，维持优质、稳产；对衰老树，宜适当重剪，更新复壮。

二、整形修剪的特点与时期

（一）整形修剪的重要性

葡萄的整形修剪是葡萄栽培中的一项重要技术措施。

刺葡萄是一种根深、冠大、高产、长寿的藤本植物，若不加以人工干预则会成为一团乱麻，中、下部光秃秃，只顶部发枝。刺葡萄的生长量很大，一个正常的芽一年的生长量达3~4米，甚至可长到10米以上。因此，若不进行适当人工整形修剪，在自然状态下的生长过程中会产生很多不需要的枝条，树冠也会变得复杂，影响树冠内部阳光的透光率、通风不良，病虫容易滋生，喷布药剂难，树冠内部的花芽不易分化，且管理不方便，生长结果调节难，产量低、品质差，出现严重的大小年结果现象，树势弱，极易引起植株老化。

因此，结合自然条件和管理水平从幼树开始进行修枝，改变树体结构，塑造树形，充分利用阳光和空间，扩大结果范围，培养适宜的骨架，获得较高产量。完成树形后还要通过长时间的修剪来调节树势，改善通风透光条件，促进开花结果，保持生长和结果的相对平衡，维持树形，提高果实品质。

（二）整形修剪的相关因素

葡萄的整形修剪得当可以使幼树早结果、早丰产，成年树盛果期延长，衰老树更新复壮。根据环境条件、地点、时间、栽培技术水平、品种的生长结果习性、树龄、树势、树形等方面考虑采取不同的整形修剪措施来达到预期的目的。

1. 自然条件及栽培技术水平

一般来说，生长期气温较高、肥水管理水平高、土壤肥沃的地区，葡萄植株生长旺盛，适宜采用较大的架式和相对较轻的修剪。反之，生长期气温偏低、肥水管理水平较低、土壤贫瘠的地区，葡萄生长较弱，宜采用小型架式，并加重修剪。

2. 葡萄品种

不同的品种生长结果习性不同，因此，须采用不同的整形修剪方法。一般对生长势强、树冠扩大容易的品种宜采用大型架式；生长势比较弱、树冠扩大比较慢的品种宜用小型架式。树势旺盛、需要树冠扩大，或者是结果枝在母枝上的着生节位较高的品种需要采用中、长梢修剪。底部芽的结果性好、其多数结果枝着生在 1～3 节上的品种，修剪宜采取以短梢修剪为主的混合修剪法。修剪采用方法要根据其多数结果枝着生位置来决定。

3. 不同树龄时期

刺葡萄在幼龄期时不宜结果太多，应着重培养树体，使之健壮生长很快满架，以尽快达到丰产架式。盛果期应着重维持生长结果的平衡，不要盲目追求高产量而忽视质量。要适当疏花疏果，提高优质果的比例。同时注意枝组的更新，防止结果部位外移造成结果面积的缩小。衰老期应注意大更新，包括整体大更新（从基部锯除、重新发枝)、局部更新（逐步从局部培育更新枝），刺葡萄寿命可达100多年，一般每10～20年须进行一次大更新。

4. 树形与整形修剪的关系

整形是通过修剪造就树形的过程，因此，整形之前必须先了解欲达到理想的树形及其特点，之后再有计划地进行树形的塑造。整形主要采用修剪和引缚措施。引缚是指将枝蔓和生长的新梢按一定树形要求固定在支架的某一部分上；修剪在整形过程中的主要作用在于确定芽的数量和部位，进而确定主干和侧蔓方向的数目。

幼树整形要经历一定的过程，不能一蹴而就，要有计划分步骤地进行。在幼树的整形过程中，修剪必须注意以培养结构骨干枝为主要目的，需要剪去少数具有生产能力的枝条，充分利用各类枝条加快整形，使其早成形、早结果、早丰产。当刺葡萄进入结果期后，要注意把保留结果部位与维持培养骨干枝两者关系处理好，做到持续优质丰产。

刺葡萄的树形是随着架式而改变的，棚架一般适于生长势强的品种，其架面大，一般采用多蔓（3～4蔓）的大型X形的树形。棚架的整形修剪要特别注意内部更新，培养稳定的结果枝组，防止结果部位外移。

（三）整形修剪的时期

葡萄一年中的整形修剪时期，可分为冬季修剪（休眠期修剪）时期和夏季修剪（生长期修剪）时期。为提高修剪效果，除应重视冬季修剪外还应重视夏季修剪，尤其对生长旺盛的幼树来说，整形更为重要。

1. 冬季修剪

冬季修剪指葡萄从秋冬落叶至春季萌芽前进行的修剪。休眠期葡萄树体内贮藏养分较充足，修剪后枝芽减少，有利集中利用贮藏养分。葡萄一般在进入休眠期前叶片内营养物质由枝蔓向根部运转，至开春时再由根部运向枝梢，因此，葡萄的冬季修剪时期以落叶休眠以后至春季树液流动以前为宜，不宜在伤流期修剪。

2. 夏季修剪

春季萌芽后至秋季葡萄落叶之前进行的修剪，由于主要修剪时间在夏季，故常称为夏季修剪。

(1) 春季修剪。春季修剪主要内容包括除萌抹芽、花前复剪。除萌、抹芽是在芽萌动后，除去枝干的萌蘖和过多的萌芽，为减少养分消耗，进行时间宜早。当葡萄伤流已经停止，于开花前进行补剪，即复剪，剪去多预留的枝蔓或弱蔓、病虫蔓。如果葡萄在春季突遇冷害或冰雹，剪去先端已萌发的新梢，顶端优势受到削弱，下部芽重新萌发，生长推迟，同样能生长结果，可以挽回当年损失。

(2) 夏季修剪。夏季修剪指新梢旺盛生长期进行的修剪，此阶段树体各器官处于明显的动态变化之中，根据目的及时采用某种修剪方法，才能收到较好的调控效果。如为促进分枝，在新梢迅速生长期进行摘心，效果明显，关键在及时。由于对植株生长抑制作用较大，因此修剪量宜轻。

(3) 秋季修剪。秋季修剪指秋季新梢将要停止生长至落叶前进行的修剪。现提到秋季施基肥以前，以剪除过密枝蔓、尚未成熟的枝蔓、病虫枝蔓等为主，修剪程度较易掌握。由于带叶修剪，养分损失比较大，翌年春季剪口反应比冬剪弱。因此，秋季修剪具有刺激作用小、能改善光照条件和提高内膛枝芽质量的作用。秋季修剪在幼树、旺树、郁闭的树上应用较多，其抑制作用弱于夏季修剪，但比冬季修剪稍强。

三、整形技术

由于刺葡萄植株本身的习性，一般采用搭架栽培形式才能使其正常生长结果。在长期栽培过程中，葡萄架式在不断改进、不断发展。我国南方高温、高湿的气候条件下，真菌性病害严重，葡萄虽无须防寒，但一般宜采用避雨栽培模式，架式可采用 T 形架、H 形架、X 形架等。

（一）T形水平棚架整形技术

T形整形技术主要用于水平棚架上，栽植刺葡萄的一般株距2米、行距6～8米（图7-1）。栽植后每株苗木培养一条强健新梢，立支架垂直牵引，抹除棚高（1.8～2.0米）以下的所有副梢，待新梢引缚长至刚超过棚高时摘心。然后从摘心后所萌发的副梢中根据长势选择2个副梢向相反水平牵引，培育成主蔓。主蔓保持不摘心的状态持续生长，直至封行后再摘心。

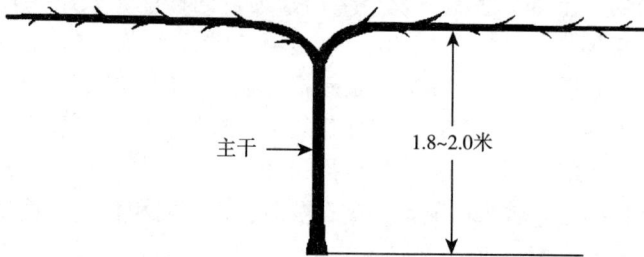

图7-1 刺葡萄T形架（姚磊 图）

主蔓上长出的副梢适时牵引其与主蔓垂直生长，形成结果母枝，在每个主蔓上培养形成9～10个结果母枝。冬季完成结果母枝的修剪，结果母枝一律留1～2芽短截（超短梢修剪）。定植第二年从超短梢修剪的结果母枝上发出的新梢（结果枝），按照20厘米的间距选留，与主蔓垂直牵引、绑缚。

（二）H形水平棚架整形技术

H形整形修剪主要以平棚架的栽培方式（图7-2），是在T形的树形基础上把两个副梢再进行分枝，形成4条主蔓呈H形，主蔓间距3.6～4.0米，主蔓长5～7米，每株50 米² ［株行距（10～14）米×5米］，每亩栽12株。主蔓上培养的结果母枝间距20～25厘米，结果母枝留1芽或2芽进行短梢修剪，每亩留结果枝母枝960～1 680个。结果母枝上的2芽若萌发出2个结果枝则保留基部枝条，若基部枝条无花，则保留有花枝条。

H形整枝适宜短梢修剪的品种，其架面高，管理简便，省工省时；光照条件好，品质优；花芽容易形成，花芽质量好；枝条萌芽整齐，新梢生长缓和，刺葡萄成熟一致，商品价值高；树体结构简单，修剪容易；结果早、易丰产、稳产性好等。

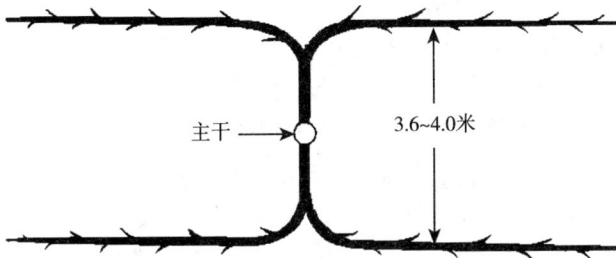

图7-2 刺葡萄H形水平棚架（姚磊 图）

（三）X形水平棚架整形技术

X形整形技术适用于水平棚架式（图7-3），该树形从地面单干之上，距棚面30～40厘米处开始分两叉，每叉伸展离中心2.5～3.0米再各分两个主蔓，共4个主蔓，俯视呈X形，各主蔓按其形成的迟早，所占架面面积不同。一般第一主蔓占有架面约36%，第四主蔓最后形成，仅占架面的

图7-3 刺葡萄X形水平棚架（姚磊 图）

16%，其余两大主蔓各占约24%。该树形的树冠扩大快，整形技术要求较高，修剪较难，容易出现主从不明，树形紊乱，构成树形要花很多时间和精力才能完成，对于生长旺盛、树势难以平衡的品种效果较好，修剪宜采用长梢修剪。

四、修剪技术

（一）冬季修剪

1. 冬季修剪的方法

在对刺葡萄进行修剪前，必须对刺葡萄品种的生长结果特性了解清楚，否则随便乱剪不仅达不到修剪的目的，反而会造成不可预测的损失。要根据品种的生长势强弱、母蔓着生结果枝节位的高低、连续结果能力、结果枝的丰产性及枝条的萌芽率等来制定出合理的修剪方案。冬季修剪常用的方法有短剪、疏剪、回缩3种修剪方法。

（1）短剪。 短剪就是短截，即把一年生枝条剪去一部分，分为超短梢修剪（留1~2芽）、短梢修剪（留3~4芽）、中梢修剪（留5~7芽）、长梢修剪（留8~12芽）、超长梢修剪（留13芽以上）。

（2）疏剪。 疏剪即从基部将枝蔓剪除，包括一年生和多年生枝蔓，主要是疏除过密枝、病虫枝。疏枝从基部剪掉时，稍留残桩。且要注意防止伤口过大，以免影响留下枝条的生长。不同年份的修剪伤口尽量留在主蔓的同一侧，避免对树体内养分和水分的运输造成影响。

（3）缩剪。 缩剪是将二年以上的枝蔓剪截到分枝处或有一年生枝处，主要是用来更新、调节树势和解决光照。多年生弱枝回缩修剪时，应在剪口下留强枝，起到更新复壮的作用。多年生强枝回缩修剪时，可在剪口下留中庸枝，并适当疏去其留下部分的超强分枝，以均衡枝势，削弱营养生长，促进成花结果。

2. 主蔓、侧蔓、结果母枝的修剪

对于尚未完成整形任务的植株，其重点是培养树形，进一步选好主蔓、侧蔓。冬季修剪时，对粗度直径在1厘米左右并充分成熟的新蔓，根据架式剪留，副梢各留1~2节剪截。若新蔓直径在0.7厘米以下或成熟节较少或基部有病虫害时，则可剪留2~4节，促其下年抽发新枝，再行培养。按照"合格者适当长留，不合格者

重剪再继续培养"的办法，可以保证新蔓的质量并较快地培养成形。若架面还没有布满，延长蔓应在粗度 0.8 厘米以上的成熟节位饱满芽处进行剪截，倾斜式小棚架延长蔓一般剪留 9～10 节，特别强壮的剪留 12 节。单篱壁架延长蔓一般剪留 6～8 节。若架面已布满，则延长枝已失去延长作用，可改造成结果枝组。

　　已完成整形任务的盛果期植株，要保持主蔓、侧蔓的旺盛生长势头，以小更新为冬剪的重点，包括主侧蔓换头和选留预备蔓等。对其修剪特别要注意结果枝组的培养，应选留健壮、成熟度良好的一年生枝作结果母枝。剪口下枝条的粗度，一般应在 0.6 厘米以上，细的短留，粗的长留，剪口宜高出剪口下的芽眼 3～4 厘米，以防剪口风干影响芽眼萌发，而且剪口要平滑。

　　在主蔓或侧蔓上，一般每隔 25～30 厘米要设一个结果枝组，结果枝组是具有两个以上分枝的结果单位，其上着生结果母枝和新梢。设置结果枝组是防止树体内空膛、扩大结果面积、保证丰产的重要措施。配置结果枝组的具体方法：在需要配置结果枝组的位置，当年从结果母枝上萌发一些新梢，冬剪时该新梢成为新的结果母枝，而老母枝上就出现两个以上新母枝，此时的老母枝就成为具有两个以上分枝的结果枝组。选强壮的两个新枝，一个枝作为下一年的结果母枝，另一个枝留作预备枝；第三年将已结果的枝条疏除，在预备枝上选 2 个枝，用上面的方法培养成新结果枝组。在培养结果母枝组的过程中，如其中一个新梢较弱（4～5 节处粗度在 0.7 厘米以下），或不成熟，而附近又没有可代替的枝条，这时可剪留 1～2 节，作更新复壮。总之，在结果母枝组上不可留空位，要千方百计找新梢来补足。在延长枝的基部附近，可适当多留 1～3 节的母枝，以防止该部位光秃。但对多余的枝条则要彻底去除，以免影响通风透光。

3. 枝蔓更新的方法

　　(1) 结果母枝的更新。结果母枝更新目的在于避免结果部位逐年外移和造成基部光秃，修剪方法有以下 2 种：

　　①双枝更新。结果母枝按所需要长度剪截，将其下面邻近的成

熟新梢留 2 芽短截，作为预备枝。预备枝抽发新梢后在翌年冬季修剪时，上一枝留作新的结果母枝，下一枝再行短截，使其形成新的预备枝。原结果母枝于当年冬剪时被回缩掉，以后逐年采用这种方法依次进行。双枝更新要注意预备枝和结果母枝的选留，结果母枝一定要选留那些发育健壮充实的枝条，而预备枝应处于结果母枝下部，以免结果部位外移。

②单枝更新。冬季修剪时不留预备枝，只留结果母枝。翌年萌芽后，选择下部良好的新梢，培养为结果母枝，冬季修剪时仅剪留枝条的下部。单枝更新的母枝剪留不能过长，一般应采取短梢修剪，不使结果部位外移。

(2) 结果枝组的更新。 随着枝龄增加，结果枝组分枝级数增多，伤口也增多，枯桩不断出现，枝组营养输送能力削弱，枝组逐渐衰老，需从主蔓上潜伏芽发出的新梢，选留位置合适的进行培养，以替代老枝组。逐渐回缩老枝组的结果母枝，刺激主蔓上或枝组基部潜伏芽萌发，对潜伏芽新梢，疏去花序以促进生长，如果新梢强壮，于 5～6 片叶时摘心，促发副梢，冬剪时副梢短截后即成为新的枝组，将周围老枝组疏剪，逐年更新复壮全部枝组。每年如此，每个枝组 3～5 年即可得到更新，可保证枝组健壮，连年丰产。

(3) 多年生枝蔓的更新。 经过年年修剪，多年生枝蔓上的"疙瘩""伤疤"增多，影响输导组织的畅通；另外，对于过分轻剪的葡萄园，下部出现光秃，结果部位外移，造成新梢细弱，果穗果粒变小，产量及品质下降，遇到这种情况就须对一些大的主蔓或侧枝进行更新。

①大更新。葡萄寿命一般有 100 余年，其一生要经过多次大更新。凡是从基部除去主蔓进行更新的称为大更新。大更新一般包括两种情况：一种是部分主蔓的更新，另一种是整个植株的更新。部分主蔓更新，一般是采用基部发出的萌蘖枝，最好是地下根颈部分发出的强壮的萌蘖枝，更新一个主蔓，选一个萌蘖枝，其余萌蘖枝从基部彻底疏除，以免再发。选取的萌蘖枝在冬剪时根据其强壮程度剪留 5～8 节。第二年加强管理，从萌发的枝条中，选取 2～3 个壮枝作侧蔓培养。第三年在侧蔓上培养结果母枝组，完成更新任

务。进行全株更新的植株，一般是整个植株中、下部空虚，中、上部缺少好的结果枝组，植株长势衰弱，结果能力差。具体方法是在植株根颈部位在冬季修剪时锯除，并在其上覆以湿土，为促使根蘖萌发，可覆盖地膜。早春根蘖萌发，选取 3～4 个强枝，其余从基部彻底疏除，防止再发。其培养方法与培养更新主蔓相同。

②小更新。对侧枝蔓的更新称为小更新。一般在肥水管理差的情况下，侧蔓 4～6 年需要更新 1 次，采用回缩修剪方法。小更新包括双枝更新、异枝更新、劣枝更新。双枝更新如前所述，异枝更新是指在主蔓或侧蔓上无结果枝组，大都是单个枝条，可以用 1 个枝长剪作结果母枝，另 1 个枝短剪作更新枝的方法来达到更新的目的。第二年就可以改成双枝更新了。劣枝更新是指一些结果枝组经多年修剪更新，变得弯曲畸形，完全失去结果能力。可通过疏除、回缩等方法解决，并在附近找适宜的更新枝短剪，从而培养成新的结果枝组。开始衰老的植株，要果断地实行大更新修剪。主、侧蔓结果部位严重外移或上移，但中部和下部仍有枝组时，可进行回缩更新修剪，把主、侧蔓从先端压缩下来，并更新中、下部枝组，改善光照，促进中、下部发生健壮新梢结果。主蔓下部光秃，可行压蔓，把光秃带压入地下生根，增加植株在土壤中的营养面积，促进主蔓恢复生机和正常结果。当主蔓衰弱，产量极少时，可在主蔓下部选留新梢，精心培养成主蔓的预备蔓。当预备蔓开始结果后，可剪去原主蔓，由预备蔓替代成为新主蔓。

4. 冬季修剪后的工作及注意事项

(1) 冬剪后续工作。

①修整架面。支架、铁丝由于受上年枝蔓、果实、风雨等的损害，每年必须修整、扎紧铁丝，对倾斜、松动的架面必须扶正、扎紧。用牵引锚石或边撑将边柱扶正或撑正；如果有铁丝锈断，须及时补设。

②绑缚枝蔓。绑缚枝蔓是冬季修剪后的一项重要工作，不可忽视，通过调整枝蔓绑缚的角度大小来实现冬季修剪的意图。

对枝蔓须按树形要求进行绑缚，无论是幼年树，还是成龄树，骨干枝的绑缚是非常重要的。骨干枝根据树形来决定绑缚的方向和位置。如扇形的主、侧蔓均以倾斜绑缚呈扇形为主；Y形架的主蔓长 1.0～1.5 米，侧蔓沿葡萄行绑缚。再在侧蔓上培养结果枝组，每个结果枝组的间距 25～30 厘米，须注意固定在架面上时不留空当，务必充分利用架面，这种绑缚可使枝蔓均匀合理地分布在架面上让其充分受光，提高光合效率，增加积累水平，改善营养条件。

采用短梢修剪的结果母蔓不必绑缚。对采用中、长梢修剪的结果母蔓可适当绑缚，形式有垂直、倾斜、水平、弓形等，可抑强扶弱，对弱枝垂直或倾斜绑缚，对强枝水平或朝下绑缚，可有效地防止结果部位的上移；同时，调节树体内营养物质的均衡分配，从而提高坐果率，达到高产、优质的目的。

(2) 注意事项。

①要注意鉴别结果母枝的枝质和芽眼的优劣。凡枝条粗而圆、髓部小、节间短、节位突起、枝色呈现品种固有颜色、芽眼饱满、无病虫害的为优质枝。芽眼圆而饱满、鳞片紧包为优质芽。

②要防止剪口芽风干和冻伤。葡萄枝蔓的组织疏松，水分易蒸发，故结果母枝剪截时，要保留距芽眼有 3～4 厘米的距离，最好在上一节口剪。对于多年主蔓，疏剪、回缩剪时要留长约 1 厘米的残桩。

③要正确掌握预备枝上的剪口芽的方向。预备枝的剪口芽应朝内，使营养物质易于沿着枝蔓顺势输送，有利于以后新梢萌发生长。

④要合理处理三叉枝。凡在主、侧蔓分枝点由隐芽抽生的新梢构成三叉枝，必须剪去一枝。

⑤注意徒长枝的利用。主要用于更替机械损伤及衰老枝蔓。

(二) 夏季修剪

葡萄夏季修剪的目的在于确定合理的新梢和果穗的负载量，控制生长期间新梢的徒长，使养分集中供应生殖生长之需，并控制副梢生长，改善架面的光照条件，提高浆果的品质，增加产量和使枝蔓发育充实，形成足够数量的花芽并充分成熟。

1. 抹芽

抹芽是在芽已萌动但尚未展叶时，对萌芽进行选择去留，用手或枝剪将部分萌动的芽和幼嫩短梢除去。

一般先萌发出的、扁平而肥胖的芽多数是结果枝，后萌发的、瘦小尖细的多半是营养枝。花芽分化好、树势较弱的可在展叶前抹除位置不当的芽，去副芽、留主芽，留芽量比计划留枝量多留约20%。花芽分化差、树势旺的须在展叶后能看清花穗后抹除多余的芽，去副芽、留主芽，留芽量比计划留枝量多留约10%。树势强旺、坐果率低的分2～3次逐步抹去，以调控树势，保持树势中庸。一般幼树2～6年轻抹，成年树6年以上可适当重抹。

为了避免结果部位的迅速外移，使结果部位靠近主蔓，要尽可能留用靠近母枝基部的枝和芽，可留用结果母枝基部和前端的枝、芽，疏去中间枝、芽，这样有利于冬季修剪时利用基部的枝进行回缩。同一节位上长出的双芽、三芽，只选留一个强壮的主芽，若附近缺枝可留双芽，若整株结果少而副芽上有花序，也可多留一个芽，若枝太密可仅留有花序之芽。

2. 抹梢与定枝

定枝工作是对抹芽工作的补充，抹梢、定枝应根据品种的坐果特点、叶片大小、树龄、树势、架式等确定。一般当新梢长到10～15厘米，已能辨别出有无花序时进行定枝。留用枝芽的部位必须有可供顺利生长的空间，所以要留用外侧、向上生长的枝芽，不可留用夹在结果母枝和其他多年生枝蔓之间的枝芽。对没有生长点、发育不全的枝蔓要去掉，对生长空间的潜伏芽发出的新梢要加以培养利用。

夏季修剪时的定枝工作是对冬剪的调整和补充，留枝多少比较灵活，除了考虑其他修剪因素，应根据新梢在架面上的密度来确定留枝量，一般架面上枝距为12～15厘米，每株树留26～30个枝条，每亩定植约150株可留枝3 800～4 500个。合理的留枝量可以改善架面的通风透光条件，有利于光合作用和枝梢的充实发育。

3. 去除卷须、绑蔓、去老叶

当新梢长到20～40厘米时，及时引缚新梢到架面上，保证架面枝条分布均匀。新梢上的卷须要及时摘除，便于管理和节省营养。上色初期可摘除部分老叶、黄叶，改善通透性，一般每个新梢最多只能摘除下部至果穗处。

4. 新梢摘心、副梢处理

（1）结果枝摘心。 结果枝摘心与副梢处理主要是确保坐果，改善架面通风透光，提高果实品质。根据刺葡萄品种坐果特性、树势确定处理。在开花前一周至始花期在花穗前留 2~3 片叶摘心，结果蔓上发出的副梢全部去掉。

（2）营养枝摘心。 没有花序的营养枝（即不着生花序的枝条，包括生长枝、更新枝、延长枝）摘心与对结果枝摘心的目的不同。对于准备培养为主蔓、侧蔓的营养枝，当其达到需要分枝的部位时即可摘心。对于准备作为下一年结果母枝用的营养枝生长势一般较旺盛，摘心时间应适宜，以使芽充实饱满为度。一般生长枝和更新枝宜于花后一周摘心，生长势中等的留 9~12 片叶摘心，生长势旺的留 12~20 片叶摘心，生长势弱的枝适当少留叶，留 7~8 片叶摘心，顶端延长枝摘心宜稍晚。

（3）副梢处理。 长势弱时副梢留 1 片叶，长势强时留 2 片叶，二次以上副梢全部清除。营养枝的副梢生长量很大，要及时处理，否则会严重影响植株的生长发育和产量；一般半个月进行一次。

5. 采果后修剪

果实采收施基肥后，会相继发出副梢，应及时去除，并用98％甲哌鎓 700~800 倍液喷枝梢的顶端，可促进枝蔓成熟，有利花芽分化，抑制副梢抽生。同时，需要注意防止病虫害的发生，保持叶片的健康，保证树体贮存的营养水平，有利于当年花芽分化和增进新梢、枝蔓木质化，增强越冬能力。

密植果园可在采果后立即间伐，以保证所留植株枝蔓有充足的空间进行光合作用，以保证翌年正常结果。

（编者：杨春华）

第八章

刺葡萄花果管理

一、花、果管理的重要性

为便于刺葡萄花序、果实的管理，通常根据其生长情况，将花果生长期分为花序分离前期、花序分离期、始花期、盛花期、落花期、幼果期、果实膨大期、着色期和成熟期。

始花期是指有 5％ 的小花开放；盛花期是指有 50％ 的小花开放；落花终期为浆果开始生长期，约有 95％ 的花朵开过即标志着浆果生长期的开始。每一花序由始花期到落花期需要 7～15 天，其中始花期到盛花期通常需要 3～5 天。刺葡萄从花序分离期到幼果期时间较短，要完成花果管理、枝梢管理及其他各项工作，工作量特别大，而这一时期的管理又关系到刺葡萄当年种植的效益。

刺葡萄要达到优质高效，且使果穗美观、果粒大小均匀一致、色泽鲜艳，花序和果穗的管理是决定刺葡萄质量和效益的关键。

(一) 合理负载

在修剪的基础上，通过花序整形、疏花序、疏果粒等办法调节产量。产量过高不但影响果实的品质，而且易造成树体衰弱，病虫害滋生。优质高效刺葡萄栽培必须实行合理负载，控产提质。

（二）调整果穗的大小和形状

一般刺葡萄花穗最多 260～280 朵小花，正常生产一般需要 80～120 朵小花能结果。枝蔓的生长势不同，果穗大小也各异，通过花穗整形，控制的穗型大小符合标准化栽培要求，有利于果穗的标准化管理和采收、包装、运输和销售。

（三）调节开花期

刺葡萄从第一朵花开放开始至终花为止为开花期。刺葡萄的花序一般中部的花先开，之后是上部的花开，穗尖的花最迟开放。开花期是刺葡萄生长中的重要阶段，对水分、养分和气候条件的反应都很敏感，是决定当年产量的关键。通过花序整形、疏花序等管理措施，使开花期相对一致，有利于保花保果和后期的其他管理。

（四）提高坐果率

通过整穗达到疏花的目的，有利于开花期的养分集中，提高花朵的坐果率与果实外观和内在品质。

（五）减少后期工作量

疏花可以减少疏果的工作量。刺葡萄开花期疏花，只疏小穗，操作容易，而且疏花穗后疏果量较少或不需要疏果，能有效减少后期管理工作量。

二、花序管理

大多数刺葡萄品种极易成花、花序中等大、坐果率高，为防止刺葡萄出现大小年结果现象、果实品质下降、树体早衰、经济寿命缩短等问题，必须从花序管理开始着手，严加调控，才能连年稳产优质。

（一）疏花序

为了集中营养、提高刺葡萄坐果率和果实品质，保证合理的负载，需要进行疏花序这项工作，对于花序较多、花序较大及落花落果严重的植株尤为重要。疏花序一般在开花前5～7天进行，留花序的多少须根据枝蔓粗细等来决定。

1. 花序特点

通常每个新梢具有2个花序（个别株系有3个花序），着生在第三、四节上。大部分花序带有1～2个副穗花序（彩图8-1）。刺葡萄自花授粉结实率高，因此可实现年年丰产。

2. 疏花序时间与方法

疏花序应在抹芽定梢后开展，以花序伸长后能明显分辨大小时进行，避免树体营养消耗。按照强枝留2穗、中枝留1穗、弱枝不留穗的原则将多余的花序摘除（彩图8-2）。三年生以上的刺葡萄盛产园每平方米保留花序20～30个（新梢12～15个）。

果穗重在400克以上的大穗，壮枝留2个花序，中庸枝留1个花序，细弱枝不留花序；果穗重在250克左右的小穗，壮枝留2个花序，中庸枝以留1个花序为主，个别空间较大的枝可留2个花序，细弱枝不留花序。在疏花序的顺序上一般先疏弱树、弱枝，后疏旺树、旺枝，弱者少留多疏，强者少疏多留，尽量选留大而充实、发育良好且靠近结果枝基部的花序，而靠外围、小而松散、发育不良、花序梗纤细的劣质花序应及早疏除。

（二）花序整形

花序整形（彩图8-3）是在刺葡萄开花前按果穗要求所进行的花穗修整，从而使果穗生长成市场上需求的一定形状。

由于刺葡萄每个花序上小花很多，少则100朵，多则200～280朵，这些小花在形成过程中发育质量不一致，中间的发育较好，而四周发育较差。为了达到果穗形状一致、大小合适，以利提高果品外观质量，还须对花序进行整形，从而提高坐果率，减少花序中小花间的养分竞争，使营养集中、开花期一致，进而果穗外观紧凑整齐，果粒大小整齐、成熟度一致，便于包装。花序修整的时间：在新梢上能明显辨清花序大小、花蕾已经分离之时，尽早疏花，以节省养分。

根据刺葡萄的花穗大小、发育情况确定花穗上留多少小穗轴，通过疏除过多花序和控制花序大小来进一步调控产量，才能达到刺葡萄植株合理负载量。应在花前5~7天开始进行花序整形，通过掐穗尖和疏副穗可将分化不良的穗尖和副穗去掉，剪去部分发育欠佳、质量不好的花蕾、过长的穗尖及多余的副穗、歧肩等。掐穗尖和疏副穗可与疏花序同时进行。对中等大小的果穗，只掐除穗尖的1/4左右即可；对较大和较长的花序，要掐去花序全长的1/5~1/4，过长的分枝也要将尖端掐去一部分；对果穗较大、副穗明显的品种，应将过大的副穗剪去，并将穗轴基部的1~2个分枝剪去，同时掐去部分过长的穗尖。刺葡萄一般在谢花后可以对幼穗进行掐尖处理，一般掐去穗尖的1/5~1/4。

（三）开花期喷硼

硼主要分布在生命活动旺盛的组织和器官中，当刺葡萄缺硼时，往往幼叶会出现油浸状的黄白色斑点，叶脉木栓化变褐，老叶发黄向后弯曲，花序发育瘦小，豆粒现象严重，种子发育不良，果形变弯曲。

通常刺葡萄果实产生大小粒现象，除开花授粉时受环境条件的影响而使授粉不良、造成大小粒以外，主要原因是植株缺硼。刺葡萄一般开期需要硼较多，硼能促进糖类运转，刺激花粉粒的萌发，有利于授粉受精过程的顺利进行；硼有利于芳香物质的形成，能提高果实中维生素和糖的含量，改善果实品质；硼还能提高光合作用的强度，增加叶绿素含量，促进光合产物的运转，加速形成层的细胞分裂，促进新梢韧皮部和木质部生长，增多导管数目，加速枝条成熟。因此，在生产上可采取开花期叶面喷施硼，以减少落花落果，从而提高坐果率，减少无籽小果，提高产量。一般于刺葡萄花前一周、开花期和花后各叶面喷施一次浓度为 $0.05\%\sim0.1\%$ 的硼砂或硼酸溶液，可以明显提高刺葡萄坐果率。叶面追肥最好在傍晚、阴天或清晨（待露水干后）进行，以保证肥料在叶面有足够的有效湿润时间，有利吸收。

（四）控肥控水

刺葡萄开花期间对温度、湿度的要求比较严格，温度太高，湿度过低，花粉柱头的分泌物会很快干燥，不利于授粉受精；湿度太高又会引起枝叶徒长，过多消耗树体营养，影响开花坐果，而且易发生开花期病害。

南方地区由于开花期气温较高，刺葡萄植株生长旺盛，开花期施肥、灌水会引起枝叶徒长，树体营养大部分供应新梢生长，影响开花坐果，易出现大小粒和严重减产。另外，由于我国南方地区刺葡萄开花期正值雨水较多的时期，因此要加强排水，经常清理排水沟，清除杂草，使地下水位保持较低的水平，在此期间雨停田间不积水。

但在干旱地区，要在开花前 15 天左右浇水，这样做有利于开花和坐果。一般从初花至谢花的 15 天，应停止施肥（尤其是氮肥）、供水、打药。但是当特别干旱、缺乏水分时，还是应适当调节土壤水分，适当补充少量的水分。

三、果穗管理

（一）疏果穗和果粒

通常刺葡萄产量与果实品质是成负相关的，超过一定产量后，结果越多、品质越差。疏果穗和疏果粒是调整刺葡萄结果量决定产量的最后一道工序。

在刺葡萄生产中通过控制果穗数量，修整穗型，调节穗重，以达到规范穗型、控制产量、提高品质的目的。

国外优质葡萄的产量，一般都控制在 $1.7\sim2.0$ 千克/米^2 的范围内。我国部分果农过分追求产量，造成浆果粒小、糖度低、酸度高、着色差（甚至不着色）、新梢不成熟、花芽分化不好，第二年发枝很少，花序也少，树势衰弱，第三年大量死树。所以从优质角度考虑，必须以每平方米架面产果量2.0～2.5千克，每亩产量1 300～1 500千克为标准。

1. 疏穗、疏粒的时期

为减少养分无效的消耗，疏穗和疏粒的时期以尽可能早为好。一般在坐果前进行过疏花序的植株，疏穗的任务减轻，可以在坐稳果后（盛花后20天），能清楚看出各结果枝的坐果情况，估算出每平方米架面的果穗数量时进行。疏粒工作在疏穗以后，在盛花后25天左右，当果粒进入硬核期，约有黄豆粒大小，能分辨出大小粒时可进行。

2. 疏穗方法

根据生产1千克果实所必需的叶面积推算架面留果穗的方法进行疏穗，是比较科学的。因为叶面积与果实产量和质量存在极大的相关性，通常叶面积大，产量高，品质好，但是产量与质量之间又是负相关，必须先定出质量标准，在满足质量要求前提下，按叶面积留果。

刺葡萄一般每1 000米^{2}架面上，具有1 500～2 000米^{2}的叶面积，产量可达到1 600～2 200千克，可溶性固形物含量16%左右，因此，每亩生产1 060～1 460千克果实为宜。

疏穗的具体方法：强枝留2穗、中枝留1穗、弱枝不留穗，每平方米架面选留4～5穗果。

3. 疏粒方法

在经过掐穗尖和花序整形后，花序中的果粒数一般减少了很多，但为了生产出果穗整齐、果粒硕大的葡萄，还要将过多的果粒除去。

疏果粒（图8-1）可在果实坐果稳定后，果粒为黄豆大小时进行。疏粒的目的是控制每穗的果粒数，整理果穗外形，增进果粒膨大，使果粒成熟、着色一致，果穗大小符合所要求的标准，果穗整齐、果粒均匀，提高商品性。

刺葡萄的标准穗重因树势强弱而异，小粒果、着生紧密的果穗，以 350～400 克为标准；大粒果、着生稍松散的果穗，以 500～600 克为标准；中粒果、松紧适中的果穗，以 450～500 克为标准。果穗太大，糖度低，特别是着色易差，尤其居于果穗中心的果粒很难着色，影响商品性。

图 8-1　刺葡萄疏好粒的果穗
　　　　形状（姚磊　图）

疏粒时通常先疏掉那些因授粉受精不良而形成的小粒、畸形粒，个别突出的大粒果也要疏去，再去除果穗上的病虫、日灼果粒。然后再根据穗型要求，剪去副穗、穗轴基部 2～3 个分枝及中间过紧、过密的支轴和每支轴上过多的果粒，并疏除部分穗尖的果粒，选留大小一致、排列整齐、向外着生的果粒。此为树势生长较好，且每亩栽葡萄树约 150 株的葡萄园采用的疏粒方法。

（二）摘老叶、转果穗

刺葡萄着色成熟主要依靠阳光照射，浆果软化后若摘除老叶，即摘除刺葡萄果穗附近老叶，使果粒增加光照时间，这样不但有利刺葡萄着色，加快浆果成熟，还利于新梢成熟和冬芽分化。摘除老叶的时间一般从采收前 30 天左右开始至采收前 10 天，即刺葡萄开始着色成熟时。其方法主要是摘除果实以下和邻近果实的遮光叶片老叶、弱叶和下部叶片，通过摘叶可以有效改善树冠内的光照条件，增加树体透光率，促使不同部位的果实着色均匀。摘叶时要尽量减小伤口，防止水分流失。全树摘叶量应控制在总量的 10% 左右，不能超过 15%，要尽量摘除枝条下部的叶片，少摘枝条中、上部的叶片，保留健壮功能叶，摘除病残叶、老叶和过密叶。摘除老叶、病叶的时间忌为阳光暴晒的中午，以免果实发生日灼，应选择阴天或晴天下午 4 时以后。

采用篱架栽培的刺葡萄园容易出现果穗着色不均匀的现象，一般在摘老叶后一周检查果穗着色情况，将着色不均匀的果穗用手轻托轻转，将果穗阴面转到阳面。一周后如果还有少部分未着色，再改变果实着色方向，使其全面、均匀着色。通过转果穗可使阴面果实着色同阳面一样，达到整穗果穗着色均匀、全面和鲜艳。转果穗的具体时间应以果面温度开始下降时为宜，一般在晴天下午4时后进行，阴天可全天进行。

（三）果穗上方留副梢防日灼

南方地区刺葡萄果实在夏季高温季节易受日灼危害，从而造成较大经济损失。

日灼病主要发生在果穗的肩部和果穗向阳面上，受日灼危害的果粒最初在果面上出现淡褐色、豆粒大小的斑块，后逐渐扩大成椭圆形、表面略凹陷的坏死斑。受害处易遭受炭疽病或其他果腐病的后继侵染而引起果实腐烂。硬核期的浆果较易发生日灼病，着色的果实受害较少，朝西南面的果粒受害较为严重。

日灼病的主要发病原因是果实在夏季高温期直接暴露于烈日强光下，果粒表面局部温度过高、水分失调而致灼伤，或由于渗透压高的叶片向渗透压低的果实夺取水分，而使果粒局部失水，再受高温灼伤。一般篱架刺葡萄日灼病比棚架发生严重，地下水位高、排水不良的果实发病较重，施氮肥过多的植株叶面积大、蒸腾量大，发生日灼病也较重。另外，有的葡萄品种由于果皮薄、抗病性差等因素受日灼危害的程度也较其他的更为严重。

因此，防止日灼病方法主要是避免果实暴晒，在夏季高温的地区要注意架面的管理，夏季修剪时在果穗附近要保留果穗前后节和背上节共3个副梢用来增加叶幕的厚度遮阳防日灼，以免果穗直接暴晒于烈日强光下，其他部位可适当除去过多的叶片，以免向果实夺取过多水分、养分。对在生产上需要疏除老叶的品种，要注意尽量保留遮蔽果穗的叶片。同时，在高温期间可以配合灌水保持土壤湿润、降低棚温及果实套袋来防止刺葡萄日灼病的发生。

（四）果穗套袋与摘袋

1. 果穗套袋

果穗套袋（彩图8-4）即在葡萄坐果后，用专用纸袋将果穗套上以保护果穗的一种技术。果穗套袋能有效地防止或减轻黑痘病、白腐病、炭疽病和日灼病的感染和危害，尤其是炭疽病；能有效地防止或减轻各种害虫，如蜂、蝇、蚊、粉介虫、蓟马、金龟子、吸果夜蛾和鸟等危害果穗；能有效地避免或减轻果实受药物污染和农药残留积累；能使果皮光洁细嫩、果粉浓厚，提高果皮鲜艳度，防止裂果，果实美观，商品性高。但由于袋内光照条件受到限制，着色稍慢，成熟期要推迟5～7天；果实含糖量和维生素C含量稍有下降的趋势；果实套袋费时费工，且增加了生产成本。

（1）纸袋种类。 目前，刺葡萄果袋市场质量良莠不齐，伪劣仿制袋大量上市，这种果袋虽然价格低廉，但质量太差，生产中应用后会给果农带来巨大的损失。主要表现在以下几个方面：

①原纸质量差，强度不够，在经过风吹、日晒、雨淋后容易破损，造成裂果、日灼及着色不均等。如劣质涂蜡纸袋会造成袋内温度过高，灼伤幼果。

②无防治入袋病虫害的作用，一旦发生病虫入袋危害，则束手无策，只能解袋防治。

因此，生产中一定要严格选择纸袋种类，采用正规厂家生产的优质纸袋，坚决杜绝使用假冒伪劣产品。另外，用过一年的纸袋下一年一般不要再用，因为纸袋经过一年的风吹雨打，纸张强度和离水力显著降低，再次使用极易破损；涂药袋此时已经没有任何药效，难以发挥套袋应有的效果，甚至会带来不应有的损失。刺葡萄套袋应根据品种以及不同地区的气候条件，选择使用适宜的纸袋种类。一般刺葡萄宜选用白色木浆纸袋或无纺布袋，规格25厘米×32厘米。

（2）套袋时期。 刺葡萄套袋要尽可能早，一般在第二次生理落果后，6月上中旬（幼果黄豆大小）进行，宜选择在上午 10 时前或下午 4 时后进行。因炭疽病是潜伏性病害，花后如遇雨，孢子就可侵染到幼果中潜伏，待到浆果开始成熟时才出现症状，造成浆果腐烂。为减轻幼果期病原菌侵染，套袋宜早不宜迟。如果套袋过晚，果粒生长进入着色期，糖分开始积累，不仅病原菌极易侵染，而且日灼及虫害均会有较大程度的发生。另外，套袋要避开雨后的高温天气，在阴雨连绵后突然晴天，如果立即套袋，会使日灼加重，因此，要经过 2～3 天，使果实稍微适应高温环境后再套袋。

（3）套袋方法。套袋前必须对全园喷施一次杀菌剂、杀虫剂，如复方多菌灵、代森锰锌、甲基硫菌灵等，重点喷布果穗，果穗要喷透，防止病虫在袋内危害。待药液晾干后，及时进行套袋。套袋时，将袋口端 6～7 厘米浸入水中，使其湿润柔软，便于收缩袋口，提高套袋效率，并且能够扎紧扎严，防止害虫及雨水进入袋内。套袋时，先用手将纸袋撑开，使纸袋整个鼓起，然后由下往上将整个果穗全部套入袋内，再将袋口收缩到穗梗上，用一侧的封口丝紧紧扎住。注意铁丝以上要留有 1.0～1.5 厘米的纸袋，并且套袋时绝对不能用手揉搓果穗。

（4）套袋后的管理。果实套袋后，由于天气、肥水、病虫害的影响，每 2～3 天需要对套袋果实抽样检查。特别是"尿袋"情况的发生，是酸腐病发生的前兆，一定要剪除并带出园区销毁。一般可以不再喷布针对果实病虫害的药剂，重点应防治好叶片病虫害如叶蝉、黑痘病、炭疽病、霜霉病等。对玉米象、康氏粉蚧及茶黄蓟马等容易入袋危害的害虫要密切观察，严重时可以解袋喷药。

2. **果穗摘袋**

对已套袋的刺葡萄果穗，摘袋时一般可有两种处理方法：如果采用白色、透明、透光白纸袋，可不摘袋，带纸袋采收入箱；如果采用纸质不能透光或透光性差的纸袋，应在采前一周左右摘除，以促进着色。

（1）摘袋时期及方法。有的葡萄品种套袋后可以不摘袋，带袋采收。若摘袋，则摘袋时间应根据果穗着色情况及纸袋种类而定。刺葡萄果实一般为紫黑色品种，因其着色程度随光照强度的减小而显著降低，可在采收前10天左右去袋，以增加果实受光、促进良好着色。但要注意仔细观察果实颜色的变化，如果袋内果穗着色很好，已经接近最佳商品色泽，则不必摘袋。另外，如果使用的纸袋透光度较高，能够满足着色的要求，也可以不必摘袋，以生产洁净无污染的果品。

刺葡萄摘袋前，为防止鸟害，可在刺葡萄园周边和棚间围上防护网。刺葡萄摘袋时，不要将纸袋一次性摘除，先把袋底打开，使果袋在果穗上部形成帽状，以防止鸟害及日灼。摘袋时间宜在上午10时以前和下午4时以后，阴天可全天进行。

（2）摘袋后的管理。刺葡萄摘袋后一般不必再喷药，但须注意防止金龟子等害虫危害，并密切观察果实着色进展情况。在果实着色前，剪除果穗附近的部分已经老化的叶片和架面上过密枝蔓，可以改善架面的通风透光条件，减少病虫危害，促进浆果着色。此时，部分叶片由于叶龄老化，光合效率降低，光合产物入不敷出，而大量副梢叶片叶龄较小，所以适当摘除部分老叶不仅不会影响树体的光合产物积累，而且可以增加有效叶面积比例，减少营养消耗，更有利于树体的营养积累，但是摘叶不可过多、过早，以免妨碍树体营养贮备、影响树势恢复及来年的生长与结果，一般以架下有直射光为宜。另外，须注意摘叶不要与摘袋同时进行，也不要一次完成，应当分期分批进行，以防止发生日灼。

（五）果穗品质要求

1. 采收标准

果穗果皮呈现紫黑色，可溶性固形物含量在13%及以上、总酸含量在0.5%及以下，口感清甜即达到采收标准。

2. 果穗分级

果穗分级按外观指标和理化指标分为一级、二级和三级。其中，外观指标见表8-1，理化指标见表8-2。

表 8-1 刺葡萄成熟果穗外观指标

项目	一级	二级	三级
果穗	穗型紧凑，果穗圆锥形，具 1~2 个副穗，果粒着生较紧密，果面洁净，穗重≥400 克	穗型紧凑，果穗圆锥形，具 1 个副穗或无副穗，果粒着生较密，果面洁净，穗重≥300 克	果穗平放稍有变形，穗重≥200 克
果粒	大小较均匀，平均粒重 4~5 克	大小较均匀，平均粒重≥3.5 克	大小较均匀，平均粒重≥3 克
色泽	果皮紫黑色、果粉着生较均匀	果皮紫黑色、果粉着生较均匀	果皮紫黑色、果粉着生较均匀
成熟度	果粒成熟度一致	果粒成熟度一致	果粒成熟度一致
缺陷果	≤1%	≤1%	≤2%
预留穗梗长度	≤2.0 厘米	≤2.0 厘米	≤2.0 厘米
容许度	≤5%	≤5%	≤5%

表 8-2 刺葡萄成熟果粒理化指标

项目	一级	二级	三级
可溶性固形物含量（%）	≥14.5	≥14.5	≥13
总糖含量（%）	≥12	≥12	≥11
总酸含量（%）	≤0.5	≤0.5	≤0.5
可食率（%）	≥70	≥70	≥65

（编者：蒋家稳）

第九章
刺葡萄主要病虫害防治

　　刺葡萄适合在我国南方高温、高湿的环境条件下生长，适应能力强，同时对病虫害表现出较强的抗性，特别是对黑痘病表现出极强的抗性。刺葡萄在南方地区普遍采用露天栽培，在天气不利的生长年份，以霜霉病、灰霉病、白腐病等为主的病害和以红蜘蛛、康氏粉蚧、透翅蛾等为主的虫害频繁发生，防控难度进一步加大。为有效控制病虫害，保障果品质量和生态环境，遵循"预防为主，综合防治"的方针，根据刺葡萄物候期病虫害发生的基本特点对症下药。

一、主要病害与防治

（一）霜霉病

1. 发病症状

　　霜霉病是刺葡萄的主要病害，主要危害刺葡萄幼叶、幼果，后期慢慢地也会危害到嫩梢、卷须、叶柄、花穗等（彩图 9 - 1）。空气潮湿时叶片背面产生白色霉状物（病原菌的孢子梗与孢子囊），病斑干枯呈褐色，病叶易提早脱落。幼果感病，病斑近圆形、呈灰绿色，表面生有白色霉状物，后皱缩脱落。穗轴感病，会引起部分果穗或整个果穗脱落；病梢生长停止、扭曲，严重时枯死。

2. 发病规律

　　湖南刺葡萄霜霉病发生关键期主要在 4 月下旬至 6 月下旬。

该时段正值刺葡萄新梢展叶生长期、开花期、幼果膨大期，此时温度较高、空气相对湿度大、降水量多而集中，有利于刺葡萄霜霉病病原菌的萌发、流行和蔓延。霜霉病病原菌侵染要求空气相对湿度 70%～80%，发病最适温度为 20～24℃。4—5月，遇到多雨的年份，适温高湿下，霜霉病迅速发展，特别是在新梢生长期，连续半个月以上的阴雨天气，感染严重的叶片会全部落光。果实采收后，一旦温湿度适宜，病害会再一次暴发。

霜霉病暴发早，发展迅速，一旦失去控制，造成全园严重减产，甚至绝收，还会对第二年树势生长有严重的影响，但避雨栽培的刺葡萄园受影响较小。

3. 防治措施

(1) 清园。落叶后，结合冬季修剪，彻底剪除病虫枝蔓，清除架上干枯果穗，刮除枝蔓上病皮、老皮，清扫枯枝、落叶、落果，集中处理，减少园中传染源。

(2) 农业防治。及时绑枝、剪枝、摘心等，保持树体良好的通风透光条件；改良架式，提高坐果部位，减小发病概率；及时排除园区渍水，中耕松土，降低园区湿度；主干涂白等；推广刺葡萄套袋技术、抗霜霉病砧木嫁接栽培技术、避雨设施栽培技术。据观测调查，避雨栽培比露地栽培每年喷药次数可减少约50%。2016 年，怀化中方县露天栽培刺葡萄霜霉病发病严重，大部分刺葡萄园产量只有历年产量的 1/3～1/2，还有的刺葡萄园失收，但避雨栽培的刺葡萄园仍获得了丰收。避雨栽培能克服多雨、多雾、湿度大的不良天气，抑制病原菌的繁殖传播，确保稳产和提高品质。

(3) 化学防治。刺葡萄绒球期，进行全园杀菌消毒，在树干、架面、水泥柱、地面及周边道路喷石硫合剂，可预防此病害；发病初期应及时选择喷施治疗剂，如福美双、氰霜唑、烯酰吗啉·霜脲氰等，交替使用；最常用最经济的方法是发病前在叶片背面上均匀喷布配比为 1：2：240 的波尔多液进行预防。

（二）灰霉病

1. 发病症状

灰霉病不但危害叶片，还危害穗轴和果柄，侵染花序和果实，使穗轴和果柄变黑，引起干枯或腐烂，而后脱落。在潮湿的天气下，叶片受到侵染后，一般会从叶片叶尖、叶缘或伤口边沿薄的地方形成病斑，开始为不规则的黄褐色大病斑，中期为暗褐色病斑，形成向正面突起的波浪状皱纹，后期病斑正面形成鼠灰色霉层。特别是花序在开花期，病原菌借助花帽、败育的幼果、花粉等组织黏附在健康的果粒或花穗上，在特殊的气候条件下逐步侵染，开始形成小型的褐色斑块，直至变成黑色，易造成花序腐烂、脱落，天晴后干枯（彩图 9-2）；封穗期到采收期的果实，病原菌最易通过表皮伤口直接侵入，易形成灰色霉层，果肉变质腐烂。

2. 发病规律

病害一般发生在 4 月下旬至 5 月中旬。当气温在 18℃、空气相对湿度达 94% 以上时，灰霉病大量发生。温湿度不合适时不暴发，一旦条件具备，则分生孢子大量繁殖，很快出现症状，往往来不及防治。低洼地刺葡萄园排水不及时，修剪不合理，清园不彻底，危害尤为严重。

3. 防治措施

（1）农业防治。一是深耕改土，在秋冬季离主干 1.2 米处挖沟撩壕扩穴宽 50 厘米、深 60 厘米，埋入猪（牛）粪、杂草（灌木）、绿肥等可腐烂的有机物质。为了尽量少伤根，可采用放射状沟埋肥改土，效果很好。二是合理施肥，适当控制氮肥施用量，增施磷、钾肥。有条件的地方可施入草木灰、火土灰等，对刺葡萄抗病效果很好。三是完善水利排灌设施，特别是低洼地栽培，开沟排渍。四是通过合理疏枝、叶、果，增加树体的通风、透光性。五是选用抗性砧木嫁接苗。

（2）清园。冬季剪除病虫枝，剥除主干、主蔓老皮，清扫病枝、病叶、落果和杂草等，并及时带出园外集中处理，再对园区喷药杀灭病原菌，可用 5 波美度石硫合剂喷包括地面、水泥柱、枝蔓和拉线等设施。

（3）化学防治。在湖南地区应于 4 月下旬开始防治，5 月上中旬是该病暴发侵染高峰，5 月初至 6 月底是喷药防治的关键时期。结合防治其他病害，用防治灰霉病的专用农药与其他农药混配后，每隔 7～10 天喷药 1 次，连喷 4～6 次，防治效果好，效果好的药剂有如腐霉利、抑霉唑、异菌脲等。

（三）白腐病

1. 发病症状

该病是引起刺葡萄果粒腐烂的主要病害，也侵染叶片和枝梢。果粒多从果梗基部开始，早期呈现浅褐色、水渍状病斑，之后迅速在整个果粒上扩展，果面没有光泽，病果变为灰白色，最后在潮湿的天气下软化、腐烂脱落。若天气干燥，后期发病的果实表面产生很多灰白色的小颗粒，受害的果粒会脱水而干缩为褐色呈有棱角的僵果；有伤口部位的枝梢呈溃疡性病斑，早期发病开始呈水渍状淡红褐色，边缘深褐色，后发展成长条形的黑褐色病斑，表面密生有灰白色小粒点，后期病斑皮层与木质部纵裂分离，呈麻丝状，病斑部位肿胀变粗，一折就断；叶片受害多从叶尖、叶缘开始，形成近圆形、淡褐色大斑，呈现有不明显的褐色同心轮纹，后期在湿度大的情况下会产生大量灰白色小粒点，最后叶片干枯易破裂。

2. 发病规律

刺葡萄白腐病的发生与高温高湿的天气条件有密切关系，病原菌分生孢子的萌发和侵入以气温 25～30℃、空气相对湿度 92％以上萌发率最高。每年 6—8 月高温、多雨、湿度大，常有暴风雨，易引起白腐病的大流行，其侵入的途径主要是伤口及果实的蜜腺，亦可从较薄的表皮处直接侵入。另外，该病的发生还与刺葡萄的栽培管理条件有很大的关系，如排水不良、地势低、湿度大、枝叶繁密；结果部位低，越靠近地面的部位越易发生白腐病；肥水供应不足、病虫害防治不到位、病虫及机械损伤较多等，均有利于病害的发生。如怀化市及周边地区刺葡萄一般于 6 月中下旬开始发病，发病高峰一般在采收前的 7—8 月。

3. 防治措施

防治刺葡萄白腐病应从减少菌源，阻断病原菌传播途径，及时喷施高效药剂等多方面进行综合防治。

(1) 清园灭菌。冬季认真搞好清园和土壤灭菌工作。白腐病的侵染源主要是病残体以及土壤中越冬的菌丝团、分生孢子器和分生孢子。具体做法是结合冬夏季修剪，把病穗、病枝蔓、病叶带出果园，进行无害化集中处理。冬季深翻一次土壤，在地面撒施药粉灭菌，药粉配比为福美双 500 克＋硫黄粉 500 克＋石灰 12 千克，每亩撒 3 千克。发病重的刺葡萄园，翌年萌芽前（怀化地区为 2 月中下旬）可全园喷施 20％松脂酸铜 500 倍液，重点喷结果母枝，同时喷施地面，杀灭土壤中已开始萌发的越冬分生孢子。

(2) 农业防治。一是提高结果部位。因地制宜改良架式，使结果部位尽可能提高到距地面 40 厘米以上，减少病原孢子传播到植株上，尤其是果穗上。二是园内种草、覆草和土表撒施药粉，可有效切断分生孢子的传播途径。三是增施有机肥。利用秋冬施基肥做到深耕改土压肥，埋入已腐熟的猪牛粪、杂草和绿肥等有机肥，增加土壤肥力，提高抗病能力。

(3) 化学防治。发芽前施用福美双处理枝蔓，萌芽后施用 1 次氟硅唑或苯醚甲环唑进行药剂处理；落花后至封穗前以福美双为主，结合施用 1～2 次内吸性杀菌剂；田间管理措施频繁造成伤口，应该在产生伤口后尽快施用一次药剂，如福美双＋苯醚甲环唑；特殊天气（冰雹、暴风雨）出现时，必须喷洒药剂，12 小时左右以内施用保护性杀菌剂福美双，18 小时以后施用保护性＋内吸性药剂。发现白腐病后，首先剪除病粒、病穗等，而后用药剂处理整理后的果穗。

（四）炭疽病

1. 发病症状

幼果期染炭疽病，病症表现不明显，果面出现圆形、黑褐色、蝇粪状病斑，但扩展很慢，也不形成分生孢子。随着果实增大、含糖量增加、果肉软化、果面开始着色，先侵染的病斑果肉产生褐色病变，病斑迅速扩大并凹陷，侵染处果肉软烂呈水渍状，分生孢子器呈轮纹状排列；后期病斑表面出现粉红色分生孢子团，病斑扩及全果乃至全穗，病斑处失水干缩，最后变成僵果，悬挂架上，有些脱落在地面，果农称之为"黑烂"。大发生年一个果粒上常数个或数十个病斑同时发生，果实很快腐烂，果粒多掉落地面；新枝、穗柄和叶柄等部位也可受害发病，被害处发生褐色、近圆形病斑，病部稍凹陷，湿度大时或雨后病斑上可见粉红色分生孢子团；卷须受害后常造成枯死；叶片多在叶缘部受侵染，病斑圆形或长圆形，暗褐色。空气湿度大的雨季也可产生粉红色分生孢子团；穗轴、果柄上侵染发病，多发生褐色长椭圆形病斑，常使整穗果粒发病，湿度大时病斑表面长出粉红色病原物，后期果粒干缩，悬挂于果枝上。

2. 发病规律

炭疽病是刺葡萄成熟期面临的问题之一，造成烂果、落果，露地栽培加上不套袋给炭疽病的发生提供了条件。病原菌多在枝条、穗轴、卷须、僵果等处和枝条的节间部位越冬。越冬病原菌在枝条长出绿色枝叶、气温达15℃以上、有足够的湿度时即可产生分生孢子；发病早晚和降雨早晚有密切关系，降雨早则发病早，集中发病期在7—8月，高温、高湿、多雨年份尤为严重，流行年份果穗发病率高达60%～70%；枝叶密集、树冠层通风透光不良、湿度大、叶面常有水珠或露水，发病则重；立架刺葡萄以近地面下层果穗先发病，棚架较轻；地面潮湿，排水不好，地下水位高，发病较重。

3. 防治措施

（1）**农业防治**。刺葡萄收获后，及时清除损伤的嫩枝和老蔓，增强园内的通透性。结合冬春修剪，彻底清除病梢、病叶，带出刺葡萄园处理，减少病源。结合培管，深沟高垄，降低园内湿度，减轻发病程度。

（2）**化学防治**。春季萌芽时，对结果母枝喷3～5波美度石硫合剂。从 5 月下旬开始，喷 25％福美双 800～1 000 倍液，或 10％苯醚甲环唑水分散粒剂 1 500～2 500 倍液，或 52.5％噁唑菌酮·霜脲氰水分散粒剂 2 000～3 000 倍液，或 68.75％噁唑菌酮水分散粒剂 1 200～1 500 倍液，或 50％咪鲜胺 1 500～2 000 倍液。15 天左右喷 1 次，连续喷 3～5 次，在刺葡萄采收前一个月应停止喷药。

（五）酸腐病

1. 发病症状

刺葡萄发生酸腐病时，果实腐烂、汁液流失、有乙酸味，有若干粉红色醋蝇、灰白色小蛆出现在烂果上，会造成无病害果粒的含糖量降低，产量减少。刺葡萄受酸腐病危害后，汁液外流会造成霉菌滋生，干物质含量增高。受害果粒腐烂后，只留下干枯的果皮和种子，使其失去酿酒价值。

2. 发病规律

酸腐病是临近成熟期造成果穗腐烂的一种常见病害，大多是由鸟害、虫害、裂口形成伤口以后，果汁流出发酵引起的整穗腐烂。该病是真菌、细菌和醋蝇联合危害。发生酸腐病的前提是果实上有伤口，伤口中的糖分在空气中的酵母菌和醋酸菌的共同作用下形成乙酸，乙酸挥发的气味引来醋蝇。醋蝇和蛆作为传病介体，身上携带细菌，在伤口处爬行、产卵的过程中造成细菌的传播，同时卵的孵化、幼虫取食果肉造成了腐烂，加上醋蝇的数量迅速增长，引起病害的流行。

灰霉病、炭疽病、白腐病等病害导致的果实腐烂，也是酸腐病大发生的重要诱因。

3. 防治措施

（1）农业防治。解决酸腐病的重点是减少因鸟害、虫害等造成的一系列伤口，如增加果园的通透性（合理密植、合理设置叶幕系数等）；成熟期不能或尽量避免灌溉；合理施用或不要施用激素类药物，避免果皮伤害和裂果；合理施用肥料，尤其避免过量施用氮肥等。

（2）化学防治。药剂防治是防治酸腐病的最主要措施。可配合施用 80％波尔多液和杀虫剂，自封穗期开始施用 80％波尔多液 800 倍液，10～15 天喷 1 次，共喷 3 次。杀虫剂应选择低毒、低残留、分解快的杀虫剂，并且 1 种杀虫剂只能施用 1 次，可以施用的杀虫剂有阿维菌素、高效氯氟氰菊酯、联苯菊酯等。

（六）褐斑病

1. 发病症状

刺葡萄褐斑病仅危害叶片。侵染点发病初期呈淡褐色、不规则的角状斑点，病斑逐渐扩展，直径可达 1 厘米，病斑由淡褐色变褐色，进而变赤褐色，周缘黄绿色，严重时数斑连接成大斑，边缘清晰，叶背面周边模糊，后期病斑背面长出灰色或暗褐色霉状物，叶片枯死。病斑直径一般在 3～10 纳米，1 个叶片上可长数个至数十个大小不等的病斑。发病严重时，病叶干枯破裂，以致早期落叶。

2. 发病规律

病原菌以菌丝体和分生孢子在落叶上越冬，分生孢子通过气流和雨水传播，从叶背气孔侵入，通常自植株下部叶片开始发病，逐渐向上部叶片蔓延。环境条件适宜时，引起再次侵染，造成陆续发病。

高温、多雨是该病发生和流行的主要因素。因此，夏秋多雨的地区或年份发病重；管理粗放、田间小气候潮湿、树势衰弱的园区发病重；园区地势低洼、潮湿、通风不良易发病；负载量过大发病重。

3. 防治措施

（1）农业防治。秋后彻底清扫果园落叶，集中高温发酵或深埋处理，以消灭越冬菌源；注意排水，适当增施有机肥，增强树势，提高植株抗病能力；通过摘心、修剪、绑蔓、中耕除草等措施改善园区通风透光条件，降低湿度。

（2）化学防治。封穗期前后是防治褐斑病的关键时期，同时也要综合考虑共同防治其他病害，施用三唑类治疗剂＋保护剂 2～3 次；采收后一般施用 50％福美双 800 倍液，或 30％代森锰锌 800 倍液，或 30％王铜 600 倍液等铜制剂。发生褐斑病后，马上施用 50％福美双 800 倍液＋40％腈菌唑 3 000 倍液，此后 5 天左右，再施用 40％氟硅唑 8 000 倍液或 43％戊唑醇 4 000 倍液，之后正常管理。褐斑病防治时要着重喷基部叶片的背面。

（七）根癌病

1. 发病症状

刺葡萄被侵染后，不仅在靠近土壤的根部、靠近地面的枝蔓出现症状，还能在枝蔓和主根的任何位置出现大小不等、形状各异的癌瘤病症，这在刺葡萄的整个生长期内均可发生。病树初期形成的癌瘤较小，呈圆形突起，稍带绿色和乳白色，质地柔软，较光滑，具弹性，可单生或群集。随着瘤体长大，颜色逐渐变深，后期呈褐色至深褐色，质地变硬，表面粗糙，龟裂，内部组织木栓化。受害植株由于皮层及输导组织遭到破坏，生长衰弱，萌芽迟，节间缩短，叶片小而黄，果穗少而小，果粒大小不整齐，成熟也不一致，严重者全株枯死。瘤的大小不一，有的数十个瘤簇生成大瘤，在阴雨潮湿天气易腐烂脱落，具有腥臭味。

2. 发病规律

根癌病主要由土壤杆菌属细菌所引起，病原菌随植株病残体在土壤中越冬，春天气温上升至条件适宜时，病原菌开始繁殖，近距离的传播主要通过雨水和灌溉水，也可通过剪口、机械伤口、虫伤、雹伤以及冻伤等各种伤口侵入植株。带菌苗木是该病远距离传播的主要方式。

细菌侵入后，刺激周围细胞加速分裂，形成肿瘤。病原菌的潜育期从几周至一年以上，病原菌生长的最适宜温度为 25～30℃，一般 5 月下旬开始发病，6 月下旬至 8 月为发病的高峰期，9 月以后很少形成新瘤。降水多，湿度大，癌瘤的发生量也大。而且土质黏重、地下水位高、排水不良及碱性土壤，植株发病严重。

3. 防治措施

(1) 选苗。选择无病苗木，杜绝在患病园中采集插条或接穗。

(2) 消毒。在苗木或砧木起苗后或定植前将嫁接口以下部分用1‰硫酸铜溶液浸泡5分钟，再放于2‰石灰水中浸泡1分钟，或用3‰次氯酸钠溶液浸泡3分钟，以杀死附着在根部的病原菌。在苗圃或初定植园中，发现病苗应立即拔除并挖净残根集中烧毁，同时用1‰硫酸铜溶液对土壤消毒。

(3) 化学防治。在田间发现病株时，可先将癌瘤刮除，然后用3～5波美度石硫合剂、福美双等药液涂抹，也可用菌毒清50倍液或硫酸铜100倍液消毒后再涂波尔多液等，对此病均有较好的防治效果。

二、生理性病害

(一) 裂果病

1. 发病症状

刺葡萄生理性裂果一般发生在果实接近采收期间，果皮先开裂，随后果肉腐烂或发酵，常有果汁流出，造成整串果穗形状不美观，降低商品价值，严重者整串果穗不剩几粒好果，造成减产甚至绝收。

2. 发病规律

刺葡萄果皮较厚，串形松散，一般为不易裂果的品种，发生裂果现象主要是果实生长后期土壤水分变化过大，果实膨压骤增所致。主要病症发生条件：土壤干湿变化太大，果实接近成熟时久旱逢雨或大水漫灌；成熟期大肥大水导致果实膨大速度太快；没有保护好叶片，叶片出现青枯或染病受损，以及叶果比太小，叶片的蒸腾作用弱，大量的水分不得不向果实输送。

3. 防治措施

(1) 接近成熟期，要适当控制氮肥和水分，减缓果实增大速度。

(2) 适时灌水，低洼地要及时排水，经常疏松土壤，做到排灌畅通，防止土壤干湿变化过大。

（3）要及时疏花、疏果粒，要于花后摘心和花序上适当多留叶片摘心，有适宜的叶果比。

（4）果实适当补钙，叶片不要受损。

（5）及时摘除病粒，以免裂果流液感染其他果粒。

（二）水罐子病

1. 发病症状

水罐子病一般于果实近成熟时开始发生。发病时先在穗尖或副穗上发生，严重时全穗发病。其表现为果实着色不正常，颜色暗淡、无光泽；果实含糖量低，酸度大，含水量多；果肉变软，皮肉极易分离，成一包酸水，用手轻捏，水滴溢出；果梗与果粒之间易产生离层，病果易脱落。

2. 发病规律

该病是由树体内营养物质不足所引起的生理性病害。结果量过多，摘心过重，有效叶面积小，肥料不足，树势衰弱时发病重；地势低洼，土壤黏重，透气性较差的园区发病较重；氮肥使用过多，缺少磷、钾肥时发病较重；成熟时土壤含水量大，诱发营养生长过旺，新梢萌发量多，引起养分竞争，发病重；夜温高，特别是高温后遇大雨时发病重。

3. 防治措施

（1）注意增施有机肥及磷、钾肥，控制氮肥使用量，加强根外喷施磷酸二氢钾叶面肥，增强树势，提高抗性。

（2）适当增加叶面积，适量留果，增大叶果比，合理负载。

（3）果实近成熟时，停止追施氮肥与灌水。有设施条件的，加强设施的夜间通风，降低夜温，减少营养物质的消耗。

（三）日灼病

1. 发病症状

日灼病主要发生在果穗上，果粒表面晒伤后，最初表现为失水、凹陷、浅褐色小斑，随着病情的加重，病斑面积在 2 小时内就会出现大面积病斑，形成褐色、圆形状、边缘不明显的干疤。

2. 发病规律

日灼病是一种非侵染性生理病害，一般发生在幼果膨大期，在果实开始着色时停止发生。幼果膨大期强光照射和温度剧变是刺葡萄日灼病发生的主要原因，果穗在缺少荫蔽的情况下，受高温、空气干燥与阳光的强辐射作用，果粒幼嫩的表皮组织水分失衡进而发生灼伤。刺葡萄日灼病发生的程度差异很大：气候反常，花后雨水少、气温高，易发病；朝西的山坡由于日照强，发病重，其他地方发病轻；灌水不及时，土壤干燥发白，发病重；偏施氮肥、树势徒长、幼嫩叶多、水分蒸腾量大，发病率较高；土壤缺钙明显的果园，由于根系发育不良，易发病。实施套袋栽培技术的刺葡萄，高温天气露水未干时，早晨及中午套袋的发病重，傍晚套袋的发病轻；雨后第一天套袋发病重，第二天套袋发病轻；处在果穗阳面上部贴近纸袋部位发病重，果穗阴面和基部果发病轻；外围果穗、果实向阳面日灼发病重。

3. 防治措施

（1）**土肥水管理**。最好选择地势高、耕作层深厚、土质好、肥力高、透气性好、能排能灌的地块建设刺葡萄园；增施充分腐熟的有机肥，避免过多施用速效氮肥；做好排水及灌溉工作，雨季四周要开沟排水，做到雨停沟干，少雨时要进行灌溉，有条件的最好使用滴灌，使土壤经常保持湿润。

（2）**架形与修剪**。架向东西较好，注意架面管理；夏季修剪时，在果穗附近要适当多留叶片，以防果穗暴晒。

（3）**套袋**。套袋能减轻日灼病的发生。套袋时间以果粒长到黄豆大小时为宜，套袋前喷一次杀菌剂，待药液风干后套上经杀菌剂浸过的刺葡萄专用纸袋，扎紧袋口。

（4）**拉遮阳网**。篱架栽培的可用宽 70～80 厘米的遮阳网横挂于果穗部位，东西行挂在南侧，南北行挂在西侧。

（四）气灼病

1. 发病症状

气灼病一般发生在幼果期，从落花后 45 天左右至转色前均可发生，但大幼果期至封穗期发生最为严重。气灼病发生时，首先表现为失水、凹陷、浅褐色小斑点，并迅速扩大为大面积病斑，整个过程基本上在 2 小时内完成。从病斑横切面看，病斑表皮以下有点像海绵组织。病斑面积一般占果粒面积的 5%～30%，严重时一个果实上会有 2～5 个病斑，从而导致整个果粒干枯。病斑开始为浅黄褐色，而后颜色略变深并逐渐形成干疤（有几个病斑的果实，整粒干枯形成"干果"）。病斑分布具有一定随意性，一般在果粒侧面，近果梗处和底部也会发生。

2. 发病规律

刺葡萄气灼病是特殊气候、栽培管理条件下表现的生理性病害。任何影响刺葡萄水分吸收、加大水分流失和蒸发的气候条件、田间操作，都会引起或加重气灼病的发生。连续阴雨后，天气转晴后的闷热天气易发生气灼病；连续雨水，土壤含水量连续处于饱和状态，天气转晴后的高温，也易发生气灼病。

若刺葡萄地上部分和地下部分营养、水分输送不协调，地上部分发达，而地下根系不好，易发生气灼病。土壤通透性差、土壤黏重、长期被水浸泡，土壤含水量小、干旱，土壤有机质含量低，会引起或加重气灼病的发生。气温高、蒸发量大的时期浇水（比如中午浇水），会造成根系温度降低，影响水分吸收，也会引起或加重气灼病的发生。

3. 防治措施

（1）增施有机肥，增强树势，改善果园管理，增强枝叶的健壮程度，适时灌水。

（2）避免高温前灌水，雨后应及时排水。

（3）对于要套袋的园区，在套袋之前充分灌溉一次，避免在高温的时候套袋。

（4）高温季节可以采用园区行间生草的方式，减少地面热量的吸收，降低地面蒸腾以及果实周围微环境的温度，减少气灼病的发生。

（5）保持土壤通透性良好，有利于根系呼吸，避免或减少气灼病发生。

（五）缺素症

1. 发病症状

刺葡萄生长营养不足或元素缺乏造成的比例失调，不但可造成刺葡萄树势不强、产量不稳、果实品质差等现象发生，还会影响刺葡萄对病虫的抗性。

（1）缺钾症。缺钾引起刺葡萄植株糖类和氮的代谢紊乱，蛋白质合成受阻，叶和其他组织非蛋白态的可溶性氮增加，抗病性减弱。枝条细弱，严重时甚至枯死；叶肉缺绿皱缩，叶边卷缩，最后焦枯；落叶延迟，果小，着色差；采收时落果严重。

（2）缺镁症。缺镁多发生在刺葡萄的生长中后期，从植株基部的老叶开始发生，老叶脉间褪绿，然后发展成带状黄化斑点，多从叶片的内部向叶缘发展，逐步黄化至叶肉组织黄褐坏死，仅剩叶脉保持绿色。

（3）缺钙症。缺钙时，刺葡萄幼嫩器官（根尖、茎尖等）易腐烂坏死；幼叶失绿，叶片向下卷曲，叶缘皱缩，叶片上常出现枯斑或破裂；果实小，硬度下降。

（4）缺铁症。刺葡萄缺铁首先表现的症状是幼叶失绿，病株上叶片除叶脉保持绿色外，叶面全面黄化，而这时老叶仍为绿色，这是缺铁症的特有表现。缺铁严重时，叶面呈现象牙黄色，甚至叶片自上而下变褐色坏死，干枯脱落；新梢生长变弱；花序黄化，花蕾脱落，坐果率严重下降。刺葡萄缺铁和土壤 pH、通气状况密切相关。

2. 防治措施

（1）重视土壤改良。增施有机肥，深耕改土，防止土壤盐碱化和过分黏重。

(2) 及时补充营养元素。发现缺钾，及时用 0.1%～0.3%磷酸二氢钾溶液或 3%草木灰浸出液喷洒叶面；发现缺镁，及时用 0.1%硫酸镁溶液喷洒叶面；发现缺钙，在施用有机肥料时，拌入适量过磷酸钙，生长期发现缺钙，及时用 2%过磷酸钙浸出液喷洒叶面；发现缺铁，叶面喷施 0.1%～0.2%硫酸亚铁溶液，生长前期 7～10 天喷 1 次，连续喷 3～4 次，为了增强刺葡萄叶片对铁的吸收，喷施硫酸亚铁时可加入少量食醋和 0.2%尿素溶液，这对促进转绿有良好的作用。

三、主要害虫与防治

(一) 葡萄根瘤蚜

1. 危害特点

根瘤蚜属于专性寄生害虫，仅危害葡萄。被侵染的葡萄在叶片上形成大量的红黄色虫瘿，妨碍叶片正常的生长和光合作用；在根部，根瘤蚜刺吸形成结节状的肿瘤（彩图 9-3），根系吸收、输送养分和水功能受阻，逐步造成树势衰弱，影响产量和品质，严重时导致被害根系进一步腐烂，最终毁灭葡萄园。根瘤蚜主要通过苗木、种条远距离调运传播，其次通过风、水等媒介传播。2005 年在上海市马陆镇、湖南省怀化地区（洪江市、会同县、新晃侗族自治县）重新发现葡萄根瘤蚜。

2. 形态特征

(1) 根瘤型无翅孤雌成蚜。体卵圆形，长 1.2～1.5 毫米，鲜黄色、污黄色或略带绿色，触角及足黑褐色，无翅、无腹管。体表粗糙，有明显的暗色菱形或梭形纹，胸、腹各节背面各具一横形深色大瘤突，国外标本在头、胸、腹背面各节分别有 4 个、6 个、4 个灰黑色瘤突；各胸节腹面内侧有肉质小突起 1 对。复眼红色，由 3 个小眼组成；触角 3 节，第三节端部具 1 个圆形感觉孔，末端有 3～4 根刺毛；喙 7 节。足跗节 2 节，末端有 2 根冠状毛和 1 对爪。

尾片末端圆形,有毛6～12根。卵长0.3毫米,长椭圆形,黄色略有光泽,渐变为绿色。若蚜共4龄,淡黄色。

(2) 叶瘿型无翅孤雌成蚜。体近圆形,长0.9～1.0毫米,黄色,体表有微细凹凸纹,无黑瘤。触角第三节有1个感觉孔,末端有刺毛5根。其他与根瘤型相似。卵淡绿色,卵壳薄而光亮。

(3) 有翅有性型成蚜。体长0.9毫米,翅展2.8毫米,长椭圆形,橙黄色,中、后胸赤褐色。触角第三节有2个感觉孔,末端有刺毛5根。翅2对,静止时平叠于体上,前翅有长形翅痣和3条斜脉,后翅无斜脉。卵淡黄色或赭色,大卵长0.36～0.5毫米,小卵长0.27毫米。若蚜三龄时各节有黑瘤并出现黑灰色翅芽。

(4) 无翅有性型雌性蚜。体长椭圆形,长约0.4毫米,黄褐色,触角、足灰黑色,喙全退化。触角第三节有1个感觉孔,末端有刺毛5根。足跗节仅1节。由卵孵出后不蜕皮即为成虫。两性卵为椭圆形,深绿色,长0.27毫米。

3. 生活习性

葡萄根瘤蚜的生活史周期因寄主和发生地的不同有两种类型,在北美原产地有完整的生活史周期,即两性生殖和孤雌生殖交替进行,以两性卵在枝蔓上越冬,春季孵化为干母后只能危害美洲野生种和美洲系葡萄品种的叶,成为叶瘿型蚜,共繁殖7～8代,并陆续转入地下变为根瘤型蚜,在根部繁殖5～8代,以上均为无翅、孤雌卵生繁殖,至秋季才出现有翅雌蚜,在枝干和叶背孤雌产大(雌)、小(雄)两种卵,分别孵出雌、雄性蚜,不取食即交配,每头雌虫仅产1粒两性卵在枝条上越冬。

根瘤型蚜在南方地区的葡萄园最为常见,每年发生8代,以初龄若蚜和少数卵在根叉缝隙处越冬。春季4月开始活动,先危害粗根。5月上旬开始产卵繁殖,全年以5月中旬至6月和9月的蚜量最多,7月、8月雨季时被害根腐烂,根瘤型蚜转移至表土层须根上造成新根瘤,7—10月有12%～35%成为有翅型蚜,但仅少数出土活动。

根瘤型蚜完成一代需要17～29天,每头雌虫可产卵数粒至数十粒。卵和若蚜的耐寒力强。在－14～－13℃时才死亡，越冬死亡率 35％～50％。4—10 月平均气温 13～18℃、降水量平均 100～200 毫米时最适其发生，7～8 月干旱少雨可引起其活动猖獗，多雨则受抑制。一般疏松、有缝隙的壤土、山地黏土和石砾土均发生重，而沙土因间隙小、土温变化大可抑制其危害。

4. 防治措施

（1）严格检疫。 防止此虫传播的首要措施包括田间检疫、苗木和种条的检疫。对苗木供应单位，刺葡萄园在生长季节进行检疫和检查，注意检查植株是否生长健壮，叶片是否有虫瘿，根部尤其是新根上有无根瘤或腐烂；苗木和种条调运前也应该进行检疫，根系有症状的禁止调运。

（2）消毒处理。 苗木和种条在调运前和栽种前，严格进行消毒处理。苗木、种条的主要消毒方法如下：

①药剂浸泡。一是辛硫磷处理：使用 50％辛硫磷 800～1 000 倍液，浸泡枝条或苗木 15 分钟，捞出晾干后调运（调运前或苗木调运到目的地后处理后栽种）。二是烟碱溶液或新烟碱类杀虫剂处理：如使用 200 倍 10％烟碱乳油浸泡刺葡萄苗木或枝条 3～5 分钟，另外如使用吡虫啉、噻虫嗪等新烟碱类杀虫剂，药液浓度一般是田间防控蚜虫类害虫浓度的 1.5～3 倍。

②温水处理。水的温度在 52～54℃，浸泡种条、根系 5 分钟。最好先在 43～45℃的温水中浸泡 20～30 分钟，然后再用 52～54℃温水处理。

（3）农业防治。 一是建立无根瘤蚜的刺葡萄苗圃；二是在疫区栽种抗虫砧木的刺葡萄嫁接苗。

（4）药剂防治。 当发生根瘤蚜后，药剂防治只能作为降低害虫种群数量的临时措施。主要使用药剂及方法：土壤翻耕后泼浇 50％辛硫磷 500 倍液，或 10％吡虫啉 1 500 倍液，或 5％啶虫脒 1 500 倍液等；或每亩用辛硫磷 250 克、吡虫啉 100 克、啶虫脒 100 克，拌药法配毒土 30 千克施用。建议在刺葡萄根系两个快速生长期的之前或前期，每个时期使用 1～2 次药剂，如果使用 2 次，间隔期 7~15 天，年用药剂共 2~4 次。

（二）根结线虫

1. 危害特点

地下部分根结线虫侵入葡萄植株后，诱发根系病变，表现为生长根和吸收根局部膨大，形成根结瘤。由根结线虫在根部引发小的根结，初生根结白色，表面光滑，后变成浅褐色，外表粗糙，最后根结连同病根腐烂死亡。根结线虫还能侵染主根和侧根组织，使整个根系发育受阻，生长不良，侧根、须根变得短小，输导组织受到破坏。

地上部分由于根结线虫危害而导致葡萄根系的肥水吸收能力降低，引起地上部肥水供应失调，表现出生长衰弱，植株矮小、叶片发黄、花穗稀少、开花延迟、结果少、果实发育不全，造成产量减产、品质比正常果实差。

2. 形态特征

成熟雌成虫呈梨形，平均大小为 0.76 毫米×0.53 毫米；雄成虫长形，平均长度为 0.73 毫米；二龄幼虫长形，平均长度为 0.41 毫米。雌成虫会阴花纹由比较平滑的波浪形线纹组成，背弓高，线纹紧密。吻针锥部朝背面弯曲明显，唇盘和中唇顶面观呈哑铃状。

3. 生活习性

雌成虫体外产卵，多数在一个基质中藏有约 1 500 个卵。基质通常位于根外，但也有的位于根内，四周完全被组织包围。幼虫蜕皮 1 次，从卵孵出成为二龄幼虫。这些幼虫通过根际土壤传播迁移，穿过幼根皮层在新部位危害，蜕皮 3~4 次变成成虫。从卵到成虫约需要 25 天，完成内寄生的生活史。一年发生 4 代，世代重叠严重。

葡萄根结线虫以雌成虫、卵和二龄幼虫在病株根残体和根际土壤中越冬。春天温度回升时，以二龄幼虫侵染新生幼根，形成新的瘤状根结。自春季至秋末落叶后，土壤内二龄幼虫出现 4 次侵染高峰。第一代幼虫侵染高峰期为 4 月下旬至 5 月上旬，第二代幼虫侵染高峰为 7 月上中旬，第三代幼虫侵染高峰为 9 月下旬至 10 月上旬，第四代幼虫侵染高峰为 11 月上中旬。影响葡萄根结线虫发病的环境因素主要有土壤温度、土壤水分和土壤质地。土壤 10～20 厘米深、平均地温 22～30℃ 最适合侵染危害，低于 10℃ 或高于 36℃ 根结线虫侵染受抑制。土壤田间持水量为 45％～60％ 时最适宜发病，高于 60％ 发病轻，多雨年份发病轻，干旱年份发病重。土质疏松的壤土、沙土田块发病重，黏土田块发病较轻。葡萄根结线虫传播的主要途径是通过感病苗木、受害葡萄园的病土、病株残根、人工作业带病等。

4. 防治措施

(1) 加强检疫。 根结线虫一旦进入刺葡萄园土壤，将是永久性的，所以种植时应采用无根结线虫的刺葡萄苗木，最好是经过严格检疫的苗木。

(2) 农业防治。 ①建立无根结线虫的刺葡萄苗圃。②栽植具有抗性砧木的嫁接苗，这是预防刺葡萄根结线虫病最安全有效的途径。选用抗根结线虫砧木进行嫁接繁殖时，目前具有优良抗性表现的砧木有 5BB、SO4、1103P 等。③栽植前苗木用 50℃ 温水浸泡 10 分钟，或用化学药剂浸泡刺葡萄苗木根系，可预防将根结线虫带入园中。④对于栽植后感染的刺葡萄园，应增施有机肥、合理灌溉，加强田间管理，防治其他病虫害，以增强树势，提高抵抗力。⑤选地建园，建园前进行土壤深翻、暴晒，杀虫杀菌。⑥在刺葡萄园的行间间作套种葱、蒜、茼蒿等趋避植物，也可减轻根结线虫病的发病程度。

(3) 化学防治。 对已经感染根结线虫的刺葡萄园，可用淡紫拟青霉菌剂或厚孢轮枝菌剂等微生物菌剂进行灌根处理。

（三）葡萄透翅蛾

1. 危害特点

葡萄透翅蛾在国内葡萄产区发生普遍，是一种重要的葡萄害虫。幼虫危害葡萄嫩枝及一至二年生枝蔓，初龄幼虫蛀入嫩梢，蛀食髓部，使嫩梢枯死。长大后转移到较为粗大的枝蔓危害，被害处膨大成肿瘤，蛀孔外有褐色的粒状粪便排出，枝蔓易折断，其上部叶片变黄枯萎，果穗枯萎，果实脱落，轻则造成树势衰弱，产品质量下降，重则造成枝蔓干枯，甚至全株死亡。

2. 形态特征

成虫体长 18～20 毫米，翅展 25～36 毫米，体蓝黑色至黑褐色，头顶、下唇须、颈片、翅基片、后胸两侧和后缘以及足基节端部、胫节基部 1/2 为橙黄色，腹部第四节至第六节（雄虫为第四节至第七节）后缘有明显的橙黄色横带，以第四节的 1 条最宽。前翅红褐色，前缘、外缘及翅脉黑褐色；后翅透明，翅脉上具少量黑色鳞片。雄蛾触角内侧有两列灰黑色短毛，腹末节细长，两侧各有1 束长毛，外生殖器。卵椭圆形，稍扁，长约 1.1 毫米，红褐色，表面有网状纹。幼虫：老熟幼虫体长 25～38 毫米；头红褐色，额区黄褐色呈"人"字形；胴部黄白色微带紫红色，老熟后黄白色，前胸盾片有倒"八"字形褐色纹，第八腹节气门显著大而位于近后沿的背面。腹足趾钩单序二横带式。蛹体长 16～20 毫米，黄褐色，腹部背面有横刺列，第二节至第六节各 2 列，前列较粗大，第七节至第八节各 1 列（雄虫第七节 2 列），第十节有 12 枚短刺，腹面的8 枚排成弧形。

3. 生活习性

在大部分地区均 1 年 1 代，以幼虫危害枝蔓最为明显。翌春3—4 月葡萄萌芽期开始化蛹，始蛾期大多与开花期相吻合，5—7 月发生成虫，因不同地区和各年份气温有变化，各地发生期有差异。在南方地区成虫发生于 5 月中旬至 7 月上旬，盛期在 6 月上中旬。成虫高峰后 1～2 天即为产卵高峰，卵孵化后幼虫先蛀入嫩梢中危害，在 7—8 月多已转入一至三年生粗蔓中，至 10 月幼虫陆续老熟越冬。

卵散产于新梢的芽腋、叶柄、叶背叶脉、穗轴和卷须等处，尤以直径在 0.5 厘米以上新梢的 4～6 节着卵量最高。10 天后，幼虫于清晨孵化，以上午 8 时前后居多，从芽腋、叶柄基部或穗轴、卷须基部蛀入嫩茎，初咬下的碎屑不吞食，经 7～10 天茎髓被食空后即外出向粗蔓转移。转移时间均在夜间，从叶节处蛀入，每头幼虫须转移 1～3 次，每蛀道长 1～2 个茎节，被害节间肿胀，幼虫常在蛀孔内壁先环蛀一大空腔，故被害枝易被折曲和枯死，粪便排出蛀孔外。幼虫老熟后在蛀道近中部处啃取木屑将蛀道堵塞，在其中越冬。翌春向外咬一直径约 0.5 厘米的近圆形羽化孔，并用丝封闭孔口，筑 3 厘米长的蛹室在其中化蛹。幼虫共 10 龄，少数 9 龄。

4. 防治措施

(1) 农业防治。秋末以后，结合修剪彻底剪除有虫枯枝，集中处理；5—7 月及时剪除初萎蔫的被害嫩梢，虫量多时，可在蛾高峰后 10 天左右进行普遍剪梢 1 次，保留 5～6 节，可杀灭初龄幼虫和卵，阻止幼虫向粗枝转移。

(2) 物理防治。成虫始期，每 3～5 亩挂一个性诱剂诱捕器，诱杀雄蛾、降低交配率，每日黄昏时清除雄蛾，此法一般在虫口密度较低时效果显著。

(3) 化学防治。5—6 月成虫始盛期后 10 天左右，选用 50％杀螟松乳剂 1 000 倍液或 50％辛硫磷乳剂 1 000 倍液等，将药液喷到枝蔓上，喷药杀灭初孵幼虫和卵。

(4) 人工、天敌捕杀。刺杀和熏杀幼虫时，可用铁丝从排粪孔刺杀幼虫；还可用磷化铝片（1/4～1/3 片）或 56％～58％磷化铝可塑性丸剂塞入蛀孔，再用湿泥封闭孔口，熏杀幼虫。

(四) 葡萄短须螨

1. 危害特点

该螨以成螨、若螨危害新梢、叶柄、叶片、果梗、穗梗及果实。新梢、叶柄基部受害时，表皮产生褐色颗粒状突起；叶片被害，叶脉两侧呈褐锈斑，严重时叶片失绿变黄，枯焦脱落；果梗、穗轴被害后由褐色变成黑色，组织变脆，极易折断；果粒前期被害后，果面呈浅褐色锈斑，果皮粗糙硬化，有时从果蒂向下纵裂；果粒后期受害时影响果实着色，且果实含糖量明显降低、含酸量增高，严重影响葡萄的产量和质量。

2. 形态特征

葡萄短须螨属于真螨目细须螨科，又称葡萄红蜘蛛。雌成螨体长 0.27 毫米，宽 0.16 毫米，椭圆形，背中央纵向隆起，后半体稍扁平，赭褐色，腹背中央鲜红色，眼点红色；越冬雌虫淡褐色。前足体背毛 3 对，后半体背毛 3 对，肩毛 1 对，背侧毛 6 对，均短小。体背中央表皮纹不清晰，其两侧呈不规则的长形网格状，后半体两侧具 1 对孔状器。4 对足均短粗多皱，足Ⅰ、Ⅱ的股节背面各有 1 根宽阔具锯齿的叶状毛，跗节顶端各有 1 根枝状感毛。雄成螨体长 0.27 毫米，体后半部较雌螨狭窄，足体与末体之间有一收窄的横缝。卵长约 0.04 毫米，椭圆形，红色，有光泽。幼螨体鲜红色，足 3 对，白色。若螨淡红色或灰白色，足 4 对，前足体第二、三对背毛和肩毛以及后半体第三至第六对背侧毛均为宽阔具锯齿的叶状毛，其余毛均短小。

3. 生活习性

一年发生多代，以雌成螨在枝蔓翘皮下、根颈处以及松散的芽鳞茸毛内等群集越冬。翌年春天葡萄萌芽时，越冬代雌螨出蛰，危害刚展叶的嫩芽，半个月左右开始产卵。以幼螨、螨和成螨危害嫩芽基部、叶柄、叶片、穗柄、果柄和果实。随着新梢长大，不断向上蔓延。每年 7—8 月达危害盛期，10 月底开始转移到叶柄基部和叶腋间，11 月中旬全部越冬。

葡萄短须螨的发生与温湿度密切相关，随温湿度的升高，各代历期缩短。平均气温 29℃、空气相对湿度 80％～85％的条件最适宜其生长发育，因此，7—8 月的温湿度最适宜其繁殖，发生数量多，危害重。

4. 防治措施

（1）清园。落叶后至萌芽前，刮除老翘皮，集中处理，消灭越冬雌成虫。

（2）苗木处理。从外地引进苗木，在定植前必须用 3 波美度石硫合剂浸泡 3~5 分钟，晾干后再定植。

(3) 化学防治。 在萌芽期芽膨大吐茸时，全园喷 3~5 波美度石硫合剂（加 0.3％洗衣粉）。这是防治关键期，喷药一定要细致均匀。若历年发生严重，在葡萄发芽后，再喷 0.3~0.5 波美度石硫合剂。在发生高峰期使用杀螨剂如 1.5％阿维菌素 6 000 倍液、5％唑螨酯 3 000 倍液、10％联苯菊酯 4 500 倍液、5％噻螨酮 3 000 倍液等，交替使用。

（五）康氏粉蚧

1. 危害特点

康氏粉蚧以雌成虫和若虫刺吸葡萄嫩芽、嫩叶、果实、枝干的汁液。嫩枝受害后，被害处肿胀，严重时造成树皮纵裂而枯死。果实被害时，组织坏死，出现大小不等的褐色斑点、黑点或黑斑，危害处该虫所产白色棉絮状蜡粉等污染果实；该虫还会排泄蜜露到果实、叶片、枝条上，造成污染，湿度大时蜜露上发生杂菌污染，形成煤污病；有煤污病的果实彻底失去食用和利用价值。

2. 形态特征

雌成虫体长约 5 毫米，宽约 3 毫米，椭圆形，淡粉红色，被较厚的白色蜡粉；体缘具 17 对白色蜡刺，蜡刺基部粗末端渐细；体前端的蜡丝较短，向后渐长，最后 1 对最长。眼半球形，触角 8 节，足较发达，疏生刚毛。雄成虫体长约 1.1 毫米，翅展 2 毫米左右，紫褐色，触角和胸背中央色淡，单眼紫褐色，前翅发达透明，后翅退化为平衡棒，尾毛较长。若虫雌 3 龄，雄 2 龄，1 龄椭圆形，长约 0.5 毫米，淡黄色，眼近半球形，紫褐色，体表两侧布满纤毛；2 龄体长约 1 毫米，被白色蜡粉，体缘出现蜡刺；3 龄体长约 1.7 毫米，与雌成虫相似。卵椭圆形，长 0.3~0.4 毫米，浅橙黄色，附有白色蜡粉，产于白色絮状卵囊内；雄蛹长约 1.2 毫米，淡紫褐色，裸蛹。茧体长 2.0~2.5 毫米，长椭圆形，白色絮状。

3. 生活习性

康氏粉蚧 1 年发生 3 代，主要以卵在树体各种缝隙及树干基部附近土石缝处越冬，翌春葡萄发芽时，越冬卵孵化，爬到枝叶等幼嫩部分危害。第一代若虫盛发期为 5 月中下旬，第二代为 7 月中下旬，第三代为 8 月下旬。该虫第一代危害枝干，第二、三代以危害果实为主。

若虫发育期：雌虫为 35～50 天，蜕皮 3 次即为雌成虫；雄虫为 25～37 天，蜕皮 2 次后化蛹。雄成虫羽化的时期，适值雌虫第三次蜕皮而为雌成虫，雌雄交尾。交尾后雄虫死亡，雌虫取食一段时间爬到枝干粗皮裂缝间、树叶下、枝杈处、果实上分泌卵囊，而后将卵产于卵囊内。每头雌虫产卵 200～400 粒，以末代卵越冬。康氏粉蚧喜在阴暗处活动，因此，树冠郁闭、光照差、套袋的刺葡萄园发生较重。

4. 防治方法

（1）清园。果实采收后及时清理果园，将虫果、残枝、落叶等集中处理；清除枝蔓上的老粗皮，减少越冬虫口基数；春季发芽前喷 3～5 波美度石硫合剂，消灭越冬卵和若虫。

（2）化学防治。生长期应抓住各代若虫孵化盛期进行防治。花序分离到开花前是防治第一代康氏粉蚧的最关键时期，这是最重要的一次防治，因此，要根据虫口密度适时用药 1～2 次。有条件套袋的刺葡萄园，套袋前的杀菌杀虫防治非常重要；套袋后，康氏粉蚧有向袋内转移危害的特点，所以套袋后 3～5 天是防治该虫的又一个最佳时期。药剂种类有 25％噻虫嗪水分散粒剂、25％噻嗪酮悬浮剂、48％毒死蜱乳油、30％乙酰甲胺磷乳油、22.4％螺虫乙酯悬浮剂等。发生严重的果园喷药时可加入渗透剂，提高防治效果。

（六）绿盲蝽

1. 危害特点

绿盲蝽以成虫、若虫刺吸危害葡萄的幼芽、嫩叶、花蕾和幼果，刺食的过程分泌多种酶类物质，使植物组织被酶解成可被其吸食的汁液，造成危害部位细胞坏死或畸形生长。葡萄嫩叶被害后，先出现枯死小点，随叶芽伸展，小点变成不规则的孔洞，叶片萎缩不平；花蕾受害后即停止发育，枯萎脱落；受害幼果粒初期表面呈现不很明显的黄褐色小斑点，随果粒生长，小斑点逐渐扩大，呈黑色，严重受害的果粒表面木栓化，随果粒继续生长，受害部位发生龟裂，严重影响葡萄的产量和品质。

2. 形态特征

绿盲蝽又名花叶虫，属半翅目盲蝽科。绿盲蝽分布广泛，我国各地普遍发生，是危害刺葡萄的重要害虫。

成虫体长约 5 毫米，雌虫稍大，体绿色，复眼黑色突出。触角 4 节丝状，较短，约为体长 2/3，第二节长度等于第三、四节之和，向端部颜色渐深，第一节黄绿色，第四节黑褐色。前胸背板深绿色，有许多黑色小刻点。小盾片三角形微突，黄绿色，中央具一浅纵纹。前翅膜片半透明暗灰色，其余部分绿色。卵长约 1 毫米，黄绿色，长口袋形，中部略弯曲，卵盖奶黄色，中央凹陷，两端突起，无附属物。若虫 5 龄，初孵时绿色，复眼桃红色；5 龄若虫体长约 3.5 毫米，鲜绿色，触角淡黄色，端部色渐深，复眼灰色；前翅翅芽尖端蓝绿色，达腹部第四节。

3. 生活习性

1 年发生 3~5 代，主要以卵在葡萄茎蔓、芽眼间、枯枝断面、其他植物断面的髓部及杂草或浅层土壤中越冬。翌年 4 月中旬左右，平均气温在 10℃以上越冬卵孵化为若虫，4 月下旬葡萄萌芽后即开始危害，5 月上中旬展叶盛期为危害盛期，5 月中下旬幼果期开始危害果粒，5 月下旬以后气温渐高，虫口渐少。第一至四代分别出现在 6 月上旬、7 月中旬、8 月中旬、9 月中旬，世代重叠现象严重，主要转移到豆类、玉米、蔬菜等作物上危害。9 月下旬至 10 月上旬产卵越冬。成虫飞翔能力强，若虫活泼，稍受惊动，迅速爬迁，主要于清晨和傍晚刺吸危害，白天潜伏不易发现，这就是生产中经常只看到破叶却不见虫的原因。成虫寿命较长为 30~40 天，羽化后 6~7 天开始产卵，产卵期可持续 20~30 天，且产卵一般具有趋嫩性，多产于幼芽、嫩叶、花蕾和幼果等组织内，但越冬卵大多产于枯枝、干草等处。

绿盲蝽喜温暖、潮湿环境，高湿条件下若虫活跃、生长发育快，多雨的年份下发生较重。气温 20～30℃、空气相对湿度 80%～90%时最易发生危害。

4. 防治方法

(1) 清园。及时清除刺葡萄园周围棉、油、蔬菜等作物残体，清除周围及田埂、沟边、路旁的杂草，刮除四周主干上的老翘皮，剪除枯枝集中销毁，减少、切断绿盲蝽越冬虫源和早春寄主上的虫源。

(2) 物理防治。利用频振式杀虫灯诱杀成虫。绿盲蝽成虫有明显的趋光性，在果园悬挂频振式杀虫灯，每台灯有效控制半径在100 米左右，有效控制面积约 4 公顷，可有效减少成虫种群数量。

(3) 天敌捕杀。绿盲蝽天敌种类较多，卵寄生蜂有点脉缨小蜂、盲蝽黑卵蜂等。捕食性天敌有花蝽、草蛉、蜘蛛等，自然条件下对绿盲蝽有一定的抑制作用。

(4) 化学防治。绿盲蝽具有很强的迁移性，要根据预测预报，做到统一时间、统一用药、统一行动。于早春刺葡萄芽眼吐絮时喷药，全树喷施一遍 3 波美度的石硫合剂，消灭越冬卵及初孵若虫。越冬卵孵化后，抓住越冬代低龄若虫期，适时进行药剂防治。正式登记的药剂主要有 45%马拉硫磷乳油、2.5%溴氰菊酯乳油、5%顺式氯氰菊酯乳油；效果较好的药剂还有 10%吡虫啉粉剂、3%啶虫脒乳油、48%毒死蜱乳油等。连喷 2～3 次，每次间隔 7～10 天。喷药一定要细致、周到，对树干、地上杂草及行间作物全面喷药。喷药防治要在太阳未出现的早晨或落山后的傍晚进行，以达到较好的防治效果。

(七) 斑衣蜡蝉

1. 危害特点

斑衣蜡蝉成虫、若虫刺吸葡萄嫩茎和叶片汁液，嫩梢被害后多萎蔫变黑，嫩叶初期显黄褐色小点，逐渐形成枯斑以致穿孔、破裂，其排泄物污染枝叶和果实，引起霉菌寄生而变黑，影响光合作用和降低果品质量。

2. 形态特征

成虫体长 15～20 毫米，翅展 40～56 毫米，雄虫略小。体灰褐色，附有薄层白蜡粉；头顶向上翘起，复眼黑色。触角 3 节，基节膨大，红色，端节刚毛状；前翅基部 2/3 淡褐色，散生 20 余个黑斑，翅端 1/3 黑色，密布灰黄色网格状脉纹；后翅基部 1/2 红色，有 7～8 个黑斑，中部白色，翅端 1/3 黑色。卵长约 3 毫米，短柱状，两端略尖似麦粒状，背面两侧有凹入线，中部隆起，其前半部有长卵形的卵盖；数十粒成行排列，上覆盖土灰色蜡质分泌物。若虫：第一至三龄若虫体黑色，背面散生白点，静止时前足将体支撑呈 45°角；四龄若虫体背红色，有黑斑纹和白点。

3. 生活习性

1 年 1 代，卵块在葡萄枝干和支架上越冬。翌春葡萄抽梢后卵孵化为若虫，湖南约在 5 月中旬，孵化期延续 20 天左右。若虫群聚嫩梢和叶背危害，以后渐分散。成虫羽化期在 6 月中旬至 7 月，8 月中下旬陆续交尾，产卵越冬。若虫期约 60 天，成虫寿命长达 4 个月。成虫、若虫均白天取食，有一定的群聚性，弹跳力强，成虫每次飞翔距离 1～2 米，交尾多在夜间。产卵时常自右至左，一排产完覆盖蜡粉后再产第二排，产完 1 个卵块需要 2～3 天，每个卵块平均有卵粒 18～40 粒。卵块多产在架蔓的腹面和阴面，更喜产在水泥柱上，邻近臭椿、苦楝、构树等树木的边行上着卵量最多。

4. 防治措施

（1）农业防治。刺葡萄园应远离臭椿、苦楝、构树等。卵期的天敌有日本平腹小蜂，该蜂为单寄生，一年多代，以老熟幼虫在寄主卵内越冬，完成 1 代约需要 30 天。结合冬剪，刮除老蔓上的越冬卵块，收集卵块放入寄生蜂饲养器中，待寄生蜂羽化飞离后再将卵处理。

（2）化学防治。4—5 月若虫孵化后进行药剂防治，最好在一龄若虫聚集于嫩梢但尚未分散时进行局部防治。药剂种类可选用

2.5%溴氰菊酯 3 000 倍液。

(八) 葡萄脊虎天牛

1. 危害特点

以幼虫在枝蔓髓部蛀食,幼虫将虫粪堵塞于枝蔓蛀道内,枝条外无虫粪,秋冬季被害枝表皮呈黑褐色,遇风易折断。该虫寄主只有葡萄。

2. 形态特征

成虫体长 8~15 毫米,体大部分黑色,前胸背板、小盾片和前、中胸腹板深红色,触角和足黑褐色。头部额区略显出 3 条纵脊,复眼前上方极度凹入,触角 11 节,长达翅鞘基部。前胸背板隆起,两侧圆弧形;鞘翅端缘平切,外端角尖锐呈刺状,翅基 1/4 处有 1 条 C 形黄毛带,两翅合拢呈 X 形黄色斑纹,翅端部 1/3 处另有 1 条黄色宽横带。雄虫后足腿节伸展后略超过腹末,雌者稍短,仅达腹末。

卵长约 1 毫米,长椭圆形,向一侧稍弯曲,一端稍尖,乳白色。幼虫老熟时体长约 17 毫米,淡黄色,无足;头小,黄褐色,前胸背板淡褐色,其后缘有"山"字形细沟纹,中胸至第八腹节背、腹面有椭圆形突起;蛹为裸蛹,体长 12~15 毫米,黄白色,复眼淡赤色。

3. 生活习性

每年发生 1 代,以长约 3 毫米的低龄幼虫在被害枝条内越冬。翌年 4 月、5 月恢复取食,7 月幼虫老熟,在蛀道内化蛹,蛹期 7~10 天,7—9 月发生成虫并产卵,8 月中下旬为盛期。卵期 5~7 天,初孵幼虫经芽蛀入枝内,先在皮下浅处纵向蛀食,逐渐蛀至木质部,11 月在蛀道内越冬。

成虫羽化后在枝内停留 4~5 天,然后蛀羽化孔外出,经 1~2 天即交尾产卵。卵多产在发育良好的一年生枝的芽鳞片间及芽腋处,每处 1 粒,少数多年生枝亦可被害,每头雌虫可产卵数十粒至一百粒,成虫寿命约半个月。越冬幼虫活动初期先在蛀道内横向蛀一环沟，然后纵向蛀食，因而被害处极易被风折断，葡萄现蕾开花期即可见到枝条枯萎症状。

4. 防治措施

(1) 剪除虫枝。冬季结合修剪，剪除节间变黑枝；春夏季随时剪除枯萎枝，及时处理。

(2) 化学防治。成虫虫量多时可于成虫发生期喷触杀剂，药剂种类参照葡萄透翅蛾。也可涂药杀幼虫，秋季幼虫在浅皮下危害时，可用杀螟松与二溴乙烷（1∶1）混合乳油的 20～50 倍液，局部点涂在节间变黑处。

四、常用农药的配制与使用

（一）常用农药分类

1. 按功能分类

按功能，农药大致可分为保护剂和治疗剂。

(1) 保护剂。用于植物的体表后，不进入植物体内，阻止病原菌的侵入或靠触杀直接杀死萌发的病原菌孢子或菌丝，保护植物不受病原菌侵害的物质。

(2) 治疗剂。用于植物的体表后，被植物吸收或通过渗透作用进入植物体内，杀死病原菌或抑制病原菌的生长，控制植物病害的物质。

2. 按农药剂型分类

按剂型，农药可分为六大类。

(1) 可湿性粉剂。可湿性粉剂为易被水湿润并能在水中分散、悬浮的粉状剂型。其有效成分含量一般较高，耐贮存，粒径可达 3～5 微米。

(2) 水分散粒剂。水分散粒剂是把可湿性粉剂或悬浮剂通过再造粒技术制成颗粒的农药剂型。这种剂型流动性能好，使用方便，无粉尘飞扬，安全入水后自动崩解，分散成悬浮液。它是在可湿性粉剂和悬浮剂的基础上发展起来的新剂型，它具有分散性好、悬浮率高、稳定性好、使用方便等特点。

（3）**悬浮剂**。悬浮剂为固体原药分散、悬浮在含有多种助剂的水介质或油介质中能流动的高浓度黏稠型。比如30％代森锰锌（万保露）悬浮剂，加入植物油，提高了药液抗雨水冲刷的能力，阴雨天打不上药时，配合治疗剂一起使用，防病效果十分理想。

（4）**乳油**。乳油为入水后可分散成乳状液的油状均相液体剂型。这种剂型稳定性好，药效高，使用方便，但其溶剂主要采用二甲苯、甲苯、苯，对葡萄的果粉影响很大，所以最好在开花前或套袋后使用。近年来，随着该剂型的改进，溶剂逐步用矿物油或植物油代替，对果粉的影响越来越小，且更环保。

（5）**水剂**。水剂指农药原药的水溶性剂型。水剂使用方便，对果面友好，但要求原药在水中有较高的溶解度，目前技术仍存在诸多不成熟之处，且农药的种类也较少，选择的余地小。

（6）**水溶性粉剂**。水溶性粉剂指加水后可溶解为溶液的农药剂型。水溶性粉剂没有药斑残留，不污染果面，但此剂型的农药多是盐的形式，和其他农药混配时如浓度过高易产生沉淀、降低药效。

（二）农药混配原则

要根据防治需要、病虫害的发生程度、天气和想要达到的目的选择药剂。

配药公式大致为：保护剂＋治疗剂＋杀虫剂＋叶面肥。通常情况下，最重要的是保护剂，其次是治疗剂、杀虫剂，最后是叶面肥。没有病虫害时，只用一种保护剂就可以了；当病害压力大、将要发生时，需要加上治疗剂，一般情况下治疗剂选一种就够了，当大面积发生或久治不愈时才考虑用两种，三种或三种以上最好不要考虑；如果有虫害，需要加上杀虫剂；根据田间刺葡萄长势，可适当加入叶面肥。

选择混配的农药、化肥不能起反应。

自制波尔多液显碱性，与多数农药混配都会起反应，一般情况下，施用波尔多液7天后才可以施用其他农药；成品铜制剂与氨基酸混配时，会发生反应生成络氨铜，一般情况下不影响使用，但露水较重时易产生药害；代森锰锌与糖醇螯合的微量元素肥料混用时，悬浮率大幅降低；代森锰锌与有机硅混用时，易产生药害，目前反应机理尚不清楚。

（三）农药混配方法

一是单个二次稀释、一次稀释一个。禁止将几种药同时进行二次稀释，或者直接倒入药缸内，然后加水搅拌。

二是顺序。先固体，后液体。有肥料时，先配肥料，比如有磷酸二氢钾、锌肥、硼肥、钙肥时，无论肥料是固体还是液体，都应先把肥料配好。

三是农药稀释。在稀释农药或者微量元素肥料时，一般会遇到两种使用倍数，一种是稀释多少倍，一种是每亩或每公顷多少克。标注稀释倍数的直接稀释，密度不知道时，可粗略按照 1 毫升/克来计算；如果标注是每亩或每公顷多少克，则不存在与稀释倍数上的换算关系。遇到以上不确定的情况时，须向经销商咨询，不要随意使用。

（四）常用农药的配制

1. 波尔多液

波尔多液是葡萄园经常使用的预防保护性的无机杀菌剂，成品为天蓝色，微碱性悬浮液，一般现配现用。其黏着力强，较耐雨水冲刷，是优良的保护剂和杀菌剂，运用范围较广。它对预防葡萄黑痘病、霜霉病、白粉病、褐斑病等都有良好的效果。

（1）配制与使用方法。大面积果园一般要建配药池，配药池由一个大池、两个小池组成，两个小池设在大池的上方，底部留有出水口与大池相通。配药时，塞住两个小池的出水口，用一小池稀释硫酸铜，另一小池稀释石灰，分别盛入需兑水数的 1/2（硫酸铜和石灰都需要先用少量水化开，并滤去渣子）。然后，拔出塞孔，两个小池齐汇注于大池内，搅拌均匀即成。如果药剂配制量少，可用一个大缸、两个瓷盆或桶。先用两个小容器化开硫酸铜和石灰，然后两人各持一容器，缓缓倒入盛水的大缸，边倒边搅拌，即可配成。

稀硫酸铜液倒入浓石灰液中的效果也很好。先将硫酸铜用 2/3 的水溶解，用 1/3 的水化开石灰而成石乳，然后将硫酸铜液倒入石灰乳中，并不断搅拌，使两液混合均匀即可，此法配成的波尔多液质量好，胶体性能强，不易沉淀。要注意不能反倒，否则易发生沉淀。

波尔多液中硫酸铜、石灰和水的比例，是按照刺葡萄不同时期对石灰和铜的敏感程度决定的。所谓半量式、等量式、倍量式和多量式波尔多液，是指石灰与硫酸铜的比例；而配制浓度 1%、0.8%、0.5%、0.4% 等，是指石灰的用量。例如施用 0.5% 浓度的半量式波尔多液即用硫酸铜 1 份、石灰 0.5 份、水 200 份配制，也就是 1:0.5:200 倍波尔多液。一般采用石灰等量式，病害发生严重时可采用石灰半量式以增强杀菌作用，对容易发生药害的树种和品种则采用石灰倍量式或多量式。

(2) 注意事项。

①必须选用洁白成块的生石灰，硫酸铜选用蓝色有光泽、结晶成块的优质品。

②配制时不宜用金属器具，尤其不能用铁器，以防止发生化学反应降低药效。

③硫酸铜液与石灰乳液温度达到一致时再混合，否则容易产生沉降，降低杀菌力。

④药液要现用现配，不可贮藏，同时应在发病前喷用。

⑤波尔多液不能与石硫合剂、肿·锌·福美双等碱性药液混合使用。喷施石硫合剂和肿·锌·福美双后，隔 10 天左右才能再喷波尔多液；喷波尔多液后，隔 20 天左右才能喷石硫合剂、肿·锌·福美双等农药，否则会发生药害。

2. 石硫合剂

石硫合剂是用石灰、硫黄和水熬制而成的一种红褐色半透明液体，有臭鸡蛋味，呈强碱性，对皮肤有腐蚀作用。石硫合剂具有杀虫、杀螨、杀菌作用。

(1) 配制与使用方法。石硫合剂配比为生石灰：硫黄：水＝

1.2∶2∶15，先将生石灰放于生铁锅内，加少量水化开后，再加水至足量制成石灰乳；然后加热至近沸腾时，沿锅边缓缓倒入事先用少量水调成糊状的硫黄浆，边倒边搅拌，标好水位高度，用热水补充蒸发掉的水分；待药液熬成红褐色，锅底渣滓呈黄绿色时即成；冷却后滤去渣滓，即得到红褐色透明的石硫合剂母液，用波美比重计测定原液浓度备用，一般熬制的原液浓度在25～30波美度。

熬制成较高的原液度数的关键：生石灰要求质量好，杂质少；硫黄粉磨得越细越好；熬制过程中要始终保持大火力。

使用前必须计算出稀释后的加水量，每亩石硫合剂原液稀释到目的浓度需加水量的公式：加水量（亩）/每亩原液＝（原液浓度－目的浓度）/目的浓度，如表9-1、表9-2所示。

表9-1　石硫合剂原液稀释倍数表（容量计算表）

稀释液浓度（波美度）	不同浓度（波美度）原液的加水稀释倍数										
	20	22	25	26	27	28	29	30	31	32	33
0.1	231.0	248.0	300.0	315.0	330.0	345.0	361.0	377.0	393.0	409.0	426.0
0.2	114.0	128.0	150.0	157.0	165.0	172.0	179.0	188.0	196.0	204.0	212.0
0.3	77.0	86.0	101.0	106.0	110.0	116.0	120.0	126.0	131.0	137.0	142.0
0.4	57.0	64.0	77.0	78.0	82.0	86.0	89.0	93.0	97.0	101.0	106.0
0.5	45.1	51.0	59.0	62.0	65.0	68.0	71.0	74.0	77.0	81.0	84.0
0.6	37.5	42.0	49.1	52.0	54.0	57.0	59.0	62.0	64.0	67.0	70.0
0.7	31.9	35.8	42.0	44.0	46.1	48.4	50.0	55.0	55.0	57.0	60.0
0.8	27.8	31.2	36.5	38.4	40.2	42.1	44.1	46.0	48.0	50.0	52.0
0.9	24.6	27.6	32.3	33.9	35.6	37.2	38.9	40.7	42.5	44.2	46.1
1.0	22.0	24.7	29.0	30.4	31.9	33.3	34.8	36.5	38.1	39.7	41.4
1.5	14.4	16.2	18.9	19.9	20.9	21.9	23.0	24.0	25.1	26.2	27.3
2.0	10.5	11.8	13.9	14.7	15.4	16.2	16.9	17.7	18.5	19.3	20.2
2.5	8.1	9.2	10.9	11.5	12.1	12.7	13.3	13.9	14.5	15.2	15.8
3.0	6.6	7.5	8.9	9.3	9.8	10.3		11.3	11.9	12.4	12.9
3.5	5.5	6.2	7.4	7.8	8.3	8.7	9.1	9.5	9.9	10.5	10.9
4.0	4.7	5.3	6.4	6.7	7.1	7.4	7.8	8.2	8.6	9.0	9.4
4.5	4.0	4.6	5.5	5.8	6.1	6.5	6.8	7.1	7.5	7.8	8.2
5.0	3.5	4.0	4.8	5.1	5.4	5.7	6.0	6.3	6.6	7.0	7.3

注：加水稀释倍数是每一份原液加水份数，以容积（升）计算。

表9-2　石硫合剂原液稀释倍数表（重量计算表）

稀释液浓度（波美度）	不同浓度（波美度）原液的加水稀释倍数										
	23	24	25	26	27	28	29	30	31	32	33
0.1	229.0	239.0	249.0	259.0	269.0	279.0	289.0	299.0	300.0	319.0	329.0
0.2	114.0	119.0	124.0	129.0	134.0	139.0	144.0	149.0	154.0	159.0	164.0
0.3	75.7	79.0	82.3	85.6	89.0	92.3	95.7	99.0	102.3	105.7	109.0
0.4	56.5	59.0	61.5	64.0	66.5	69.0	71.5	74.0	76.5	79.0	81.5
0.5	43.2	47.0	49.0	51.0	53.0	55.0	57.0	59.0	61.0	63.0	65.0
0.6	37.4	39.0	40.7	42.3	44.0	45.7	47.3	49.0	50.7	52.3	54.0
0.7	31.9	33.3	34.7	36.1	37.6	39.0	40.4	41.9	43.3	44.7	46.1
0.8	27.5	29.0	30.2	31.5	32.7	34.0	35.3	36.5	37.8	39.0	40.2
0.9	22.3	25.6	26.7	27.8	29.0	30.0	31.2	32.3	33.4	34.5	35.6
1.0	22.0	23.0	24.0	25.0	26.0	27.0	29.0	30.0	30.0	31.0	32.0
1.5	14.3	15.0	15.6	16.3	17.0	17.6	18.3	19.0	19.6	20.3	21.0
2.0	10.5	11.0	11.5	12.0	12.5	13.0	13.5	14.0	14.5	15.0	15.5
2.5	8.2	8.6	9.0	9.4	9.8	10.2	10.6	11.0	11.4	11.8	12.2
3.0	6.7	7.0	7.3	7.7	8.0	8.3	8.7	9.0	9.3	9.7	10.0
3.5	5.6	5.8	6.1	6.4	6.7	7.0	7.2	7.5	7.8	8.1	8.4
4.0	4.5	4.8	5.3	5.6	5.8	6.0	6.3	6.5	6.8	7.0	7.2
4.5	4.1	4.3	4.5	4.7	5.0	5.2	5.4	5.6	5.8	6.0	6.3
5.0	3.5	3.8	4.0	4.2	4.4	4.6	4.8	5.0	5.2	5.4	5.6

注：加水稀释倍数是每一份原液加水份数，以重量（千克）计算。

（2）注意事项。

①熬制石硫合剂时必须选用新鲜、洁白、含杂物少而没有风化的块状生石灰；硫黄选用金黄色、经碾碎过筛的粉末，水要用洁净的水。

②熬煮过程中火力要大且均匀，始终保持锅内处于沸腾状态，并不断搅拌，这样熬制的药剂质量才能得到保证。

③不要用铜器熬煮或贮藏药液，贮藏原液时必须密封，最好在液面上倒入少量煤油，使原液与空气隔绝，避免氧化，这样一般可

保存半年左右。

　　④石硫合剂腐蚀力极强，喷药时不要接触皮肤和衣服，如已接触应速用清水冲洗干净。

　　⑤石硫合剂为强碱性，不能与肥皂、波尔多液、松脂合剂及遇碱分解的农药混合使用，以免发生药害或降低药效。

　　⑥喷雾器用后必须及时喷洗干净，以免因腐蚀而损坏。

（编者：王先荣　张强鑫　刘永波）

第十章

刺葡萄园主要自然灾害与防御

一、水涝

(一) 刺葡萄园受水涝危害

　　水涝是农业气象灾害的一种,是由于降水过多,农田土壤过湿、淹水或洪水泛滥而造成的自然灾害。刺葡萄对灾害性天气较为敏感,特别是长时间降水严重影响着刺葡萄的正常生长,水涝一般发生在6—8月,此时由于降水量较大在低洼地段、排水不通畅地段易形成水涝。如遇汛期的强降水,雨量多且持续时间长,果园内排水不及时使得田间积水,刺葡萄根系的呼吸作用受到抑制,因缺氧导致霉根而生长滞缓,吸收能力下降,影响到根系和地上部的生长及结果,同时极易伴随着白腐病、霜霉病和黑痘病等病害的发生。若淹水时间过长,比如超过1周,会导致部分叶片脱落及果实畸形,涝害严重时甚至会引起根系腐烂和植株死亡。另外,水涝发生的高峰期,刺葡萄正处于或将要处于转色期且处于糖分转化积累阶段,此时淹水可能导致转色不良和糖分积累情况不佳,使刺葡萄果实虽然能够因适度胁迫提早成熟,但成熟后外观和口感较差,影响刺葡萄果实品质(彩图10-1)。

(二) 防涝抗涝措施

　　主要措施有如下三点:

　　(1)建园选址时最好选择高处平地,应尽量避开易发生水涝的低洼田地。

（2）在地下水位高的地方要采用开深沟起垄栽培，并且为避免在大暴雨时淹水，要事先挖好排水沟，可开一些小的排水沟引流，建好排涝系统，保证多雨季节排水通畅。

（3）在河堤、水库附近建园要注意疏通河道和加固堤防等。

二、热害

（一）刺葡萄园遭受热害的症状

刺葡萄可生长在高温高湿的自然环境中，对高温具有一定的忍受能力，但长时间高于某一温度就会导致热害，一般最高温度高于35℃刺葡萄就会遭受热害。刺葡萄的热害主要始发于7月初，此时持续多天的35℃以上的高温天气易造成热害，热害一般发生在土壤含水量较低、叶片稀疏、地上杂草覆盖较少的区域。

刺葡萄发生热害后叶片容易被烧伤，枝梢叶片局部呈灼伤枯焦斑，往往在叶缘部分连片枯焦呈火烧状，发病严重时枝条可能会干枯导致死亡。果实表现为皱缩、变褐色，进而干枯，可分为气灼和日灼。气灼是由环境空气温度过高或热气流灼伤所引起，因其受害的浆果先是果实表皮出现淡褐色或暗灰色大小不等的烫伤状色斑，后干缩下陷呈深褐色或紫黑色斑，病斑凹陷但不脱落，同时会伴随真菌性病害如炭疽病等，影响品质，最终表现为缩果；而日灼是与盛夏烈日的阳光暴晒相关，阳光直接照射下的果穗上的果皮表面出现软化褐变，先在果粒基部呈淡褐色病变，随后迅速扩大至整个果粒呈红褐色至暗红色，病果的果皮不下陷也不干缩，最终大多成僵果脱落，在一个果穗上日灼与缩果会同时出现，会引起大量僵果，最后脱落（彩图10-2）。

（二）防止热害的措施

防止热害的主要措施有：

（1）在7—9月，注意抗旱浇水，提高土壤中水分含量，有利于树体蒸腾作用降温，浇水时应注意保持表土不能太干燥。

（2）用遮阳棚。用一般的葡萄避雨棚（成本 1 万元/亩）可一定程度上减少热害的发生，在避雨棚上加盖遮阳网效果会更好，但成本较高，有条件的种植户可以用遮阳网。

（3）尽量保持长势较低的杂草生长，树盘覆草，减少地面水分蒸发。

（4）对果园进行松土，加强土壤通透性，适施钙、镁、硼等肥料，增加树体抗旱、抗逆能力。

（5）科学管理，注意冬季修剪、春季留梢，留适量叶面积，实施控产栽培，保留合理叶幕，减轻树体负担。

三、旱灾

（一）旱灾对刺葡萄的影响

在干旱的条件下，刺葡萄会遭受干旱胁迫。干旱胁迫是指长期缺少降水或灌溉造成空气干燥、土壤缺水，从而导致刺葡萄体内水分亏缺，影响其正常生理代谢和生长发育。土壤所处的区域（山顶、半山腰或山底）、土质（偏壤土或黏土等）都影响刺葡萄的旱或涝，刺葡萄是较耐旱的植物，但干旱胁迫仍然对刺葡萄的生长发育具有较大的影响。刺葡萄的旱灾一般从 7 月开始发生，主要表现在：

（1）干旱胁迫下，刺葡萄的根系难以从土壤中吸收水分和养分，以至于光合作用减弱，导致枝叶生长衰弱枯萎，出现老叶黄化、脱落，花芽分化不良，甚至植株凋萎死亡的现象。干旱时间过长会造成刺葡萄根系变褐色、白根（吸收根）减少、根系断层，但总体来说对于刺葡萄枝叶的影响大于根系。

（2）在刺葡萄果实膨大早期，若遭遇干旱胁迫会导致果实膨大基本处于停滞，即使之后供水充分，果粒也难以达到其应有大小，干旱较严重时容易引起果实掉粒。

（3）在果实生长后期，如果发生干旱，会导致刺葡萄叶片干枯、果实灼伤、果实催熟等干旱胁迫表现。

（4）在果实成熟期，若发生干旱胁迫会推迟刺葡萄浆果成熟，使果粒颜色暗淡，伴随着高温，果粒还会发生日灼。

（5）在成熟期适当控水，则能提早刺葡萄果实成熟。轻度的水分胁迫可以阻止刺葡萄新梢生长，使蔗糖合成酶活力升高，从而增强果实库强度，促进果实糖分积累。

（二）刺葡萄园的抗旱措施

抗旱措施主要有以下 6 种方法：

（1）选择适宜的耐旱品种和抗旱砧木。

（2）7 月开始，及时灌水，每隔 3～5 天浇水一次。还可在刺葡萄园内安装铺设滴灌等节水灌溉设施，一般比普通灌溉省水 70% 以上。

（3）合理整枝，减少树体蒸腾。调整适当的枝叶比例，既能满足树体生长的需要，又可减少树体的消耗，减少蒸腾量。

（4）注重土壤改良，偏黏重土壤的园区注重增加有机肥或绿肥的使用量。种植绿肥可增加土壤有机质的积累，使土壤团粒结构增多，改善土壤结构，通过优化土壤理化性状，增强旱地蓄水、供水能力，从而提高果园整体的抗旱能力。

（5）进行地面生草和覆膜，主要在树盘内用地膜、作物秸秆、杂草、树叶等进行覆盖，可达到有效减少土壤水分蒸发的效果，提高蓄水能力，起到保水抗旱的作用。

（6）对刺葡萄园进行土壤深耕也可防止土壤水分大量蒸发，并可深蓄降水，增加土壤含水量。

四、风灾

（一）大风对刺葡萄园的影响

在我国南方沿海地区，葡萄园主要遭受的风害是由台风及雷雨大风（飓风）所造成，刺葡萄产区主要遭受的是 4 月、5 月不固定偶发的7～8级大风。在枝条长度长至60厘米左右时，大风易将一年生新梢吹断，尤其是逆风向生长的枝条更易折断，花穗连同枝条一起掉落，对后期会造成一定的经济损失。由于4—5月刺葡萄正处于开花授粉和坐果阶段，此期间如遭遇强风会导致坐果率降低。风害对刺葡萄园的影响主要有以下几方面：

（1）**机械损伤。**遭遇大风侵袭时，刺葡萄被刮倒、刮斜，造成植株断枝、破叶、落叶，在刺葡萄成熟期还会将果实刮落等。

（2）**生理危害。**台风来临带来大风的同时，与之相伴的强降水会导致果园被淹，小树死亡。大风可加速水分蒸腾，造成叶片气孔关闭，光合强度降低，削弱树体活力，扰乱代谢功能，花芽退化减产等现象。

（3）**刮倒大棚。**目前部分刺葡萄主产区采用避雨栽培，如果搭建的棚架不够结实或遭遇强风时未做好防范措施，强风会导致棚架被刮倒，可能造成部分直接经济损失。

（二）刺葡萄园防风措施

刺葡萄园可采取的防风措施主要有：

（1）**园地选择。**园区主要选在风量小的山南侧更好，选择地势较高而不易积水的田地建园更好。

（2）**建立果园防护林。**不仅可降低风速，还可吸附粉尘、减少冷热空气对流，改善刺葡萄园内小气候条件。

（3）**及时绑枝。**4月待枝条长度大于50厘米时，及时绑平枝条，防止枝条向上或处于逆风方向被大风刮断、刮落。

（4）**采用耐涝砧木。**可降低台风带来的强降水对刺葡萄植株产生的影响。

（5）**建造的棚架要牢固。**不要为了降低成本而使用劣质的棚柱，并且棚架周围要安设牢固的地锚增加抗风力。

（6）**揭膜保棚。**在大风来临前可揭开薄膜，减低大风对棚架的危害，以保住棚架。

五、雹灾

（一）冰雹对刺葡萄的危害

冰雹是在积雨云中降落的，呈圆球形透明与半透明冰层相间的固态降水。雹害是强对流天气带来的灾害，与其他气象灾害相比，冰雹灾害具有局地性强、持续时间短、突发性明显、发生时间集中及灾害严重等基本特征。冰雹袭击后对葡萄园所造成的雹灾，主要是雹块对葡萄植株造成的机械危害和短时大风的破坏作用。冰雹发生情况年际变化大，在同一地区，有的年份连续发生多次，有的年份发生次数很少，甚至不发生。刺葡萄产区不常遭遇冰雹，冰雹大多出现在冷暖空气交汇激烈的2—5月，也可能在盛夏强烈而持久的雷暴中降落。海拔高的园区比海拔低的园区遇到冰雹的概率大，冰雹也会大些。冰雹对葡萄植株造成的危害一般为打破叶片、打断小枝、打烂花序、击落幼果等，沿海地区栽种可能会折断大枝、打烂树皮、击落全部叶片和大部分果实，伴随的阵性大风还可能刮倒树体或连根拔出。冰雹危害的程度取决于雹块大小、密度和雹块下降速度，也与冰雹发生时期葡萄所处的物候期有关。

（二）刺葡萄园防雹和雹害后的管理

刺葡萄园防雹和雹害后的管理主要有以下几点：

（1）新建园应避开冰雹带。 刺葡萄属多年生植物，生长地长期固定。而冰雹发生受地形影响显著，地形越复杂越易发生冰雹，因此，新建刺葡萄园应尽量避开雹灾多发地带。可根据当地降雹规律，避免在地势较高的多雹区和"雹线"区建立刺葡萄园。

（2）架设防雹网。 架设防雹网是刺葡萄园预防冰雹危害最有效的方法，兼具防鸟作用。它能防止和减少在降雹和暴风中折枝、断干、落叶和落果，并可以结合防鸟将防护网下垂至地面。防雹网应在雹害易发的2—5月前拉开，采果后及时收起，避免后期降雪压塌，造成不必要的损失。

(3) 及时关注天气变化。冰雹具有形成快、历时短、突发性强的特点，果农应密切关注天气变化，及时做好防御。如果雹灾已经发生，应在灾后第一时间到果园检查受灾情况，及时采取针对性补救措施。

(4) 排水清淤。灾后应立即排除果园积水，清理园地淤泥，降低园土含水量，同时结合浅耕松土，增强土壤通气性，使根系尽快恢复正常生理活性。

(5) 清理园地。及时清除断枝、烂果，清理园中的落叶、落果、残枝，挖坑深埋，全园喷药防病保叶，预防病害滋生蔓延。

(6) 补充营养。灾后及时追施速效性高氮复合水溶肥，增加树体营养；同时，结合喷药喷施叶面肥，增强叶片光合效能，促进树体恢复。

六、环境污染

环境污染主要包括大气污染、水质污染、土壤污染和农药污染4个方面。另外，不套袋的刺葡萄果实常常有灰尘附于果面，对果实品质造成一定的影响。

(一) 大气污染

大气污染物中对葡萄危害最为严重的物质主要有二氧化硫、氟化氢、氯气、臭氧、二氧化氮、一氧化碳和碳氢化合物等。有害气体危害的症状与葡萄褐斑病、白腐病、黑腐病等相似，有时缺乏微量元素产生的症状也会和大气污染的症状相混。如缺钾时，叶片尖端和叶缘出现土黄色坏死斑，严重时叶片卷缩，与氟化氢引起的伤斑相似，而干旱、缺素等产生的症状多半是叶片部分褪色发黄，发黄部分与绿色部分之间无明显界线，并且一般不会出现坏死斑。若空气中污染物浓度太高会直接造成叶片、花果表面出现斑块，有时空气污染物也会通过形成酸雨对葡萄植株造成伤害。但大气污染的危害一般不危及根部，往往上部或中部叶片受害重，受害植物能恢复萌发生长，往往叶尖、叶缘或叶脉间产生斑块，叶基部较少受害；受害范围有明显的方向性，常发生在污染源的下风向，植物受害程度的大小与有害气体污染源的远近有关，距离越近受害越重，距离越远受害越轻。葡萄植株吸收有害物质后，有时植株表面暂时不显症状，但会在植株体内不断积累有毒物质，造成生理代谢异常和紊乱，影响果实产量和品质。

因此，为避免大气污染对刺葡萄产生的影响，应尽量避免在污染严重的地块或重工业园区附近建刺葡萄园，刺葡萄园建设远离工业区是解决大气污染的重要措施。亦可在刺葡萄园周围种植具有净化大气功能的防护林，防护林能降低风速，使空气中携带的大粒灰尘下降，其叶片表面粗糙不平，因此能够有效吸附大量飘尘，蒙尘后的叶片经雨水淋洗过又能继续吸附飘尘，通过往复阻拦和吸附粉尘使空气得到净化，从而使空气污染对刺葡萄造成的伤害降低。

（二）水质污染

水质污染主要是由人类活动产生的污染物造成，污染物中含有的有害化学物质造成水的使用价值降低或丧失。对刺葡萄园造成危害的水质污染一般主要是来自工业废水、城市污水，或被污染的地下水。被污染的水达不到农业灌溉的要求，用被污染的水灌溉果园，会造成土壤酸化或碱化，并积累有害物质，影响刺葡萄的生长或引起植株中毒，导致减产。因此，要避免用被污染的水灌溉果园，要采用来源干净的水，如大气降水或者经过污水净化处理达到国家规定安全标准的水。

（三）土壤污染

土壤污染主要是由大气污染和水质污染造成，其使土壤含有害物质过多，超过土壤的自净能力，引起土壤的组成、结构和功能发生变化，微生物活动受到抑制，有害物质或其分解产物在土壤中逐渐积累，又经土壤积累到植物或是水中间接被人体吸收，最终危害人体健康。

土壤污染主要是土壤中的重金属超标。重金属是具有潜在危害的污染物，其难以被微生物分解，常常富集于植株体内造成危害。重金属元素可通过水分进入土壤而被刺葡萄植株吸收和积累，引起树体中毒，最终积累于果实，通过果实进入人体造成危害。另外，化肥、农药的大量使用也会造成土壤的污染。

因此，在建园时首先选择土壤良好的地块建园，要避免在污染严重的地块建立刺葡萄园，控制工业污染物向果园排放，使用干净的水源或净化后的水进行灌溉。其次，按照国家标准要求合理使用农药，合理用药不仅可以减少对土壤的污染，还能经济有效地消灭病、虫、草害，发挥农药的积极效能。最后，在化肥使用方面，不要过量使用化肥。在受重金属轻度污染的土壤中施用抑制剂，可将重金属转化成为难溶的化合物，减少农作物的吸收。土壤受污染的地块还可增施腐殖酸等有机肥，提高土壤有机质含量，增强土壤胶体对重金属和农药的吸附能力。

（四）农药污染

1. 农药污染的危害

农药污染是指农药使用后残存于生物体、农副产品及环境中的微量农药原体、有毒代谢产物、降解产物及杂质，超过农药的最高残留限值而形成的污染现象。农药污染主要是通过大气污染、水质污染和土壤污染3种途径对刺葡萄的生长环境产生污染。施用农药后，一部分通过水分被刺葡萄吸收积累在植株体内，另一部分残留在刺葡萄枝叶、果实表面。农药残留的数量即残留量，标志着农药污染的程度，若保留在土壤中则可能形成对土壤、大气及地下水的污染。农药残留物可通过果实间接进入人体，可造成急性或慢性中毒，或致癌。

2. 减少农药污染的措施

应采取如下措施减少农药的污染：

（1）选择抗病虫害的优良刺葡萄品种，采用套袋、合理密植等先进的栽培技术来减少病虫害的发生，以达到减少农药施用量的目的。

（2）采用低毒、低量或超低量喷洒农药方法，不仅要控制化学农药的用量、使用范围、喷施次数和喷施时间，提高喷洒技术，还要改进农药剂型，重视低毒、低残留农药的开发与生产。

（3）合理交替使用农药种类，既可提高、延长药效，又可减少污染。

（4）严格控制剧毒农药及有机磷、有机氯农药的使用范围。

（5）使用生物防治、植物性农药防治病虫害方法。

七、鸟、兽危害

（一）鸟害

1. 鸟害症状

鸟害指农产品受鸟群啄食形成的损害。葡萄园鸟害主要是在葡萄生长期，鸟类对葡萄嫩叶、嫩枝、花序和成熟的果粒进行啄食的现象。在鸟害发生严重的地区，经常会有成群的鸟类集体侵袭葡萄园，极易造成葡萄商品率下降，并诱发蜂、蝇、葡萄酸腐病等次生病虫害的发生，严重影响葡萄的生产。鸟类一般喜欢在树林、河水、土木建筑边危害。因此，在干旱地区的葡萄园鸟害相对较轻。刺葡萄园周围林木较多，受鸟害影响较大，一年中刺葡萄转色至成熟期时鸟类危害最严重，而一天中有两个危害高峰期，即黎明和傍晚前后，刺葡萄常受"白头翁"与"蛇公叼"（习语，一种长得像荆棘鸟的鸟）危害。露天栽培的刺葡萄受鸟害影响尤其大，损失大的能造成100千克/亩以上的损坏（彩图10-3）。

2. 防止鸟害的措施

刺葡萄园鸟害的防范措施应该在保护鸟类的前提下防止或减轻鸟类活动对刺葡萄生产的影响，一般主要采取以下5种方法：

（1）在鸟害常发区，采用棚架栽培方式，适当多留叶片，遮蔽果穗。避开树林、村庄等区域栽培，可在一定程度上减轻鸟类危害。

（2）果穗套袋作为刺葡萄一种常规技术已在刺葡萄主产区广泛使用，在防病、防虫和减少农药、尘埃等对果穗的污染方面具有很好的效果，同时对体型较小的鸟类具有很好防护作用，但要使用质量好、坚韧性强的纸袋，也可用尼龙丝网袋进行套袋，这样在防止鸟害的同时也不影响果实转色。

（3）在刺葡萄园上架设防鸟网，防鸟网可用尼龙丝制作，也可用细铁丝制作。在冰雹发生的地区，还可将防雹网与防鸟网结合设置。

（4）在果实成熟时采用惊吓的方式驱赶鸟类，可用扬声器等来惊吓鸟类，不能采用毒鸟、打鸟或使用捕鸟网的方法。

（5）在果园内挂设闪光防鸟彩色带、金属光盘等物品，通过反射光线来驱赶鸟类，防止鸟类啄食刺葡萄。

（二）兽害

1. 兽害的影响

刺葡萄园内的兽害主要是鼠害，是在荒地、山地、靠近林边建园时常常遇到的灾害。危害果实较重的有果子狸、松鼠、黄鼠等，危害植株的有果子狸、鼹鼠、鼢鼠（俗称地老鼠）等，严重时，可将整行刺葡萄果实及果树的根部全吃掉或咬碎，致使植株第二年春季不能发芽而死亡。

2. 防止兽害的措施

主要的防治方法有：

（1）果园中设点诱杀。

（2）用大水漫灌的果园，对地老鼠等可采用灌水淹死的方法。

（3）人工捕打，包括网捕、下套子或用夹子等。

（4）保护天敌，主要是雕鹗、狐及蛇等。

（5）加强防护设施，如在刺葡萄园四周安装木栅栏，在树干基部包扎草或废塑料布以防鼠类啃咬嫩枝或树皮等。

（编者：许延帅）

第十一章

刺葡萄采收与贮藏

刺葡萄果实因色、香、味俱佳，并富含糖、维生素、蛋白质、有机酸和矿物质等营养物质而深受消费者青睐。但我国葡萄在采后贮运保鲜过程中，因腐烂、落粒、失水、褐变等问题导致20%以上的损耗，极大地阻碍了葡萄产业的稳步发展。为此，须采用正确的采收技术与采后贮藏保鲜方法，以避免在采收、贮运过程中造成损失。

一、果实采收

（一）浆果成熟度的标准

刺葡萄浆果的成熟过程是果实形态、颜色、香气、风味等不断变化，并逐渐衰老死亡的过程。

当浆果进入成熟阶段后，果皮颜色就发生了明显变化。刺葡萄果皮颜色分为有色品种和无色品种，有色品种由绿色变成红色或紫黑色，而无色品种则变成浅绿色或粉绿色。浆果大小、形状基本定形，种子由白变褐、变硬。同时，果实内部也发生了许多化学变化，如甜味增加、酸味降低、香气逐渐变浓、果肉变软。此时刺葡萄生理成熟，可准备采收。

（二）采收期的确定

当刺葡萄完全成熟表现出品种的固有特性以后，可根据刺葡萄的不同用途来进行采收。刺葡萄一般以加工和鲜食两种用途为主。

作为鲜食时，为了提早供应市场，可在保证其充分成熟的前提下适当早采。而作酿酒、制汁等加工时，则一定要等到完全成熟，品种达到应有的色、香、味时才进行采摘（彩图 11-1）。

首先应根据果实成熟度的标准和用途，确定采收日期；其次，刺葡萄同一品种在同一地块、同一树上的果实成熟期也会不一致，一般都应分批采收，即熟一批采一批，以减少损失和提高品质。

刺葡萄采收须在露水干后的早晨或下午 3 时后，气温凉爽时进行；不宜在阴天、雾天、雨天、烈日暴晒下采收，雨天要推迟采收时间，否则会降低刺葡萄的糖度与耐贮性。果实采收时根据不同状况进行相应的处理，提高经济效益。

（三）采收前的准备

做好刺葡萄采收前的准备工作，主要有以下几项：

（1）修剪果穗。首先应剪去果穗最下端甜度低、味酸、柔软和易失水干缩的果粒，其次疏掉伤粒和病粒。

（2）严格控水。为了保证刺葡萄品质，提高耐贮性，要求在采收前一个月内严格控制灌水，大雨来临前要特别注意做好排水防涝工作。

（3）防治病害。在果实着色时，应及时预防病害发生，在采收前 30 天禁止喷洒农药。

（4）加工用具和包装物要严格灭菌，保持清洁卫生，避免再次污染造成腐烂。

（四）采收技术

一手握采果剪，一手托起果穗，贴近结果枝处剪下，要尽量带有较长的主穗梗；采收过程中做到轻拿轻放，尽量避免碰伤果穗和抹掉果实表面的果粉；采后对果穗上的伤粒、病粒、虫粒、裂粒、日灼粒、夹叶及过长穗尖进行剪除、整理。

（五）注意事项

刺葡萄采收时应注意以下几点：

（1）刺葡萄在采收时，要轻放，浅装，尽量不擦掉果粉、不碰伤果皮、不碰掉果粒，避免机械伤口，减少病原菌入侵，避免因皮破而腐烂，造成不应有的损失。

（2）对鲜食用途的果实，应分期分批采摘，以保证果实品质及入库后刺葡萄快速降温。

（3）尽量避免倒箱。

（4）对采收下来的果穗，如有病虫害、破损、小青粒、畸形果，随时剪除然后装箱。

（5）刺葡萄不耐贮运，因此采收、装运、分选、包装、运销等各个环节要迅速，尽量不过夜以保持刺葡萄新鲜度和商品性。

（6）采摘时用的容器不宜过大、过深。若采用竹篮或竹筐等容器时，需要在采摘前在篮子或筐中垫放布、纸或其他的柔软物品，防止刺葡萄果实受到摩擦或划伤。并且在刺葡萄园中选择遮阳通风处的地上铺干净的薄膜作为刺葡萄集中修整装箱场地。

（7）在采摘、装卸、运输、加工挑选、包装码垛等各个操作环节中，要严格按照要求小心谨慎轻拿轻放，尽量避免或减少磕碰、挤压、摩擦、震动，造成损伤，要特别注意保护表面的蜡质层以保持果粒对不良条件的抵抗能力。

二、果实分级与包装

（一）果实分级

严格按照不同品种的分级标准进行分级，着色深的和着色浅的分开，大小粒不均匀的按小粒定级，着色不良的按等外果处理，严禁混级和以次充好。根据刺葡萄的品种、色泽、成熟时间等项目先分出几大类，然后对同一品种依其果穗形状、重量、着色程度、果粒紧密度、果实风味品质等再分出一、二、三级，要求同一级别的每一果穗的果粒数尽可能相等，果穗形状、重量相同，着色均匀，内含物含量差别小，按级定价（彩图 11-2）。

（1）一级品：果粒大小一致，疏密均匀，呈现品种固有的纯正色泽，着色均匀。

（2）二级品：果穗松散，果穗和果粒大小要求不严格，基本趋于均匀，着色稍差，但无破损果粒。

（3）等外品：余下的果穗为不合格果，可降价销售。

（二）果穗包装

1. 果穗包装方法

贮藏运输包装可由包装人员在田间边采摘、整形、分级，边用包装材料如软纸巾等将刺葡萄果穗包裹起来，然后装箱；也可在棚内进行分选、整形、包装、质检、称重，然后运输或冷藏。货架包装是刺葡萄上架前进行的小的精细包装；常用硬塑料托盘上盖透明有机塑料复合包装；包装上要注明品种、产地、质量、保质期和注册商标等；为延长刺葡萄的货架寿命，可在货架包装前采用二氧化硫防腐处理，但是要严格按照国家有关卫生标准，不得超标。

2. 果穗包装类型

由于刺葡萄多用于加工，少量用于鲜食，故相对其他鲜食葡萄来说，其包装较简陋，主要根据运输距离的远近来分，大致又可分成如下包装类型：

（1）运输距离较远一般采用泡沫箱包装，且多用冷链运输，容量为 20 千克左右。

（2）运输距离较近一般选用硬纸板箱或竹条箱、木条箱，容量为 20 千克左右。

三、果实贮藏保鲜

（一）影响刺葡萄贮藏保鲜质量的因素

（1）刺葡萄园地域因素。刺葡萄在成熟前 1 个月降水很少，采收时接近早霜期，则刺葡萄干爽、品温低。此时果实在树上的呼吸强度已经减弱，这对延长贮藏期十分重要。

（2）气象因素。近 10 年来，导致刺葡萄贮藏失败或受到较大影响的主要气象因素是降水不均衡。采收期降水量增多，会增加刺葡萄贮藏期病害的发生率。

（3）栽培因素。高氮肥、高产量的刺葡萄品种不好贮藏，表现为成熟期推后，上色不良，果穗着生节位以上部位的枝条发育不成熟，折光仪测浆果可溶性固形物含量较低；采前灌水、涝害、排水不畅；浆果成熟期因有新叶与新芽萌发而影响刺葡萄的成熟度；灰霉病等贮藏病害发生较重时，果穗梗上有灰霉病的"鼠毛状"霉菌，果梗干或果面腐烂。

（4）包装运输因素。应在树上整穗或边采边整穗，贮藏刺葡萄必须一次性田间装箱，禁止二次装箱，保鲜运输刺葡萄允许在选果场分级装箱，单层、单穗包装要装满、装紧或加衬垫物；无论运输距离长短，均应先进预冷库预冷，以减少发霉腐烂损失；装车时要防止摇摆与颠簸，并同时防止挤压；中长途运输应实施冷链运输，中短途运输可选择常温运输。

（二）冷库贮藏

1. 冷藏处理技术

（1）灭菌防病，浆果入库前库房要消毒灭菌，入库后要放保鲜片灭菌。

（2）刺葡萄贮藏前三天即可开机降温，使库房温度稳定在 $-1\sim0℃$，预冷处理好的刺葡萄按要求准备装箱，装箱时刺葡萄要排列整齐，主穗梗朝上，穗尖朝下，单层斜放，每箱重量要一致，均匀投放防腐药剂，装妥后扎紧塑料袋口，盖上箱盖，放置货架上密封贮藏。

（3）根据不同的包装容器合理地排列在货架上，按品种及不同入库时间分等级码箱，以每立方米不超过200千克的贮藏密度排列。

（4）为确保库内新鲜空气，要利用夜间或早上低温时进行通风换气（敞开所有通风口，开动排风机械），但要严防库内温度、湿度波动过大。

（5）定期检查刺葡萄贮藏期间病害的发生情况，在整个冷藏期间要保持库温稳定，波动幅度不得超过±1℃。浆果初入库时，库温 4～5℃进行预冷，然后逐渐降至 0℃，以后保持在－1～2℃，通过制冷量来调整。

（6）冷库贮藏刺葡萄的空气相对湿度控制在 90％～95％，在库内置放干湿度计自动记录湿度，当湿度不足时应在地面洒水补湿。

（7）浆果初入库，呼吸作用强烈，产生二氧化碳和乙烯等气体较多，须在夜间打开气窗及时排出。待库温稳定在－1～2℃时，可适当降低氧气浓度和提高二氧化碳的浓度，以削弱果实呼吸作用，减少刺葡萄养分内耗，保持品质，延缓衰老，延长保鲜贮藏期。

2. 出库要求

从冷库取出的果实，遇高温后果面立即凝结水珠，果皮颜色发暗，果肉硬度迅速下降，极易变质腐烂，因此，当库内外温差较大时，出库的果实应先移至缓冲间，在稍高温度下锻炼一段时间，并逐渐升高果温后再出库，以防果实变质。

（三）气调贮藏

气调贮藏是利用配有制冷设备和气调装置的密闭库，通过调节库内温度、湿度、氧气和二氧化碳浓度，排出有害气体，将刺葡萄呼吸强度降到最低，延长保鲜期的一种贮藏方法。目前，气调贮藏技术主要分为气体调节和气体控制两类。气体调节是指利用保鲜膜包装果实，膜内配有适宜的气体成分以达到果实保鲜的目的；气体控制主要是调节贮藏环境中气体成分的组成，在高二氧化碳和低氧气的贮藏环境下，保持果肉组织细胞膜的稳定性，抑制乙烯的生成，维持果肉的硬度，降低果实的呼吸强度及多酚氧化酶（PPO）、纤维素酶（CAS）和过氧化物酶（POD）的活性，以延长刺葡萄贮藏保鲜期。

适宜刺葡萄贮藏的气体成分是二氧化碳为 3％、氧气为 3％～5％，但不同的刺葡萄品种所需的气体成分会有所不同。采收后的刺葡萄果穗在装入木制标准箱后，在温度为 0℃、空气相对湿度为 90％的冷藏库，气调贮藏下贮藏 6～7 个月果穗基本完好。

（四）其他贮藏方法

臭氧保鲜法：臭氧具有杀菌作用，用于果实贮藏保鲜，可以降低果实的腐烂率，减缓果实硬度下降和成熟衰老。

辐照处理保鲜法：通过照射诱导果实，不但能降低果实的呼吸速率，消除贮藏环境中的乙烯气体，杀死病菌，还能提高果实自身抗病性，减轻采后腐烂损失，延缓果实的成熟衰老，延长其贮藏保鲜期。

化学贮藏保鲜法：适量的 SO_2 可以抑制刺葡萄的生理衰老，增强耐贮性。鲜食葡萄中允许 SO_2 残留的上限浓度为 10 微克/克，而商业贮藏中存在许多安全和环保缺陷问题，传统的 SO_2 熏蒸保鲜在一些发达国家已逐渐被限制使用。

二氧化氯（ClO_2）杀菌剂保鲜法：固体 ClO_2 保鲜剂通过释放 ClO_2 气体达到杀菌保鲜的目的，ClO_2 同时得到世界卫生组织和美国农业部、食品药物管理局、国家环境保护局的肯定，被认定为是安全、高效、环保的新一代消毒剂，成为国际上公认的食品保鲜剂。

1-甲基环丙烯保鲜剂保鲜法：适宜浓度的 1-甲基环丙烯（1-MCP）处理有利于保持刺葡萄采后贮藏品质和果实抗性。

采前化学保鲜剂处理保鲜法：刺葡萄采前喷施过磷酸钙，采后常温贮藏，可明显降低果实的失重率和腐烂率；采前用浓度为 20 毫克/升的 6-苄氨基腺嘌呤（6-BA）处理，可以大大减少采后贮藏过程中果实腐烂和落粒现象的发生，进而保持了刺葡萄较高的贮藏品质。

生物保鲜法：壳聚糖属于多糖，刺葡萄果实采后涂膜能明显抑制其呼吸强度的升高和可溶性固形物含量、总酸含量的下降，减少蒸发失水，保持果实新鲜度，防腐抑菌。

生物防腐剂保鲜法：纳他霉素属于抗真菌剂，可抑制酵母菌和霉菌，对人体健康无害，已被国际公认并将其用于食品的贮藏保鲜中，可保持食品贮藏品质，延长保鲜期。

（编者：陈文婷）

第十二章
刺葡萄质量安全控制

一、刺葡萄周年管理

刺葡萄周期管理简表如表 12-1 所示。

表 12-1　刺葡萄周年管理简表

物候期	田间管理	树体管理	病虫防治
休眠期	彻底清园	冬季修剪，剥老树皮	
伤流期	棚架整修，开沟沥水	新苗栽植前消毒	喷清园药剂
萌芽前后	覆棚膜，灌催芽水，铺黑色地膜，视情况施催芽肥	抹芽	地面、架材、枝蔓再次仔细清理消毒，彻底消灭病虫源
展叶后至开花前	施催条肥、中耕除草	定枝、去卷须、绑蔓、摘心	主要预防灰霉病、穗轴褐枯病、绿盲蝽
开花期	疏花、花序整形	摘心，保花保果，追施硼、锌、钙、镁肥	严禁开花期喷药，开花前后重点预防灰霉病、穗轴褐枯病、绿盲蝽
幼果生长期	施壮果肥，中耕松土除草	疏果定产，套袋，喷钙肥	套袋前用保护剂喷果穗，重点预防灰霉病、白粉病
果实成熟期	施着色肥	叶面喷施磷、钾、钙肥	摘除病果、病叶、黄叶，重点预防炭疽病、酸腐病、康氏粉蚧

（续）

物候期	田间管理	树体管理	病虫防治
果实采收后	采后及时施还阳肥，秋季行间深耕施基肥	叶面喷施尿素，喷1∶2∶180倍波尔多液2～3次，保护秋叶	主要防治霜霉病等病害
落叶期		开始冬剪	

（一）休眠期

（1）冬季修剪。刺葡萄完全落叶后，一般选择中庸枝采用以短梢修剪为主、中长梢修剪为辅的修剪方式。弱枝和旺枝花芽分化差，冬剪时尽可能剪除。

（2）剥除树皮。利用休眠期剥除老树皮，特别是康氏粉蚧、虎天牛、叶甲发生过的园区，应彻底剥除老树皮，铲除越冬虫卵。

（3）全面清园。冬季修剪全部完成后，及时将修剪后的枝蔓、剥除的树皮及田间的残枝、烂叶、杂草一并运出园区集中处理。

（4）打破休眠。若冬季气温总体偏暖，刺葡萄休眠时需冷量不够，会导致萌芽不整齐、新梢长势不旺等情况，可使用单氰胺涂抹剪口芽以下的冬芽，起到提早萌芽、新梢生长整齐的效果。

（二）伤流期

（1）棚架整修。老结果园和建园标准低特别是采用水泥柱、竹拱的简易避雨栽培园，应在盖膜之前对棚架设施进行一次全面彻底的安全检查，注意检查断裂的水泥柱、四周拉线、吊线、腐朽的竹弓、生锈铁丝等部位的安全隐患，确保棚架设施安全。

（2）开沟沥水。低洼园应对主排水沟、支排水沟进行清淤除杂，保证主排水沟深度达到1.5米以上、支排水沟深度达到1米以上、垄沟深度达到0.3米以上，确保园内不渍水，雨停水干。

（3）首次杀菌。绒球期用3～5波美度石硫合剂对刺葡萄园进行一次全面的杀菌消毒。

（4）施催芽肥。 第一年结果的树和地力差、树势弱、需要扩大树冠的多年结果园需要追施催芽肥。催芽肥以氮、钾为主，同时注意锌、硼等微量元素的补充。长势强、树势旺的刺葡萄园不需要追施催芽肥。

（三）萌芽前后

（1）二次杀菌。 展叶初期建议用辛菌胺乙酸盐等性质温和的杀菌剂对全园再进行一次彻底的杀菌消毒。喷雾必须周到全面，对地面、棚架设施、枝蔓、田间杂物仔细喷洒，彻底杀灭病虫源。

（2）抹芽。 抹芽一般分两次进行。第一次是绒球期，抹除副芽和位置不当的芽，特别是第一年结果的树，应尽早将主干中、下部的芽全部抹除；第二次是刚展叶时，抹除晚萌发的弱芽和无生长空间的过密芽。

（3）水分管理。 萌芽期应满足植株水分需求，保持土壤含水量维持在 60% 左右。

（四）展叶后至开花前

（1）施催条肥。 第一年结果的园和长势弱的园，需要追施催条肥，以氮、钾肥为主，同时搭配海藻精、氨基酸水溶液等。

（2）中耕除草。 在刺葡萄行间和株间进行中耕除草，保持土壤疏松和无杂草状态，避免开花坐果时土壤养分、水分被杂草争夺。

（3）盖避雨膜。 3 月底至 4 月初盖避雨膜，避雨膜应选用正规厂家生产的耐高温长寿专用避雨膜。

（4）调节剂促梢。 展叶 3～4 片叶时，生长势弱的树用 0.1%噻苯隆 500 倍液喷新梢，旺树不用喷。

（5）枝梢管理。

①定枝。当新梢生长至能看到花序时按 18～20 厘米的间距进行定枝，一般去除生长过旺或过弱的新梢，保留长势中庸且着生良好花序的新梢。

②去卷须。当新梢生长至出现卷须时，及时去除新梢上的所有

卷须。

③绑蔓。当新梢生长至50厘米左右时，及时均匀绑蔓，保持架面通风透光，减少病虫害的发生，创造有利于开花坐果的条件，绑蔓必须在开花前完成。

④摘心。开花前需要对主梢与副梢进行摘心处理，以促进坐果。摘心时间和程度视生长势而定，一般在花序以上留3~4片叶摘心。

⑤副梢处理。一般可在副梢长至3~5厘米时处理。树势旺、花穗受病害侵染或遇不利开花坐果的天气时，应提早处理副梢，控制营养生长、促进坐果和提高花芽分化质量。

(6) 水分管理。新梢生长及开花前须满足植株需水量，保持土壤含水量维持在60%以上。

(7) 叶面施肥。叶面重点喷施硼、锌肥，同时注意钙、镁元素的补充。

(8) 病虫防治。每次施药时重点喷花穗，特别注重霜霉病、灰霉病、穗轴褐枯病等病害的防治，虫害主要为绿盲蝽、蓟马、蚜虫。

（五）开花期

(1) 疏花。刺葡萄开花前必须疏花，1个新梢只保留1~2个发育良好的花穗。一般在谢花后可以对幼穗进行掐尖处理，一般掐去穗尖的1/5~1/4，使果穗形状呈倒圆锥形或圆柱形。

(2) 副梢处理。顶部以下副梢全部去除，顶部副梢让其继续生长。

(3) 保果。通过整形修剪控制营养生长，促进保果。

(4) 叶面追肥。注意叶面补充钙、镁、硼、锌等中微量元素。

(5) 病虫防治。严禁开花期喷药，在开花前后重点预防霜霉病、灰霉病、穗轴褐枯病。

（六）幼果生长期

(1) 施壮果肥。开花前1周施一次钙肥，谢花后和坐果后可再施一次钙肥，同时加入海藻精或腐殖酸。该期要注重高氮肥与平衡肥的施入。

（2）中耕除草。 在刺葡萄行间和株间进行中耕除草，保持土壤疏松和无杂草状态。

（3）疏果定产。 疏果前应先计划产量，产量应根据树龄、树势、新梢生长状况、种植密度、管理水平等方面确定单穗重、单穗果粒数和单株留穗数。在果粒黄豆大小时开始疏果，为预防因疏果发生日灼、气灼，疏果应选择阴天或晴天下午 4 时后进行。

（4）调节剂控梢。 如树势生长过旺，套袋前可使用 15％ 调环酸钙 800 倍液喷新梢，套袋后可用 25％ 甲哌鎓 600 倍液，专喷新梢顶部，能有效控制枝梢旺长，减少副梢处理的工作量，促进花芽分化。

（5）果实套袋。 疏果工作全部完成后，果实进入硬核期，套袋前喷施保护性药剂，待药液干后套袋。

（6）叶面追肥。 花前花后应注意补充钙、镁、硼、锌等中微量元素。

（7）水分管理。 幼果生长期须满足植株需水量，保持土壤含水量维持在 60％以上。

（8）病虫防治。 套袋前用预防性杀菌剂喷果穗，重点预防霜霉病、灰霉病、白粉病、炭疽病以及日灼、气灼，同时应该注意绿盲蝽、金龟子、康氏粉蚧的防治。

（七）果实成熟期

（1）施着色肥。 果粒开始变软时，催熟肥以磷、钾肥为主，可加入适量的腐殖酸、鱼蛋白、黄腐酸钾等。

（2）园区生草。 为了防止日灼和气灼，宜在园区生草。

（3）叶面追肥。 喷磷酸二氢钾、钙肥及海藻精等。

（4）检查果袋。 定期检查袋内情况，摘除病果、病叶、黄叶。

（5）水分管理。 成熟期须控制水分供应，土壤含水量控制在 40％～50％。如遇旱情，选择每 2～3 天在夜晚灌溉一次。

（6）病虫防治。 重点预防霜霉病、炭疽病、白腐病、酸腐病、康氏粉蚧、红蜘蛛等。

（八）果实采收至完全落叶

（1）果实采收。在果穗底部果粒糖度达到品种采收标准时开始采收。最好做到分期分批采摘，能有效保证果实品质一致性。采收时果穗单层码放，切勿堆压。

（2）施还阳肥。果实采后须追施一次还阳肥，施入少量高氮高钾肥即可。

（3）施基肥。果实采收后必须要秋施基肥，以有机肥为主，结合磷、钾肥混合施入。一般在新梢停止生长、果实采收后，深耕30厘米后埋入肥料，并及时灌水保湿。

（4）叶面施肥。喷施尿素与磷酸二氢钾混合液。

（5）水分管理。果实采收后须控制水分，抑制枝叶继续生长，促使枝叶营养回流到根系，土壤含水量控制在40%左右。

（6）病虫防治。主要预防霜霉病，喷2～3次波尔多液，保护秋叶。

二、刺葡萄绿色防控

刺葡萄绿色防控贯彻"预防为主，综合防治"的植保方针，以农业防治为基础，提倡生物防治，按照病虫害的发生规律科学使用化学防治技术。使用的所有农药必须是国家绿色食品允许使用的农药。

化学防治应做到对症下药，适时用药；注重药剂的轮换使用和合理混用；按照规定的浓度、每年的使用次数和安全间隔期（最后一次用药距离果实采收的时间）要求使用。对化学农药的使用情况进行严格、准确的记录。以下防治规范内容是中国农业科学院植物保护研究所葡萄病虫害研究中心、全国葡萄病虫害防治协作网，在研究怀化地区过去几年气候和病虫害发生情况的基础上，结合病虫害自身发生特点制作，仅供刺葡萄种植者参考。方案措施要根据气候等实际因素做灵活调整。全国葡萄病虫害防治协作网保留所有权，且有权根据气候变化、病虫害发生状况等在不同年份进行调整，并负责解释。

（一）主要问题

1. 霜霉病

霜霉病是高山刺葡萄的首要威胁病害，随着雨水的增多，有发生前移的特点，在开花前后幼叶、幼果上就有霜霉病的发生。中后期，霜霉病逐渐成为刺葡萄主要病害，感染叶片造成叶片枯黄早落，感染果实则造成幼果脱落。

2. 炭疽病

露地栽培加上不套袋，给炭疽病的发生提供了条件，炭疽病是刺葡萄成熟期面临的问题之一，造成烂果、落果。

3. 灰霉病

开花期前后，雨水较多的时候灰霉病仍然会造成很大的麻烦，造成烂花蕾或者大量落花落果，因此在花前预防时，灰霉病是重点预防病害之一。

4. 酸腐病

酸腐病大多是由鸟害、虫害、裂果形成伤口以后，果汁流出发酵引起的整穗腐烂。解决酸腐病问题，首要措施是减少鸟害、虫害等形成的一系列伤口。

5. 康氏粉蚧

介壳虫对刺葡萄的危害主要集中在果实硬核或封穗以后，在成熟期造成果面污染，失去商品价值。

6. 鳞翅目幼虫

蛾类幼虫在中后期危害叶片和果实，造成叶片穿孔、果实淌水腐烂。

7. 蓟马、绿盲蝽等

这类刺吸式口器小虫子主要在坐果前后危害幼果，造成果面疤痕。

（二）规范化防治措施

贯彻"预防为主，综合防治"的植保方针。以农业防治为基础，提倡生物防治，按照病虫害的发生规律科学使用化学防治技术。使用的所有农药必须是国家绿色食品允许使用的农药。

化学防治应做到对症下药，适时用药；注重药剂的轮换使用和合理混用；按照规定的浓度、每年的使用次数和安全间隔期（最后一次用药距离果实采收的时间）的要求使用。对化学农药的使用情况进行严格、准确的记录。葡萄主要病害推荐用药如表 12-2 所示，主要虫害推荐用药如表 12-3 所示。

表 12-2　葡萄主要病害发生时期及防治方法

主要病害	主要发病时期	综合防治方法
灰霉病	花序分离期至幼果膨大期，连续阴雨易发生	冬季彻底清园，消灭病原菌。及时疏枝、摘心、绑蔓、中耕、除草。萌芽前喷 5 波美度石硫合剂。前期以预防为主，喷波尔多液等保护性的杀菌剂，如发病，用腐霉利或嘧霉胺或甲基硫菌灵治疗
炭疽病	果实硬核期始发，果实成熟期进入发病高峰	冬季彻底清园，及时摘心、绑蔓、中耕、除草，创造良好通风透光条件。萌芽前喷 5 波美度石硫合剂。5 月下旬开始，每隔 15 天左右分别喷一次胂·锌·福美双、福美双、苯醚甲环唑等
霜霉病	成熟期至采收后，春、秋低温，多雨多露易发生	萌芽前喷 5 波美度石硫合剂，及时摘心，疏枝绑蔓。在发病前喷波尔多液进行保护，发病初期用烯酰吗啉或嘧菌酯悬浮液等治疗
白腐病	谢花后始发，果实成熟前 15 天进入盛发期	冬季彻底清园。萌芽前喷 5 波美度石硫合剂。发病前喷洒广谱性杀菌剂。发病后每 7~10 天喷一次福美双、嘧菌酯、百菌清、代森锰锌治疗
白粉病	新梢生长期至秋季发生	彻底清园。萌芽前喷 5 波美度石硫合剂。发病后用三唑酮、苯醚甲环唑治疗
黑痘病	萌动展叶始发，果实膨大期盛发，秋季阴雨时易发生	彻底清园。萌芽前喷 5 波美度石硫合剂，开花前后喷波尔多液或百菌清进行保护，如发病，用氟硅唑、苯醚甲环唑、嘧菌酯控制
穗轴褐枯病	花序分离期，开花期遇低温多雨时易发生	彻底清园。萌芽前喷 5 波美度石硫合剂，加强果园通风透光，重施有机肥。如发病，用嘧菌酯悬浮液、苯醚甲环唑、腐霉利、甲霜灵

（续）

主要病害	主要发病时期	综合防治方法
日灼病	幼果膨大期，幼果遇强光照射或温度剧变时易发生	合理施肥灌水、增施有机肥。浆果期遇高温干旱天气及时灌水。保持土壤良好透气性。合理负载，尽早套袋

表 12-3　葡萄主要虫害发生时期及防治方法

主要虫害	主要发生时期	综合防治方法
绿盲蝽	整个生育期都有发生	越冬前清园。剥除老树皮，剪除有卵枯枝及残桩，带出园外。用频振式杀虫灯、粘虫板、性激素诱杀成虫。药剂可选用吡虫啉、啶虫脒、高效氯氰菊酯、阿维菌素等
蓟马	展叶后开始危害，10月以后危害明显减轻	诱虫板诱杀成虫。药剂可用吡虫啉、齐螨素乳油、阿维菌素、抗蚜威
康氏粉蚧	7—9月是危害的主要时期	越冬前清园。药剂可选用吡虫啉、啶虫脒等
葡萄透翅蛾	5—10月危害	采用水盆诱杀器或黏胶诱杀器进行诱捕。药剂可用50%杀螟松乳剂或50%辛硫磷乳剂等
葡萄短须螨	3月下旬葡萄发芽时活动，7月、8月是发生盛期	早春喷5波美度石硫合剂。药剂可选用双甲脒乳油、克螨特等，应交替轮换用药。保护天敌，尽量少用广谱性杀虫剂
葡萄斑叶蝉	3月发芽时危害。潮湿、杂草丛生、通风透光不好的果园发生多、受害重	冬季清园，合理整枝，通风透光，尽量少喷广谱性杀虫剂，保护寄生蜂卵。可于5月中下旬用50%杀螟松乳油、75%辛硫磷乳油、25%速灭威可湿性粉剂等
斑衣蜡蝉	春季抽梢后开始危害	结合冬剪刮除老蔓上的越冬卵块。药剂可用溴氰菊酯
葡萄天蛾	4月下旬至10月下旬发生	休眠期人工挖除越冬蛹。药剂可选用50%杀螟松乳油、2.5%溴氰菊酯、青虫菌等
金龟子	5月中旬至6月下旬是发生盛期	药剂可选用菊酯类药剂，也可诱杀和捕杀成虫

（续）

主要虫害	主要发生时期	综合防治方法
蜗牛	4—6 月危害，9 月再次进入危害盛期	可人工捕杀，撒生石灰。药剂可用 6％四聚乙醛
葡萄叶甲	5 月中旬成虫开始危害，一直持续到 7 月下旬	刮除老树皮，清除叶甲卵。药剂可用 3％杀螟松粉剂、2.5％溴氰菊酯、5％氰戊菊酯
葡萄虎天牛	5—8 月危害	剪除虫枝。药剂可用杀螟松与二溴乙烷（1∶1）混合乳油等
葡萄根瘤蚜	5 月中旬至 6 月和 9 月危害最盛	严格检疫。土壤用 50％辛硫磷乳剂处理

（三）救灾性措施

1. 开花期出现烂花序

使用 20％咯菌腈 3 000 倍液＋50％腐霉利 1 000 倍液处理花序后，全园喷施 30％嘧菌酯·福美双 800 倍液＋戊唑醇 1 000 倍液＋锌硼氨基酸 400 倍液。

2. 开花期同时出现灰霉病和霜霉病侵染花序

使用 20％咯菌腈 3 000 倍液＋50％戊唑醇 1 000 倍液＋40％烯酰吗啉·霜脲氰 1 500 倍液＋锌硼氨基酸 500 倍液。

3. 发现霜霉病的发病中心

在发病中心及周围，使用 1 次 40％烯酰吗啉·霜脲氰 1 500 倍液＋25％嘧菌酯 1 500 倍液；如果霜霉病发生比较严重或比较普遍，先使用 1 次 40％烯酰吗啉·霜脲氰 1 500 倍液＋80％水胆矾石膏可湿性粉剂 600 倍液，3 天左右使用 10％氰霜唑 1 000 倍液＋20％霜脲氰 500 倍液，4 天后使用保护性杀菌剂。而后 8 天左右使用 1 次药剂，以保护性杀菌剂为主。

4. 如果褐斑病发生普遍，或气候湿润有利于褐斑病的发生

采用如下防治方法：第一次用 80％水胆矾石膏可湿性粉剂 800 倍液＋40％苯醚甲环唑 3 000 倍液；5 天后（最好不要超过 5 天），使用 30％代森锰锌 600 倍液＋40％氟硅唑 6 000 倍液，以后

正常管理。

对于褐斑病的防治，葡萄生长中期的保护性杀菌剂非常关键，如果中期防治措施到位，褐斑病不会大发生。

5. 出现白腐病

剪除病穗，而后施用25％嘧菌酯1 500倍液＋40％氟硅唑8 000倍液，重点喷洒果穗；之后用30％代森锰锌600倍液、30％嘧菌酯·福美双800倍液等保护性杀菌剂进行规范防治。

6. 出现冰雹

8小时内施用40％氟硅唑8 000倍液＋30％嘧菌酯·福美双800倍液，重点喷果穗和新枝条。

7. 发现果实腐烂比较普遍时

摘袋，使用25％嘧菌酯1 500倍液＋40％苯醚甲环唑3 000倍液＋22％抑霉唑1 500倍液刷果穗，药液干后换新袋子重新套上。

出现这种情况，说明①套袋前的药剂没有用好；②套袋时操作出问题了；③袋子质量出问题了，疏水性不好；这三个环节有一个或多个没有做好。上述药剂处理后，同样要注意②、③环节的工作。

8. 发现溃疡病

枝条发现溃疡病时，可以用50％戊唑醇1 000倍液＋20％咯菌腈1 500倍液，5天后再跟进1次30％嘧菌脂·福美双800倍液＋40％氟硅唑6 000倍液。如果果穗上发现溃疡病，摘袋后用22％抑霉唑1 500倍液＋20％咯菌腈1 500倍液浸果穗，药水干后，换新袋子套上。

9. 后期发生炭疽病

全园以果穗为重点迅速进行处理，处理方案为75％肟菌酯·戊唑醇5 000倍液＋25％溴菌腈1 500倍液，3天后视发生情况喷施40％苯醚甲环唑3 000倍液＋25％嘧菌酯1 500倍液。以后可以根据采收期决定施用的药剂和次数。如果第一次药后遇雨，雨停后马上补施40％苯醚甲环唑3 000倍液＋25％嘧菌酯1 500倍液，3天后施用一次1.8％辛菌胺醋酸盐600倍液，5天后视情况用药。

三、绿色食品（A级）要求

　　绿色食品是指产自优良环境，按照规定的技术规范生产，实行全程质量控制，产品安全、优质，并使用专用标志的食用农产品及加工品。绿色食品标准：应用科学技术原理，结合绿色食品生产实践，借鉴国内外相关标准所制定的、在绿色食品生产中必须遵守、在绿色食品质量认证时必须依据的技术性文件。

　　截止到2020年，由中国绿色食品发展中心发布的绿色食品葡萄标准有6项，分别是：

LB/T 059 黄河故道　绿色食品葡萄生产操作规程；

LB/T 060 江苏浙江　绿色食品葡萄生产操作规程；

LB/T 029 新疆地区　绿色食品露地鲜食葡萄生产操作规程；

LB/T 028 西北黄土高原地区　绿色食品葡萄生产操作规程；

LB/T 027 西南地区　绿色食品葡萄生产操作规程；

LB/T 026 渤海湾地区　绿色食品葡萄生产操作规程；

生产绿色食品的刺葡萄应符合以下标准的规定。

NY/T 391 绿色食品　产地环境质量；

NY/T 393 绿色食品　农药使用准则；

NY/T 394 绿色食品　肥料使用准则；

NY/T 844 绿色食品　温带水果；

NY/T 658 绿色食品　包装通用准则；

NY/T 1056 绿色食品　贮藏运输准则；

NY 469　葡萄苗木。

（一）产地环境

　　产地环境条件应符合 NY/T 391 的规定。年平均温度 17～19℃，最热月份的平均温度在 18℃以上，最冷月份的平均温度在 0℃以上；无霜期 200 天以上；年日照时数 2 000 小时以上；年降水量 800 毫米，年积温 5 000℃以上。

刺葡萄建园应选择土层深厚、地下水位大于 0.8 米、pH4～8.5、土壤肥沃、有机质含量丰富、地势平或缓倾、阳光充足、向阳背风及远离污染和公路、机场、车站等交通要道的地区。园区根据地形条件划分小区，有道路、排灌系统、防护林的设置。

（二）苗木质量

苗木质量符合 NY 469 的规定。地上部枝条粗壮，芽眼饱满，充分成熟，枝条上无明显机械损伤；嫁接口愈合完全、牢固；根系完整；无检疫和危险病虫。

（三）栽植

1. 架式选择

刺葡萄架式根据地区光照、雨水、品种等可选择篱架或棚架。选择单干双臂 V 形篱架，采用南北行向，株行距（0.8～1）米×（2～2.5）米，亩植 267～417 株。如美人指等适合长枝修剪，花序多在末梢花芽上面，适合 T 形架，架高 1.5～2.0 米，在立架上面拉 2～3 道铁丝，间距 40～50 厘米，棚面宽 0.8～1.0 米，横拉 4 道铁丝，T 形架架式通风透光好，病虫害发生较轻，适于无强风地区。

2. 栽植前准备工作

定植前对苗木消毒，常用的消毒液有 29% 石硫合剂水剂。并挖好定植沟，宽、深各 60 厘米，待土壤充分熟化后每亩施入腐熟农家肥 4 000 千克、过磷酸钙 100 千克，并与表土充分拌匀后回填待用。

3. 定植

建议栽植无病毒苗木、大苗、营养袋苗。采用春植，最迟 4 月完成定植。定植时将根系摆布均匀，填土一半时轻轻提苗，再继续填土，与地面相平后踏实，再浇透水；营养袋苗移栽时，应带好土团，栽后灌足水。定植深度以苗木根颈部与地面相平为好。定植浇透定根水后盖膜防旱。

（四）田间管理

1. 土壤管理

（1）深耕。11月，在新梢停止生长、采完果后，结合秋季施基肥进行深耕，深度50～60厘米，深耕施肥后及时全园灌水。

（2）间作覆盖。刺葡萄幼树期可进行间作，提倡间作矮秆作物，如豆类、花生、绿肥等，间作物与刺葡萄植株保持50厘米以上距离。提倡作物秸秆或绿肥覆盖，提高土壤有机质含量。

（3）清耕。刺葡萄园区可进行多次中耕除草，应保持园内清洁，土壤疏松，无杂草。

2. 肥料管理

（1）施肥原则。肥料使用应符合NY/T 394的规定。根据刺葡萄的施肥规律进行平衡施肥或配方施肥，以有机肥为主、化肥为辅，使用的商品肥料应是在农业行政主管部门登记使用或免于登记的肥料。

（2）施肥量。刺葡萄定植第二年即进入产果期，依据地力、树势和产量的不同，参考每100千克刺葡萄浆果一年需要纯氮（N）0.25～0.75千克、磷（P_2O_5）0.25～0.75千克、钾（K_2O）0.35～1.1千克的标准进行平衡施肥。

（3）施肥时期和方法。

①基肥。以有机肥为主，适当混入一些磷、钾、钙等速效化学肥料，于果实采收后每年的10—11月（秋季）施入，施肥量占全年施肥量的60%。在距植株50～60厘米处开深40～60厘米的施肥沟，结果树可株施腐熟农家肥25～30千克、过磷酸钙200克、硫酸钾200克，幼树用量略减。第二年在定植沟的另一侧同法施入，依此方法逐年隔行轮换施肥。

②追肥。结果树一般一年追5次，在树根附近开浅沟施入。春季萌芽前施入萌芽肥，以速效氮、磷肥为主，施肥量占追肥量的20%；花前7～10天施入花前肥，以氮、磷、钾肥为主，施肥量占追肥量的30%；幼果黄豆大小时施入膨大肥，以磷、钾肥为主，

施肥量占追肥量的 20%；果实开始着色前施入磷、钾肥，施肥量占追肥量的 20%；果实采收后施入采后肥，以磷、钾肥为主，施肥量占追肥量的 10%。

③叶面肥。根据刺葡萄生长时期对营养的需求及缺素情况进行叶面喷施。分别在新梢生长期、始花期及盛花期喷施 0.2%尿素和 0.1%硼砂溶液，促进新梢生长，提高坐果率；在幼果期、膨大期、转色期喷施 0.2%磷酸二氢钾，可以显著提高产量，增进品质；在采收前一个月喷施 1%乙酸钙，防止裂果，提高耐贮运性。

3. 水分管理

刺葡萄耐旱性较强，但也要注意及时排涝防旱。萌芽期、花前 10 天、花后、浆果膨大期和入冬前结合施肥进行灌水，每次灌水量应足以渗透到根系集中分布层。开花期、成熟期应控制灌水。保持土壤含水量在生长前期达到田间持水量的 60%～70%，在生长后期达到田间持水量的 50%～60%。灌水可沟灌，但提倡节水灌溉，可采用滴灌、微喷灌等。

4. 整形修剪

（1）树形及树体结构。双臂 V 形：树体有一个主干，两条水平臂（主蔓）。在两条水平臂上分别选留结果母枝，结果母枝上选留营养枝和结果枝。盛产期亩产量控制在 1 500～2 000 千克为宜。

（2）树体整形。

①第一年。栽植当年选留一个健壮新梢作主干直立绑缚于第一道铁线，60 厘米高时摘心定干，最上部萌发的两个枝梢作为主蔓分别绑缚于两条水平臂上（第二道铁线），并根据株距在合适长度时及时摘心，促使其生长健壮，冬剪时剪去弱枝及粗度小于 0.5 厘米的主蔓，所有副梢全部剪除。

②第二年。主蔓长度不够，用主蔓延长枝作补充，主蔓上每隔 12～15 厘米选留一个新梢，新梢长至 3 芽时摘心，并将新梢分别绑于第三道铁线上，新梢延长枝高度超过第四道铁线时摘心。树势较为强壮的植株可适当坐果，每株不超过 1 千克。冬剪时，主蔓上每隔 12～15 厘米留一个结果母枝，每个结果母枝采用短梢修剪

（1～3芽）。至此，单干双臂V形篱架基本形成。

③第三年。随着新梢的生长，将新梢分别绑于第三道铁线上，新梢延长枝高度超过第四道铁线时摘心。从第三年开始主要是依树势采用单枝或双枝更新法调整树体发育及结果。

（3）修剪。

①冬季修剪。在刺葡萄落叶之后即可进行。应用短梢（留2～3芽）、中梢（留4～6芽）、长梢（留7～9芽）修剪法来进行修剪。为扩大树冠多采用长梢修剪；为充实架面、扩大结果部位可采用中、短梢混合修剪；为稳定结果部位，防止上升和外移，采用短梢修剪。

②夏季修剪。通过抹芽、疏枝、摘心、处理副梢控制新梢生长，对于篱架上的新梢，留10～12片叶摘心；为减少工作量，棚架上新梢叶幕层过厚（两层以上），对副梢进行双叶绝后摘心；长至棚架部分第四道铁丝以外新梢全部剪除，保证两行刺葡萄间留有1.0～1.2米的通风带，改善通风透光条件。

5. 花果管理

（1）果穗整理。根据产量目标、植株长势、种植密度来决定留穗量，一般每株留4～5穗，过弱枝和延长枝不留果穗，建议成龄园每亩的产量控制在2 000千克以内，强树多留、弱树少留。对留穗进行花序整形，掐除副穗和歧肩、疏除畸形果、过密果。疏果完成后，每穗果留8～10个小穗，每穗留果粒60～80粒。

（2）果实套袋。果实套袋一般在刺葡萄开花后20天左右即生理落果后，在果粒直径达到0.5～1.0厘米时进行。套袋应避开雨后的高温天气，套袋前全园喷布一遍杀菌剂。采收前7～10天需要摘袋。为了避免高温伤害，摘袋时不要将纸袋一次性摘除，先把袋底打开，逐步将袋完全去除。

6. 病虫害防治

（1）防治原则。贯彻"预防为主，综合防治"的植保方针。以农业防治为基础，提倡生物防治，按照病虫害的发生规律科学使用化学防治技术。

（2）常见病虫害。霜霉病、白粉病、灰霉病、蚜虫等。

（3）防治方法。

①农业防治。秋冬季和初春，及时清理刺葡萄园中病僵果、病虫枝条、病叶等，减少果园初侵染菌源和虫源。采用果实套袋措施。合理间作，适当稀植。采用滴灌、树下铺膜等技术。加强夏季管理，避免树冠郁闭。

②物理防治。采取避雨、套袋等技术减少病害发生；利用糖醋液、频振式诱虫灯诱杀成虫。

③生物防治。助迁和保护瓢虫、捕食螨等害虫天敌；应用有益微生物及其代谢产物防治病虫害；利用昆虫性激素诱杀和干扰成虫交配。

④化学防治。严格按照 NY/T 393 的规定执行。加强病虫害的预测预报，应做到对症下药，适时用药；注重药剂的轮换使用和合理混用；按照规定的浓度、每年的使用次数和安全间隔期（最后一次用药距离果实采收的时间）要求使用；对化学农药的使用情况进行严格、准确的记录。绿色食品刺葡萄主要病虫害化学防治方案见表12-4。

表 12-4　绿色食品刺葡萄推荐农药使用方案

防治对象	防治时期	农药名称	使用剂量	施药方法	安全间隔期天数
霜霉病	发病前和初期	80%波尔多液可湿性粉剂	300~400 倍液	喷雾	—
	开花期前后	25%嘧菌酯悬浮剂	1 000~2 000 倍液	喷雾	7
白粉病	病菌侵染初期	29%石硫合剂水剂	6~9 倍液	喷雾	15
灰霉病	开花期前后	50%异菌脲可湿性粉剂	750~1 000 倍液	喷雾	14
	发病初期	50%嘧菌环胺水分散粒剂	700~1 000 倍液	喷雾	7
	发病前或初期	43%腐霉利悬浮剂	600~1 000 倍液	喷雾	14
蚜虫	发生初期	1.5%苦参碱可溶液剂	3 000~4 000 倍液	喷雾	10

注：农药使用以最新版本 NY/T 393 的规定为准。

（五）采收

1. 采收标准

刺葡萄浆果充分成熟，充分表现出固有品种色泽，同时果肉变软富有弹性；可溶性固形物达到刺葡萄等级标准规定（用电子测糖仪测定）；品种充分成熟而不过熟。

2. 采收时间

刺葡萄果粒转化为本品种的正常成熟色，在果粒上覆盖一层厚厚的果粉时采收，品质最佳。

3. 采收方法

采收时，左手持果穗，右手握采果剪，在距离果穗 3～5 厘米处剪断。随即将剪下的果穗放进果筐内，然后送到选果场修整果穗，剪除果穗上被病、虫、鸟危害过的果粒，发育不完全的小青粒，以及干枯、腐烂、挤破压烂、着色不良、成熟度低的果粒。

(六) 分级、包装、贮藏与运输

包装应符合 NY/T 658 的规定，应选择适当的包装材料、形式和方法。刺葡萄贮藏运输应符合 NY/T 1056 的规定，贮存环境必须洁净卫生，根据产品特点、贮藏原则及要求，选用合适的贮存技术和方法；不应与农药化肥及其他化学制品等一起运输。

(七) 生产废弃物处理

刺葡萄园中的落叶和修剪下的枝条，带出园外进行无害化处理。修剪下的枝条，量大时，经粉碎、堆沤后，作为有机肥还田。废弃的地膜、棚膜、果袋和农药包装袋等应收集好按有关规定集中处理，减少环境污染。

(八) 档案记录

建立完善的农事活动、生产技术档案，记载生产过程中如农药、肥料的使用情况及其他栽培管理措施、生产加工管理措施等。生产技术档案应保存 3 年以上。

（编者：罗赛男　姚磊）

参考文献

鲍瑞峰，2010. 刺葡萄果实与刺葡萄酒香气成分的研究 [D]. 长沙：湖南农业大学.

陈环，2019. 不同酵母与橡木制品对刺葡萄酒质量的影响研究 [D]. 长沙：湖南农业大学.

陈文婷，白描，谭君，等，2018. 本土酿酒酵母对刺葡萄酒香气的影响 [J]. 湖南农业大学学报（自然科学版），44（1）：111 - 116.

邓洁红，2007. 刺葡萄皮色素的研究 [D]. 长沙：湖南农业大学.

段慧，黄乐，石雪晖，等，2013. 刺葡萄对霜霉病的抗性机理初探 [J]. 中外葡萄与葡萄酒（3）：11 - 14.

胡楠，熊兴耀，刘东波，2009. 刺葡萄籽油微胶囊化研究 [J]. 湖南农业大学学报（自然科学版），35（4）：387 - 390.

黄乐，孙系巍，刘昆玉，等，2013. 2012 年长沙市气候对葡萄坐果的影响 [J]. 中外葡萄与葡萄酒（3）：41 - 42.

黄乐，王美军，蒋建雄，等，2013. 刺葡萄花器官形态特征研究 [J]. 湖南农业科学（15）：31 - 33.

黄能凤，2015. 刺葡萄冷冻预处理榨汁及加热澄清工艺的研究 [D]. 长沙：湖南农业大学.

蒋辉，刘东波，熊兴耀，2007. 刺葡萄汁与其他几种葡萄汁及葡萄酒的原花青素含量对比 [J]. 中外葡萄与葡萄酒（6）：18 - 19，23.

金燕，石雪晖，杨国顺，等，2014. 湖南省刺葡萄种质资源的加工与利用现状 [J]. 河北林业科技（5）：139 - 141.

李丽军，袁洪，熊兴耀，等，2006. 刺葡萄籽油软胶囊在老年人中抗氧化效果的观察 [J]. 实用预防医学，13（2）：252 - 253.

李宁枫，2016. 不同葡萄品种霜霉病抗性鉴定及其生理特性研究 [D]. 长沙：

湖南农业大学.

刘昆玉, 方芳, 石雪晖, 等, 2013. 腺枝葡萄与刺葡萄对葡萄黑痘病和霜霉病的抗性 [J]. 湖南农业大学学报 (自然科学版), 39 (1): 46-51.

刘昆玉, 徐丰, 石雪晖, 等, 2012. 基于 SRAP 标记的刺葡萄亲缘关系分析 [J]. 湖南农业大学学报 (自然科学版), 38 (6): 607-611.

罗彬彬, 2011. 湖南刺葡萄酒降酸技术研究 [D]. 长沙: 湖南农业大学.

罗赛男, 张群, 路瑶, 等, 2021. 葡萄健康栽培与贮藏保鲜 [M]. 北京: 中国农业科学技术出版社.

潘小红, 2008. 刺葡萄皮色素的提取工艺及应用研究 [D]. 长沙: 湖南农业大学.

潘小红, 谭兴和, 邓洁红, 2016. 刺葡萄花色苷色素稳定性研究 [J]. 食品科技 (12): 110-112.

潘永杰, 2022. 湖南省刺葡萄种质资源多样性分析 [D]. 长沙: 湖南农业大学.

彭勃, 毛曦, 林雪茜, 等, 2020. 刺葡萄汁对大鼠血脂代谢影响的研究 [J]. 经济动物学报, 24 (2): 81-87.

蒲朝赟, 周敏, 陈文婷, 等, 2019. 中方县刺葡萄施肥情况调查研究 [J]. 南方农业, 13 (33/36): 21-25.

秦丹, 熊兴耀, 石雪晖, 等, 2008. 刺葡萄汁饮料生产工艺研究 [J]. 食品科技 (1): 50-52.

覃民扬, 庄席福, 黄义华, 2009. 中国刺葡萄的栽培选育与酿造实践 [M] // 第六届国际葡萄与葡萄酒学术研讨会. 西安: 陕西人民出版社.

沈德绪, 1984. 果树育种学 [M]. 上海: 上海科学技术出版社.

石雪晖, 2014. 南方葡萄优质高效栽培新技术集成 [M]. 北京: 中国农业出版社.

石雪晖, 2019. 图解南方葡萄优质高效栽培 [M]. 北京: 中国农业出版社.

石雪晖, 徐小万, 杨国顺, 等, 2009. 秋水仙素对刺葡萄植株形态的影响 [J]. 湖南农业大学学报 (自然科学版), 34 (6): 652-655.

石雪晖, 杨国顺, 刘昆玉, 等, 2014. 湖南省刺葡萄种质资源研究进展 [J]. 中外葡萄与葡萄酒 (4): 47-49.

石雪晖, 杨国顺, 倪建军, 等, 2008. 刺葡萄新类型——水晶刺葡萄的生物学性状研究 [J]. 中外葡萄与葡萄酒 (5): 22-24.

苏聪聪, 金燕, 徐丰, 等, 2018. 利用 SSR 分子标记鉴定刺葡萄 F_1 代杂种 [J].

江苏农业科学，46（17）：35－38.

万然，2010.中国野生葡萄种质叶片抗灰霉病机制研究［D］.咸阳：西北农林科技大学.

王道平，雷龑，施金全，2013.惠良刺葡萄性状表现及其分子鉴定［J］.东南园艺（3）：40－42.

王辉宪，马玉美，罗启枚，等，2010.大孔树脂对刺葡萄籽中原花青素的纯化［J］.湖南农业大学学报（自然科学版），36（1）：39－44.

王美军，2014.刺葡萄遗传多样性鉴定及栽培性状评价［D］.长沙：湖南农业大学.

王美军，黄乐，刘昆玉，等，2016.刺葡萄的物候期观察及扦插生根特性［J］.湖南农业大学学报（自然科学版），42（4）：370－373.

王瑞琛，伍婧，刘静，等，2013.刺葡萄酿酒酵母菌株的分离与筛选［J］.保鲜与加工（3）：47－49.

王跃进，贺普超，2003.中国葡萄属野生种抗黑痘病的鉴定研究［M］//葡萄研究论文选集.咸阳：西北农林科技大学出版社.

王跃进，徐炎，张剑侠，2002.中国野生葡萄果实抗炭疽病基因的 RAPD 标记［J］.中国农业科学，35（5）：536－540.

王紫梦，刘永红，邓洁红，等，2016.冷冻预处理对刺葡萄榨汁品质的影响［J］.包装与仪器机械，34（4）：1－4.

吴伟，徐明河，莫绪群，2005.刺葡萄新品系南抗葡萄及其栽培技术［J］.广西热带农业（1）：32－34.

肖洁，袁洪，阳国平，等，2006.刺葡萄籽油软胶囊治疗高脂血症48例总结［J］.湖南中医杂志，22（2）：5－6.

谢聘，马玉美，王辉宪，等，2007.刺葡萄皮色素的提取及性能测定［J］.酿酒科技，15（3）：62－65.

熊兴耀，欧阳建文，刘东波，等，2006a.超临界 CO_2 萃取刺葡萄籽油及其成分分析［J］.湖南农业大学学报（自然科学版），32（4）：436－440.

熊兴耀，王仁才，孙武积，等，2006b.葡萄新品种'紫秋'［J］.园艺学报，33（5）：1165.

徐丰，2010.湖南省刺葡萄植物学形态特征与遗传多样性研究［D］.长沙：湖南农业大学.

徐小万，2005.秋水仙素诱导刺葡萄四倍体的研究［D］.长沙：湖南农业大学.

袁云艳，杨稷，杨文，2015. 中方县刺葡萄综合开发探析 [J]. 湖南农业科学
（3）：88 - 89，93.

张剑侠，王跃进，周鹏，2001. 中国野生葡萄抗黑痘病基因的 RAPD 标记 [J].
果树学报，18（2）：68 - 71.

张萌，2012. 基于 SSR 分子标记的葡萄种质资源遗传多样性分析及品种鉴定 [D].
南京：南京农业大学.

张浦亭，范邦文，余烈，等，1985. 刺葡萄品种'塘尾葡萄' [J]. 中国果树
（1）：32 - 34.

张浦亭，罗家信，贺开业，1989. 雪峰刺葡萄的发现与研究 [J]. 湖南农业科
学（6）：27 - 28.

张颖，李峰，刘崇怀，2013. 中国野生刺葡萄抗白腐病 NBS - LRR 类抗病基
因同源序列的分离与鉴定 [J]. 中国农业科学，46（4）：780 - 789.

张颖，孙海生，樊秀彩，2013. 中国野生葡萄资源抗白腐病鉴定及抗性种质
筛选 [J]. 果树学报，30（2）：191 - 196.

仲伟敏，唐冬梅，李金强，2015. 贵州省刺葡萄资源性状测定及开发利用研
究 [J]. 河北林业科技（4）：48 - 49.

周俊，2009. 刺葡萄酿酒品质与工艺研究 [D]. 长沙：湖南农业大学.

MENG J F，XU B T F，SONG C Z，et al.，2013. Characteristic free aromatic
components of nine clones of spine grape (*Vitis davidii* Foex) from Zhong-
fang County (China) [J]. Food Research International（54）：1795 - 1800.

附　录

附录1　刺葡萄杂交育种实生苗观察表格汇总

刺葡萄杂交育种实生苗观察表格见附表1-1、附表1-2、附表1-3、附表1-4、附表1-5。

附表1-1　刺葡萄杂交登记表

杂交组合 ♀×♂	去雄日期 (月-日)	授粉日期 (月-日)	重复授粉日期 (月-日)	杂交穗数 (穗)	实际采收穗数 (穗)	采收种子数 (粒)

附表1-2　刺葡萄杂种实生苗的农业生物学特性记载表

杂交组合	株号	植株生长势	花的类型	物候期				
				萌动期	开花期	枝条成熟期	浆果着色期	浆果成熟期

（续）

生长期日数（天）	积温总量（℃）	浆果特性				抗寒性	抗病性	产量	备注
		穗重	粒重	含糖量（%）	风味				

附表 1-3　刺葡萄杂种实生苗植物学特征记载表

植株编号：＿＿＿＿＿＿＿　　　杂交组合：＿＿＿＿＿＿＿

1. 嫩梢	嫩梢（在有 5 片已经展开的幼叶时记载）。
1.1	底色：绿，黄绿，红，其他。
1.2	附加色：鲜红，紫红，暗红。
1.3	茸毛：无，稀疏，中，浓密。
1.4	幼叶： (1) 厚度：厚，中，薄。 (2) 底色：绿，黄绿，橙黄，红，紫，其他。 (3) 附加色：无，黄，橙黄，红，紫红，浅紫红，其他。 (4) 茸毛： 上表面：无，稀疏，中，浓密。颜色：白色，灰色，灰白色，黄白色。 下表面：无，稀疏，中，浓密。颜色：白色，灰色，灰白色，黄白色。 (5) 茸毛附加色：浅红，粉红，褐黄。 (6) 上表面有无光泽：有，无，微有。
2. 一年生枝条	一年生枝条：2.1～2.3 项在开花时记载；2.4 项在落叶后记载。

· 247 ·

（续）

2.1	第一个卷须着生的节数：第三节，第四节，第五节。
2.2	卷须：连续性，间隔性。 分叉情况：单（不分叉），双分叉，三分叉。
2.3	花序着生的节数： 第一个花序； 第二个花序； 第三个花序。
2.4	枝条成熟时的颜色： 色泽：灰，褐，红。 条纹：深，浅。 剥裂：片状，条状，不剥裂。 皮刺：有，无；长，短；长三角形，短三角形。
3. 叶	叶（以第七片叶为标准）： （1）裂片：数目； 上侧裂深度：深，浅； 下侧裂深度：深，浅。 （2）叶基：戟形，心形，耳形。 （3）厚度：厚，中，薄。 （4）上表面：光滑，粗糙，多皱。 （5）下表面： 茸毛：有，无；稀，中，密。 茸毛种类：直立，弯曲。 颜色：银白，灰白，黄白。 （6）叶柄长与中肋的比较：长，相等，短。 （7）叶柄与下表面叶脉的颜色：绿，红褐。 （8）冬季修剪前叶片的颜色：红褐。
4. 花	花： （1）类型：两性花，雌能花（花丝弯曲）。 （2）花丝长度与雌蕊高度的比较：长，相等，短。

（续）

5. 果穗	果穗：(取样 20 个果穗以上)。 (1) 形状：圆锥形，圆柱形，柱形。 (2) 密度：最密，密，中，疏，最疏。 (3) 副穗： ①有无：有，无。 ②大小：大，中，小。
6. 果粒	果粒：(取样 50 粒) (1) 形状：圆，椭圆，卵圆，长圆，扁圆。 (2) 颜色（全熟时为标准）：绿，浅绿，深绿，黄绿，红紫，紫红，紫黑。 (3) 果皮：厚，中，薄。 (4) 果肉：硬，中，软。 (5) 香味：强，中，弱，无。 (6) 种子粒数：有，无。 (7) 种子大小：大，中，小。 (8) 种子形状：梨形、圆锥形、喙形（画图包括腹、背两面）。

附表 1－4　刺葡萄杂种实生苗枝条结实性记载表

杂交组合	株号	未萌发芽眼占比(%)	发育枝占比(%)	结果枝						结果枝的结实系数	总产量	备注
				一个果穗占比(%)	二个果穗占比(%)	三个果穗占比(%)	四个果穗占比(%)	五个果穗占比(%)	总计(%)			

附表 1-5　刺葡萄杂种实生苗果穗的理化分析记载表

杂交组合	株号	平均单穗重（克）	果穗的平均果粒数（个）	果汁含量		果皮	
				重量（克）	占穗重（%）	重量（克）	占穗重（%）

种子		穗梗及果柄		果汁颜色	香味	含糖量（%）	含酸量（%）	糖酸比
重量（克）	占穗重（%）	重量（克）	占穗重（%）					

附录 2　刺葡萄登记证书和荣誉证书

附图 2-1　紫秋刺葡萄登记证书

附 录

附图 2-2　怀化市科学技术进步奖证书

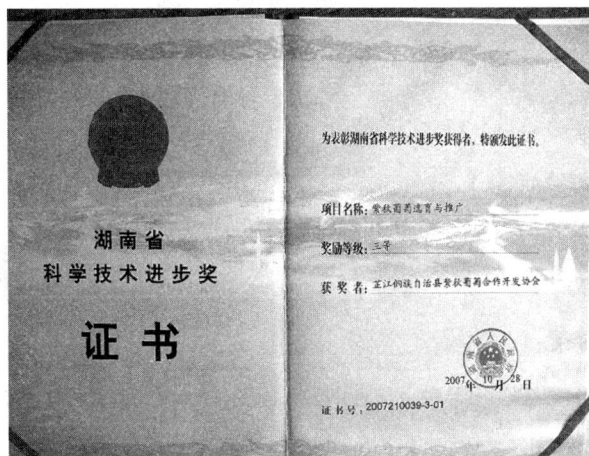

附图 2-3　湖南省科学技术进步奖证书

附图 2-4　湘酿 1 号品种登记证书

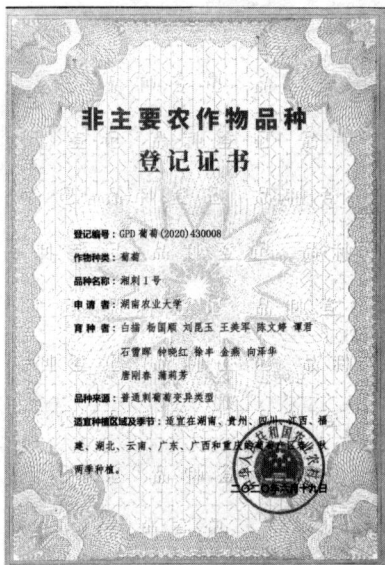

附图 2-5　湘刺 1 号品种登记证书

附图 2-6　湘刺 2 号品种登记证书

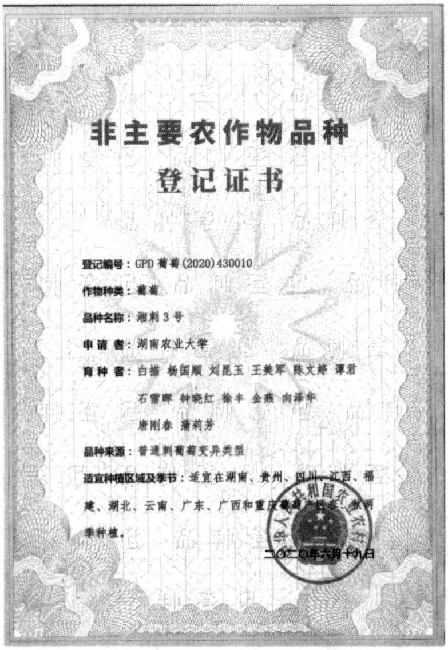

非主要农作物品种

登记证书

登记编号：GPD 葡萄(2020)430010

作物种类：葡萄

品种名称：湘刺 3 号

申 请 者：湖南农业大学

育 种 者：白描 杨国顺 刘昆玉 王美军 陈文婷 谭君 石雪晖 钟晓红 徐丰 金燕 向泽华 唐刚春 蒲莉芳

品种来源：普通刺葡萄变异类型

适宜种植区域及季节：适宜在湖南、贵州、四川、江西、福建、湖北、云南、广东、广西和重庆葡萄产区春、秋两季种植。

二〇二〇年六月十九日

附图 2－7　湘刺 3 号品种登记证书

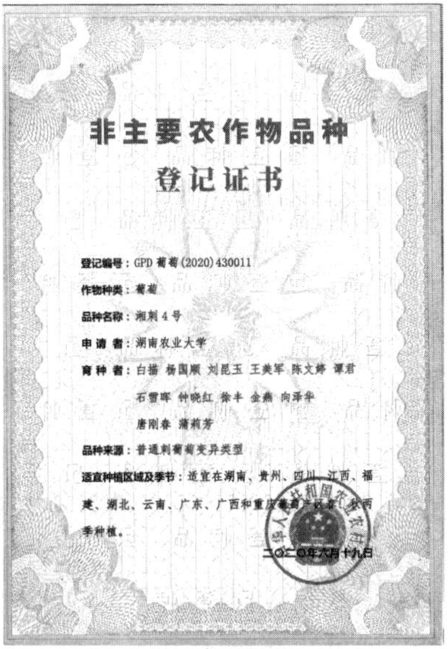

非主要农作物品种

登记证书

登记编号：GPD 葡萄(2020)430011

作物种类：葡萄

品种名称：湘刺 4 号

申 请 者：湖南农业大学

育 种 者：白描 杨国顺 刘昆玉 王美军 陈文婷 谭君 石雪晖 钟晓红 徐丰 金燕 向泽华 唐刚春 蒲莉芳

品种来源：普通刺葡萄变异类型

适宜种植区域及季节：适宜在湖南、贵州、四川、江西、福建、湖北、云南、广东、广西和重庆葡萄产区春、秋两季种植。

二〇二〇年六月十九日

附图 2－8　湘刺 4 号品种登记证书

附录 3　石硫合剂的熬制与使用

（一）比例与材料要求

比例：1.2（石灰）∶2（硫黄粉）∶15（水）。

石灰：要求是生石灰，颜色白、纯，碎成鸡蛋大小，不要发散。生石灰用量为新园 6.0～7.5 千克/亩，老园为 12～15 千克/亩。

硫黄粉：要求纯度高、金黄色的硫黄，将其碾碎过筛备用，粉粒能通过 40 目。硫黄粉用量为新园 10～12.5 千克/亩，老园为 20～25 千克/亩。

水：要求为清洁水。

（二）用具

大铁锅、土灶、瓦缸、塑料桶、水桶、水瓢、木棍、波美比重计等。

（三）熬制步骤

（1）将生石灰碾成鸡蛋大小备用；将5千克水加入锅中，用一根小棒与锅底垂直，在水平面处钉一个小钉或刻上记号，再加入2.5千克水。并将水加热至80℃左右；从锅中取出适量热水，将硫黄粉调成糊状备用。

（2）待水将沸时把小石灰块投入锅内，并不断搅拌，水会立即沸腾，用木棍将其不断搅拌成石灰乳。

（3）3～5分钟后，把调好的硫黄糊慢慢倒入锅内，不断搅拌；用大火熬制成深红褐色，待水蒸发至5千克水面时（小木棒钉钉处）即可。药液冷却后过滤，用波美比重计测其浓度，一般为25～30波美度，质量越好，其度数越高。将原液冷却后盛入水泥池或放入塑料桶中备用，切勿用金属容器。

（四）使用方法

第一次在3月上中旬，第二次在芽眼萌动、可见茸毛，透过茸毛可见绿色时。用波美比重计测定原液浓度，兑水配制成5波美度（参见表9-1和表9-2）并充分搅拌均匀后，仔细周到喷洒枝蔓、铁丝、水泥柱及地面。

（五）注意事项

（1）熬制石硫合剂所选用的材料必须符合上述要求。

（2）熬制过程中，火力要大且均匀，锅内一直保持沸腾状态。

（3）在熬制药液的过程中，要注意药液颜色的变化：若为黄白色，说明尚未熬好；若为墨绿色，说明熬制过头；若为深红褐色，说明已熬制好。检测方法：取原液一滴滴于清水中，能立即散开而不下沉即可，否则须继续熬制。

（4）贮藏原液须密封，避免氧化，不可日晒，稀释后的药液不能贮存。

（5）须选晴天的上午10时至下午4时液，因在上午10时前露水未干，下午4时后药液难干，影响喷药效果。

（6）为增强药效，喷药时的气温宜在10℃以上。

（7）药液腐蚀性强，操作人员需戴口罩和橡胶手套，喷药时不要接触皮肤和衣服；在喷完石硫合剂后，须仔细清洗喷雾器及管道，以免腐蚀损坏。

（8）熬制石硫合剂的渣滓，可加水调成糊状，涂于主干部防病杀虫。喷药时可加入5%的药渣，增强黏附效果。

（9）石硫合剂为强碱药剂，严禁与其他杀菌剂混用。展叶后严禁使用，否则会造成药害。

附录4　刺葡萄病虫害防治田间周年管理

刺葡萄病虫害防治田间周年管理见附表4-1。

附表4-1　刺葡萄病虫害防治田间周年管理

时期	措施	说明	调整
绒球期	绒球至吐绿：3～5波美度石硫合剂	喷药时尽量均匀周到，枝蔓、架、铁丝、田间杂物都要喷洒药剂，绒球吐绿但不张开叶片时使用	如果雨水较多，石硫合剂换成波尔多液
2～3叶期	30%代森锰锌800倍液　50%甲基硫菌灵1 000倍液　10%烯啶虫胺1 000倍液	发芽前用石硫合剂杀灭介壳虫的基础上，用烯啶虫胺针对介壳虫和绿盲蝽，预防危害幼叶幼芽	有螨类危害时，烯啶虫胺换为5.0%阿维菌素3 000倍液

（续）

时期	措施	说明	调整
花序展露期	80%水胆矾石膏可湿性粉剂 800 倍液 锌硼氨基酸 500 倍液 20%霜脲氰 500 倍液 22%噻虫高氟氯 2 000 倍液	铜制剂全面保护，霜脲氰及时压低霜霉病病菌基数，高氟氯连续跟进防控前期绿盲蝽、蓟马、蚜虫等虫害	阴天较多，灰霉病易发生时，加用 40%嘧霉胺 1 000 倍液 雨水前或者雾气较大时 80%水胆矾石膏可湿性粉剂应调整为 30%吡唑·福美双 800 倍液
花序分离期	80%水胆矾石膏可湿性粉剂 800 倍液 10%氰霜唑 1 000 倍液 50%腐霉利 1 000 倍液 锌硼氨基酸 500 倍液	此时期是花前预防霜霉病、灰霉病的重要防治点，也是补硼（防治大小粒和防治落花落果）的重要时期	霜霉病感染花穗：10%氰霜唑 1 000 倍液或 25%嘧菌酯 1 500 倍液＋40%烯酰霜脲氰 1 000 倍液，以花穗为重点喷施
开花前	30%代森锰锌 600 倍液 50%啶酰菌胺 1 200 倍液 40%烯酰霜脲氰 1 500 倍液 锌硼氨基酸 500 倍液	此遍药是花前预防灰霉病、穗轴褐枯病、霜霉病等病害的最后一道工序，是安全开花的有力保证	花后有蓟马或螨类危害的果园，此时加用 22%噻虫高氟氯 2 000 倍液或 21%噻虫嗪 1 500 倍液
开花期	开花期一般不使用农药	开花期间使用农药会影响刺葡萄授粉，减少果内种子数量，出现大小粒；非杀菌剂农药（叶面肥、杀虫剂）的使用有时会加重灰霉病	有烂花序时，20%咯菌腈 2 000 倍液＋22%抑霉唑 1 500 倍液喷花序，注意要在晴天下午施药，天黑前停止施药
落花后	25%嘧菌酯 1 500 倍液 20%霜脲氰 500 倍液 40%嘧霉胺 1 000 倍液	落花后及时防控灰霉病和霜霉病，注意用药时，喷头或喷枪离花不要太近	雨水较多，出现霜霉病上果：25%嘧菌酯 750 倍液＋40%烯酰霜脲氰 1 000 倍液浸蘸果穗，之后全园喷施 10%氰霜唑 1 000 倍液＋20%霜脲氰 500 倍液。有绿盲蝽的果园，介壳虫、蓟马严重的果园，加用 21%噻虫嗪 1 500 倍液
小幼果期	10%氰霜唑 1 000 倍液 40%苯醚甲环唑 3 000 倍液 锌硼氨基酸 500 倍液	小幼果期是预防炭疽病的关键时期，炭疽菌在落花后随雨水飞溅，侵入刺葡萄小幼果，潜伏至成熟期发病	

（续）

时期	措施	说明	调整
封穗前	25%嘧菌酯1 500倍液 43%戊唑醇4 000倍液 40%烯酰霜脲氰1 500倍液 22%噻虫·高氯氟2 000倍液	封穗前需要彻底解决霜霉病、灰霉病、炭疽病等病菌，使用时要以果穗为重点喷施。预防青虫危害果实	鳞翅目幼虫危害较重的，此遍药后加一次氯虫苯甲酰胺或者甲维盐茚虫威，最大程度减少青虫对果实的危害
果穗膨大期	80%水胆矾石膏可湿性粉剂800倍液 40%腈菌唑4 000倍液 10%氨基酸钙1 000倍液	临近雨季，霜霉病的防控压力增大，使用铜制剂能有效预防霜霉病的发生。此时是补充钙肥的关键时期，也要防裂果和气灼，同时促进果穗增糖上色	如果雨水大，加上霜霉病的治疗剂40%烯酰霜脲氰2 000倍液
果穗转色期	80%水胆矾石膏可湿性粉剂600倍液 80%烯酰吗啉3 000倍液 0.01%芸薹素内酯 15天后 30%代森锰锌600倍液+20%霜脲氰500倍液+磷酸二氢钾800倍液	转色期是裂果、酸腐病的高发期，同时霜霉病的压力也比较大，在做好霜霉病预防的同时，添加芸薹素、磷酸二氢钾等叶面肥均有利于叶片延缓衰老，促进光合作用	如果叶片黄化出现较多，则注意供水的同时，每亩施用矿源黄腐酸1千克+尿素1.5千克+聚谷氨酸1升
采摘前	1.8%辛菌胺醋酸盐600倍液 10%氰霜唑1 000倍液 22%抑霉唑1 500倍液	辛菌胺醋酸盐水剂对炭疽病、白腐病等病害防效优异，没有药斑和促进果粉增加	如果有酸腐病的发生，在清理完烂果的前提下，喷施1.8%辛菌胺醋酸盐800倍液+联苯菊酯3 000倍液
采摘后	80%水胆矾石膏可湿性粉剂800倍液+0.2%尿素溶液，间隔10~12天用1次	采收后要保护好叶片，延缓叶片早衰，为树体贮存营养	

后　记

　　《刺葡萄优质高效栽培》一书即将出版，编者倍感欣慰，因为这是全国第一本专写刺葡萄的书，将为我国独有的刺葡萄的高效利用发挥积极作用。作者均为教学、科研、生产第一线的果树专家，尤以资深学者居多，青年果树专家均为高学历人才，大家均愿将自己多年乃至终身积累的知识和技能奉献给社会。在撰稿过程中，力求将国内外葡萄的新知识、新技术尽可能做系统全面的介绍，图文并茂，真实地反映了刺葡萄栽培的科技水平。本书能使读者得到技术提升，以促进刺葡萄栽培技术升级，逐步实现我国刺葡萄产业现代化。

　　湖南农业大学葡萄团队自 2012 年开始以刺葡萄为亲本进行人工杂交育种，以求培育出早熟、含糖量高、耐湿热、抗病性强的鲜食、酿酒兼用型品种。2013 年 4 月下旬，特邀中国科学院北京植物园杨美容研究员夫妇专程从北京到湖南农业大学，指导本团队进行刺葡萄的杂交育种，以刺葡萄为父、母本，做了 10 多个组合，收到了良好的效果。在做刺葡萄杂交育种时除了常规的人工去雄以外，承蒙湖南农业大学原校长、水稻育种专家康春林教授的悉心指导，增加了温汤去雄和化学药剂去雄处理，均获得较好的效果。在此，对杨美容研究员夫妇和康春林教授的悉心指导与大力支持表示最衷心的感谢！

　　全国葡萄病虫害防治协作网为南方刺葡萄病虫害防治提供

了保障，中国农业科学院植物保护研究所王忠跃研究员、中国农业科学院郑州果树研究所副所长刘崇怀研究员等专家已基本解决了南方刺葡萄产区根瘤蚜危害的问题；国家葡萄产业技术体系首席专家段长青教授团队深入南方刺葡萄产区指导开发刺葡萄酒产业；国家葡萄产业技术体系专家、湖南农业大学副校长杨国顺教授带领葡萄团队研发刺葡萄深加工保健产品已获成功。上述种种，有力推动了我国南方刺葡萄产业的蓬勃发展。湖南农业大学园艺学院果树学硕士研究生肖湘龙、牟建莉、杨梅、马文涛等同学在刺葡萄育种圃的管理上付出了很多辛劳。吉首市农业农村局向红翠高级农艺师、娄底职业技术学院曾玉华教授、芷江侗族自治县紫秋葡萄专业合作社孙武积社长，为本书的如期出版大力相助。对以上各位专家学者、企业家深表谢意。

编 者

2024 年 8 月

图书在版编目（CIP）数据

刺葡萄优质高效栽培 / 石雪晖等主编. -- 北京：
中国农业出版社，2024. 10. -- ISBN 978-7-109-32323-0

Ⅰ. S663.1

中国国家版本馆 CIP 数据核字第 2024PG7424 号

中国农业出版社出版

地址：北京市朝阳区麦子店街 18 号楼
邮编：100125
责任编辑：李　瑜　王琦瑢　　文字编辑：张田萌
版式设计：王　晨　责任校对：吴丽婷
印刷：中农印务有限公司
版次：2024 年 10 月第 1 版
印次：2024 年 10 月北京第 1 次印刷
发行：新华书店北京发行所
开本：880mm×1230mm　1/32
印张：8.5　　插页：4
字数：236 千字
定价：55.00 元

彩图 1-1　刺葡萄汁

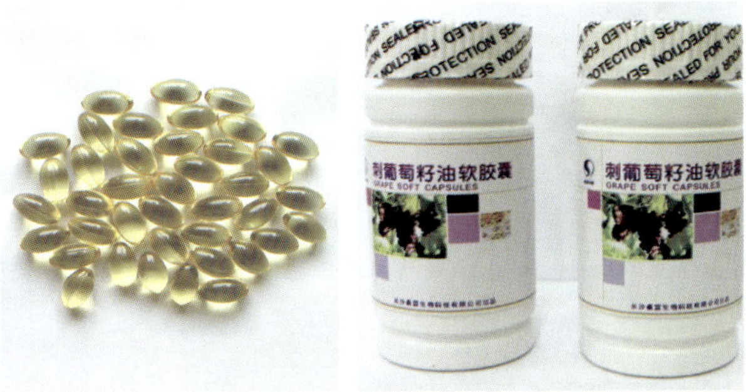

彩图 1-2　刺葡萄籽油

彩图 1-3　刺葡萄果粉

彩图 2-1　腺枝葡萄枝叶和结果状（刘昆玉　图）

彩图 2-2　华东葡萄（刘昆玉　图）

彩图 2-3　紫秋刺葡萄（熊兴耀　图）

彩图 2-4　京蜜（范培格　图）

彩图 2-5　京香玉（范培格　图）

彩图 2-6　京艳（范培格　图）

彩图 2-7　香妃
（白描　图）

彩图 2-8　玫瑰香
（陈谦　图）

彩图 2-9　金手指
（白描　图）

彩图 2-10　夕阳红
（刘昆玉　图）

彩图 2-11　醉金香
（白描　图）

彩图 2-12　户太 8 号
（刘昆玉　图）

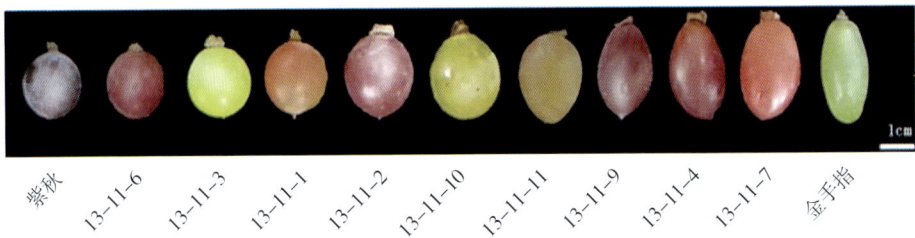

彩图 2-13　金手指 × 紫秋杂交群体及其双亲果形指数对比

彩图 2-14　紫秋刺葡萄结果状

彩图 2-15　湘酿 1 号刺葡萄结果状

彩图 2-16　湘刺 1 号刺葡萄结果状

彩图 2-17　湘刺 2 号刺葡萄结果状

彩图 2-18　湘刺 3 号刺葡萄结果状

彩图 2-19　湘刺 4 号刺葡萄结果状

彩图 2-20　塘尾刺葡萄结果状

彩图 2-21　惠良刺葡萄结果状

彩图 3-1　刺葡萄冬芽

彩图 3-2　刺葡萄枝梢皮刺

彩图 3-3　刺葡萄叶片

彩图 3-4　刺葡萄花器外观形态
（王美军　图）

左：两性花　中：雌能花　右：雄能花

1. 花梗；2. 花托；3. 花萼；4. 蜜腺；
5. 子房；6. 花丝；7. 花药；8. 柱头

彩图 3-5　刺葡萄的果穗（左）、果粒（中）、种子（右）

彩图 8-1　刺葡萄花序的着生情况（蒋家稳　图）

彩图 8-2　刺葡萄疏花序（蒋家稳　图）

彩图 8-3　花序整形后的刺葡萄果穗（蒋家稳　图）

彩图 8-4　刺葡萄果穗套袋
（蒋家稳　图）

彩图 9-1　刺葡萄叶片感染霜霉病（冯利　图）

彩图 9-2　刺葡萄花序感染灰霉病（冯利　图）

彩图 9-3　根瘤蚜刺吸形成结节状的肿瘤
（王先荣　图）

彩图 10-1　刺葡萄遭受水涝
（唐克亮　图）

彩图 10-2 刺葡萄果穗果粒遭受热害（黄奕琦 图）

彩图 10-3 刺葡萄果实遭受鸟害（许延帅 图）

彩图 11-1　刺葡萄田间成熟状况

彩图 11-2　不同等级刺葡萄果穗状况（左：一级品；中：二级品；右：等外品）